Hubert Filser

Das erste Mal

HUBERT FILSER

DAS ERSTE MAL

Das erste Werkzeug, die erste Musik, das erste Bier, die ersten Künstler, das erste Haustier, die ersten Kleider

Ullstein

ISBN 978-3-550-08822-3

Lektorat: Manuela Runge
Gesetzt aus der Minion
Satz: hanseatenSatz-bremen, Bremen
Druck und Bindearbeiten: Bercker, Kevelaer
Printed in Germany

Für Denise –
Fabian, Nicolai und Laura

Inhalt

Vorwort

»Das erste Mal« ist eine Entdeckungsreise zu unseren Wurzeln, zu den großen und kleinen Premieren der Menschheit, den großen und kleinen Veränderungen, die uns zu dem gemacht haben, was wir heute sind. Und es ist eine Reise zu uns selbst.

Wie, wann und unter welchen Umständen entstand etwas Neues, das uns in unserer Evolution voranbrachte? Vor rund sieben Millionen Jahren lernten unsere frühesten Vorfahren am Ufer eines gigantischen Sees, der so groß war, wie Deutschland heute ist, aufrecht zu gehen. Viele Philosophen sehen darin immer noch *das* Symbol des Menschen. Diese erste wichtige Neuerung hat uns nicht nur ermöglicht, den Blick zu heben und die Hände freizubekommen – um nach dem ersten Steinwerkzeug, dem Schwert oder den Sternen zu greifen. Sie hat auch weitere Veränderungen ausgelöst – etwa, dass sich der Kehlkopf absenken konnte, eine der Voraussetzungen für das Entstehen von Sprache. Ich werde in meinem Buch chronologisch achtzehn *erste Male* vorstellen, vom aufrechten Gang über das erste Bier bis zum ersten Computer. Dabei rekonstruiere ich die Anfangsbedingungen und zeige gleichzeitig die Bedeutung unserer tief verwurzelten menschlichen Eigenschaften und Errungenschaften in der heutigen Lebenswelt auf. Wie in einem Zeitraffer entsteht so das Mosaik eines modernen Menschen.

Dank seines angeborenen Spieltriebs hat der Mensch in seiner Geschichte immer wieder Dinge einfach ausprobiert und erst hinterher gemerkt, ob die Idee sich bewährt hat und dadurch etwas dauerhaft Praktikables entstanden ist. Meist ging damit eine bessere Anpassung an unsere Umgebung einher, das ist ein Prinzip der Evolution. Auch Emigration erfordert diese Neugier und Offenheit und hat die evolutionäre Entwicklung des Menschen befördert.

Manche Entwicklungen hingegen erscheinen aus heutiger Sicht fast zwangsläufig. Wir haben zum Beispiel in unserer Geschichte als Jäger und Sammler schon immer Früchte und Samen gesammelt. Dass wir sie besser nutzbar machen, indem wir sie kultivieren und ihren Ertrag erhöhen, ist ein naheliegender Gedanke, den Menschen mehrmals in der Geschichte der Menschheit auf ganz unterschiedlichen Kontinenten hatten. Offenbar war die Zeit damals reif dafür.

Das eigentliche Erfolgsrezept des *Homo sapiens* bis hin zum Menschen der Moderne, sein wichtigstes Überlebensprinzip, ist jedoch seine sich ständig weiterentwickelnde Fähigkeit, zu kommunizieren und zu kooperieren. Das gilt heute genauso wie in der Altsteinzeit. Altruismus bringt auf Dauer mehr Vorteile als Egoismus. Die meisten Neuerungen entfalten vor allem in der Gruppe ihre volle Kraft. Und dabei ist es entscheidend, dass die herausragenden Erkenntnisse, Erfindungen und Entdeckungen Einzelner den Weg in die Gesellschaft finden. Denn was vergessen wird, ist verloren und muss neu entwickelt werden.

»Das erste Mal« ist auch ein Plädoyer, dem Zauber des Unerwarteten zu vertrauen, der uns von Anbeginn begleitet und unsere Entwicklung erst ausgemacht hat. Es hat uns immer gutgetan, etwas Neues auszuprobieren. Das ist eine menschliche Triebfeder. Dieser Veränderungswille gehört sozusagen zu unseren Grundbedingungen. Spannend dabei ist, dass Neuerungen oft nicht aus dem Mangel entstehen, sondern aus stabilen Verhältnissen, die die Basis bieten, etwas ausprobieren zu können. Natürlich macht auch die Not erfinderisch, doch um eine Erfindung zu verbreiten, braucht es stabile Beziehungen.

Aber nicht nur die Erfolge, von denen ich erzähle, sind wichtig für die Menschheitsgeschichte. All die Versuche und Entwicklungen, die irgendwann auf dem Weg durch die Jahrmillionen steckengeblieben sind, mindestens ebenso. Wir müssen viele Wege ausprobieren, um den besten zu finden. Wir müssen viele Versuche machen, damit einer gelingt. Wir müssen viele Ideen haben, damit eine dabei ist, die sich durchsetzen kann. Gerade Fehler und Irrwege sind wichtig, um Strategien zu erproben.

Der Weg zurück zu den Anfängen ist manchmal steinig. Dank der Arbeit von großartigen und leidenschaftlichen Wissenschaftlern trage ich in diesem Buch die Spuren der Vergangenheit zusammen und rekonstruiere verloren geglaubte Lebenswelten so minutiös wie möglich. Ich habe dafür einstige Schauplätze der Menschwerdung besucht, zahlreiche Originalpublikationen ausgewertet, die sich mit längst verschwundenen Landschaften und ihrer Tierwelt beschäftigen, und auch viele persönliche Gespräche mit Fachleuten geführt. Die Wissenschaft hat seit einigen Jahren phantastische neue Möglichkeiten entwickelt, die Spuren zu untersuchen. Nicht nur die Knochen der frühen Menschen liefern Informationen über vergangene Welten, auch Pollen oder Seesedimente haben Botschaften aus der Urzeit gespeichert. Manche Wissenschaftler suchen ein Leben lang nach dem einen letzten Puzzlestück, das alles erklärt – und manchmal haben sie Glück. Dann eröffnet sich plötzlich der Blick auf unsere scheinbar längst verschollenen Ursprünge.

Bei meiner Suche nach den Anfängen bin ich auch an

Grenzen gestoßen. Der erste Mörder hat keine Spuren hinterlassen, die wir heute noch finden könnten. Das erste Wort konnte nicht auf einem Tonbandgerät aufgezeichnet werden, und einige erste Male sind naturgemäß auch Stand der heutigen Forschung. Bei aller Vorläufigkeit oder Unvollständigkeit, die in der Natur des Themas liegt, war mein Bestreben zu zeigen, dass so manches für uns heute Selbstverständliche einst ein unglaubliches Wagnis darstellte, dass dahinter eine großartige Leistung unserer Vorfahren steht.

Der aufrechte Gang

Der lange Weg vom Tier zum Menschen nimmt vor sieben Millionen Jahren seinen Anfang. Damals lernen unsere Vorfahren, auf zwei Beinen zu laufen und so dauerhaft unsere Perspektive zu verändern. Aufrecht zu gehen vermittelt eine andere Sicht auf die Welt. Als sich das Klima ändert und mit ihm die Landschaft, hat dies vor allem in Afrika dramatische Auswirkungen auf unsere Spezies.

Die Reise beginnt an einem gottverlassenen Ort in der Wüste. In Toros-Menalla regieren Sand und Sonne. Oft tagelang wüten dort heftige Sandstürme, und wenn nicht, brennt die Sahara-Sonne gnadenlos auf die Djurab-Wüste herunter. Vor sieben Millionen Jahren begann in Toros-Menalla die Geschichte der Menschheit, damals war hier das Ufer eines riesigen Sees.

Wer heute über die Sanddünen der Djurab-Wüste geht, muss auf die Skorpione aufpassen und auf Minen, Überbleibsel aus den kriegerischen Konflikten im Norden des Tschad. Drei Tage braucht man mit dem Auto aus der Hauptstadt N'Djamena für die 700 Kilometer nach Toros-Menalla. Dass es am Grabungsort mit der Nummer TM266 einst sehr viel Wasser gab, ist an der Oberfläche nicht zu erkennen. Dafür muss man geduldig den Boden abtragen. Dann findet man, wenn man wie Michel Brunet versierter Anthropologe ist, in Schlammablagerungen zunächst Reste von Krokodilen und Tigerfischen. Unterhalb dieser halben Meter dicken Schicht entdeckt Brunet die Reste von Antilopen und Schweinen, Affen und Hyänen – und den Schädel eines Vormenschen, sieben Millionen Jahre alt. Es ist der älteste Vertreter der Gattungsgruppe der Menschen. Brunet hat ihn Toumaï getauft, »Hoffnung zu leben«. Die

Menschen, die heute in der Gegend am Tschad-See wohnen, nennen Kinder so, die zu Beginn der Trockenzeit geboren werden. Unter der Schicht mit Toumaï finden sich Dünen, der älteste Nachweis einer Wüste weltweit.

Doch was haben Fische und Krokodile in der Wüste verloren? Woher kommen die Hyänen und Antilopen? Vor sieben Millionen Jahren gab es hier einen riesigen Süßwassersee, eine Art Mega-Version des heutigen Tschad-Sees, der an der Grenze zwischen dem Tschad und Kamerun liegt. Er ist der sichtbare Rest eines Binnenmeers, dessen Fläche einst fast die heutige Größe Deutschlands erreicht hat.

Toumaï watet durch die flachen Ufergewässer. Er hält dabei immer Ausschau nach den gefährlichen Krokodilen im See. Doch hauptsächlich sucht das haarige Wesen mit dem kleinen Kopf nach Muscheln und Weichtieren im Wasser, vielleicht erwischt es auch eine Schildkröte, eine Wasserschlange oder einen kleinen Fisch. Muscheln, Schnecken und Krebse sind eine leichte Beute, das spart ihm viel Zeit. Die meisten Fische sind zu schnell, um sie mit einem Griff ins Wasser zu erwischen. Allenfalls lassen sich die länglichen Hechte fangen, die zum Luftholen immer an die Wasseroberfläche kommen. Doch Toumaï hat beschlossen, lieber die Finger von großen Fischen zu lassen, denn manchmal tauchen im trüben Ufergewässer auch plötzlich silbrig-glänzende, bis zu einem Meter lange Fische mit schwarzen Längsstreifen und leuchtend orangefarbenen Punkten auf. Diese können einem mit ihren scharfen Zähnen sogar kleine Stücke aus dem Fell beißen. Damit er auch in tieferen Uferzonen vorwärtskommt, richtet er sich immer wieder auf und watet auf zwei Beinen weiter. Das Gleichgewicht zu halten geht leichter als an Land, denn das Wasser stützt den Körper.

In der Ferne sieht Toumaï die Bäume mit dem Lianengeflecht, in deren Wipfeln es nachts schläft. Ein Waldgürtel zieht sich rund um den See. Die ganze Horde verteilt sich meist auf wenige benachbarte Bäume.

Das Wasser im Uferbereich ist brackig und trübe, direkt am Ufer, wo der schmale Streifen mit dem Galeriewald beginnt, dösen Flusspferde im Wasser. In den sumpfigen Uferzonen wächst Schilf und Papyrus. Jetzt in der Trockenzeit muss Toumaï sowohl auf die Krokodile im Wasser aufpassen als auch auf die Raubkatzen an Land, die dann verstärkt rund um den See streifen. Die Hyänen und Geparden halten sich zwar meistens im offenen Grasland auf, wo sie nach Antilopen jagen oder unter einem der verstreuten Bäume in der Savanne im Schatten liegen, doch in den trockenen Monaten sammeln sich alle am See oder entlang der Flüsse, die in den See münden.

Toumaï ist eher klein und wie Menschenaffen heute noch am ganzen Körper behaart. Forscher schätzen, dass er nur elf Jahre alt war, als er starb. Sein Kopf ist ebenfalls klein, nur 350 Kubikzentimeter ist sein Gehirn groß. Toumaï kann aber wohl bereits auf zwei Beinen laufen. Experten glauben, Toumaï stehe ganz am Anfang der menschlichen Linie. Die wulstigen Stirnknochen waren noch die eines Affen, von hinten sah der *Sahelanthropus tschadensis* wie ein Menschenaffe aus. Dagegen weisen Gebissmerkmale wie die kleinen, wenig abgeschliffenen Eckzähne auf eine Einordnung im menschlichen Stammbaum hin.

Genaue Analysen sind auch deshalb so anspruchsvoll, da nach sieben Millionen Jahren im Sediment des einstigen Mega-Tschad-Sees nicht wirklich viel übrig geblieben ist von Toumaï. Oberschenkelknochen sind nicht erhalten, der Schädel musste aus Hunderten Bruchstücken zusammengesetzt werden.

Doch die kleinen Eckzähne haben es in sich. Normalerweise haben Menschenaffen große Eckzähne, mit denen sie auch töten oder zumindest Artgenossen drohen konnten. Bei Toumaï haben sie sich verändert. Er hatte offenbar die Drohgebärden seiner Vorfahren nicht mehr nötig, um Rivalen zu verscheuchen und so ein Weibchen zu begeistern. Diese körperlich gesehen eher kleine Korrektur ist ein Indiz für eine gewaltige gesellschaftliche Neuerung. Werden die Eckzähne kleiner, gilt dies als Beleg dafür, dass die Mitglieder einer Gruppe einen stärkeren sozialen Verbund eingehen, dass sie miteinander kooperieren. Es ist die Geburtsstunde des Menschen als soziales Wesen, das zunehmend in der Lage ist, Paarbeziehungen einzugehen und Gruppenbande zu festigen. Erst jetzt begreifen Forscher, dass die kleineren Eckzähne und der aufrechte Gang praktisch zeitgleich entstanden – sie zeugen vom Beginn der Menschheitsgeschichte.

Damit ist klar, dass menschenaffenähnliche Wesen wie Toumaï bereits vor rund sieben Millionen Jahren in Afrika den ersten Schritt zur Menschwerdung geschafft haben – viel früher, als noch vor einigen Jahren angenommen. Sie taten dies in Randgebieten einstiger Urwälder oder in Galeriewäldern entlang von Gewässern. Dass Toumaï auf zwei Beinen ging, schließen die Forscher aus der digitalen Rekonstruktion des Schädels, die der Schweizer Christoph Zollikofer vor wenigen Jahren angefertigt hat. Die Lage eines kleinen Durchlasses an der Unterseite des Schädels ist dabei sein Hauptargument. An diesem Hinterhauptloch, am Übergang zwischen Rückenmark und Gehirn, setzt die Wirbelsäule an. Bei Toumaï liegt das Loch an der Schädelbasis deutlich weiter Richtung Schädelmitte als bei Schimpansen. Zollikofer folgert daraus, dass bei Toumaï die Wirbelsäule senkrecht unter dem Hirnschädel liegt. Bei Schimpansen würde sie eher an der Schädelrückseite ansetzen und sei stärker schräg nach hinten gerichtet – typisch für Vierbeiner. Indem sich die Lage der Wirbelsäule änderte, konnten die aufrecht gehenden Vormenschen immer besser in die Weite blicken.

Interessanterweise existiert weltweit kein Fund für ein Übergangsstadium zwischen vier- und zweifüßiger Lebensweise. Weder ein Affe noch ein Mensch können lange gebückt und nur halb aufgerichtet gehen. Es kostet uns einfach zu viel Energie und wird deshalb schnell zur Qual. Schimpansen etwa, die von ihrem Körperbau her sehr gut an den Gang auf allen vieren angepasst sind, brauchen mehr Energie als wir Menschen, wenn sie auf zwei Beinen laufen, und auch mehr Energie, als wenn sie auf ihren Knöcheln laufen würden. Das bedeutet: Als die Vormenschen aufrecht laufen lernen, brauchen sie dafür zunächst mehr Energie als für den gewohnten Gang auf vier Beinen. Sie müssen also gleichzeitig irgendwo anders Energie gespart, zusätzlich Energie zugeführt oder einen anderen Vorteil gehabt haben. Alles andere würde den Regeln der Evolution zuwiderlaufen.

Was aber waren diese enormen Vorteile? Warum haben Toumaï und seine Artgenossen begonnen, aufrecht zu gehen? Lange sind Forscher davon ausgegangen, dass sich der aufrechte Gang eher in trockenen Umgebungen entwickelt hat, doch diese Annahme wackelt. Klar ist, dass sich die Vormenschen neue Nahrungsquellen erschließen mussten, weil das Nahrungsangebot in den Regenwäldern zurückging. Der Berliner Evolutionsbiologe Carsten Niemitz glaubt gar, dass sich die ehemaligen Baumbewohner dabei gleichzeitig ein neues Milieu erschlossen haben, das Wasser. Die Vormenschen begannen, als die Regenwälder vor rund acht Millionen Jahren weniger Nahrung boten, in Flüssen und Seen nach Essen zu suchen. Sie aßen wie Toumaï Muscheln und Schnecken, eine überaus eiweißhaltige Nahrung. Die Weichtiere enthalten zudem wertvolle, mehrfach ungesättigte Omega-3-Fettsäuren, die für unsere Gehirnentwicklung sehr wichtig sind und auch vor Herzerkrankungen schützen. Allerdings kommen diese Fettsäuren fast nur in Algen vor. Ob zum Beispiel Microalgen auch in Flachwasserzonen vorhanden waren, ist bislang nicht geklärt.

Aber muss man deswegen gleich eine neue Gangart entwickeln? Schließlich springt ein Hund auch einfach ins Wasser, wenn wir ein Stöckchen hineinwerfen. Sobald er nicht mehr stehen kann, fängt er an zu schwimmen. Warum sollen das menschliche Affen nicht auch getan haben? Doch Affen können nicht schwimmen. Offenbar ist es wichtig, wo der Körperschwerpunkt liegt. Bei Hunden liegt er in der vorderen Körperhälfte, bei Affen eher im Beckenbereich. Physikalisch betrachtet, ist es für sie leichter, sich aufzurichten, wenn sie im Wasser waten. Noch heute tun das viele Affen. Das sei ein Selektionsvorteil, sagt Niemitz. So habe man einen besseren Blick auf den Grund des Sees oder Flusses. Der Wasserwiderstand beim Waten ist zudem geringer, das spart Energie. Bestimmte Affenarten nutzen noch heute intensiv Ufer- und Flachwasserzonen.

Carsten Niemitz ist vor ein paar Jahren im Schwimmbad aufgefallen, dass die meisten Menschen eine fast unerschütterliche Freude am Wasser haben und unheimlich gern hineinhüpfen. Er überlegte, ob das nicht etwas mit der Evolution zu tun haben könnte. Zunächst musste er klären, ob die Begeisterung für Wasser tatsächlich universal ist. Dazu hat er Menschen in Berlin befragt. Besucher von Berliner Parks mit und ohne Gewässer, also Teich, künstlichem Bach oder Ähnlichem, sollten sagen, wie sie dort jeweils die Zeit verbringen. Das Ergebnis ist verblüffend: In Parks mit Gewässern picknicken die Menschen dreimal so lange. Sie unterhalten sich auch deutlich mehr, dafür machen sie weniger

Sport wie Volleyball oder Federball und liegen auch erheblich kürzer einfach nur faul in der Sonne.

In einer zweiten Befragung erklärten die Menschen, was sie an einem Park besonders schätzen. Die überraschende Antwort: Nicht Sauberkeit oder Blumenwiese stehen an erster Stelle, sondern Gewässer. Niemitz schließt daraus, dass Wasser das am meisten bevorzugte Landschaftselement sei. Dies bestätigten auch andere Studien, ungeachtet der kulturellen Unterschiede der Völker. Wir haben eine Sehnsucht nach Wasser, nach Ufern, die genetisch bedingt sei, meint Niemitz. Im Wasser habe es die beste Nahrung gegeben, an sie heranzukommen sei ein evolutionärer Vorteil gewesen, für den es sich gelohnt habe, den aufrechten Gang zu lernen.

Doch im Wasser lauerten damals unbekannte Gefahren. War es für Toumaï nicht gefährlich, in unmittelbarer Nähe von Krokodilen nach Muscheln zu suchen, schließlich sind diese die gefährlichsten Tiere Afrikas? Friedemann Schrenk lacht, als er die Frage hört. Dann erzählt der renommierte Frankfurter Anthropologe von einer Begegnung mit einer ebenfalls berühmten Forscherin, der Amerikanerin Louise Leakey. Er habe sie am Turkana-See in Kenia besucht, wo sie ihr halbes Leben verbracht hat. Am Ufer des auch Rudolfsee genannten Gewässers lagen Dutzende Krokodile in der Sonne, als sie sich dem Ufer näherten. Von ihnen aufgeschreckt, flohen sie schnell ins Wasser. »Komm«, sagte Louise ein paar Minuten später, »lass uns schwimmen gehen.« Schwimmen, in einem See voller Krokodile? »Keine Angst, die sind nicht hungrig, das ist o.k.«, sagte sie und sprang ins Wasser. Er habe kurz gezögert, erzählt Schrenk. »Dann folgte ich ihr. Es war ein herrliches Bad. Hinterher sagte sie zu mir: Geh hier nie ins Wasser, wenn ich nicht dabei bin.« Was sie damit meinte: Es ist möglich, das Verhalten der Tiere zu erkennen, wenn man sie ein Leben lang studiert hat. Genau das, so Schrenk, sei doch auch für die frühesten Vertreter unserer Gattung anzunehmen.

Schrenk hält die Ufer-Theorie von Carsten Niemitz für überzeugend. Allerdings gibt es auch andere Theorien dazu, welche evolutionären Vorteile der aufrechte Gang mit sich brachte. So argumentieren Forscher, der Mensch habe angefangen, aufrecht zu gehen, weil er dann die Hände frei gehabt habe, um andere Tätigkeiten zu verrichten, er konnte so etwa auch Beute über weite Strecken tragen. Der amerikanische Anthropologe Owen Lovejoy verknüpft diese Idee noch mit einer verstärkten Paarbindung. Der Mann, der aufrecht Nahrung nach Hause bringen konnte, habe dies nur deshalb getan, weil ihn dort eine Partnerin mit Aussicht auf Sex gelockt habe. Ohne diese Aussicht hätte er wohl das Fleisch an Ort und Stelle alleine verzehrt.

Andere Anthropologen meinen, mit den frei gewordenen Händen hätten Mütter besser ihre Babys tragen und schützen können. Dagegen spricht, dass die Frühmenschen erst vor knapp zwei Millionen Jahren ihr Fell verloren, bis dahin konnten sich die Kleinen ganz gut daran festhalten. Dann gibt es die Späher-Theorie, die davon ausgeht, dass die Vormenschen in offener Landschaft aufrecht besser nach Nahrung Ausschau halten konnten. Allerdings waren sie so auch leichter für Feinde wie Raubkatzen oder Adler erkennbar. Wieder andere Forscher meinen, die Vormenschen hätten aufrecht leichter hoch hängende Nahrung erreicht.

Es gibt also zahlreiche Erklärungsansätze, doch das aktuelle Bild der Ufer-Theorie ist das schlüssigste. Friedemann Schrenk sagt, dass schon die gemeinsamen Vorfahren von Menschenaffen und Menschen vor mehr als zehn Millionen Jahren die Fähigkeit hatten, sich aufzurichten. Unsere Vorfahren, so Schrenk, lebten zudem nicht auf Bäumen, sondern zogen sich dorthin nur zum Schlafen zurück.

Der entscheidende Faktor sind die klimatischen und geologischen Veränderungen. Aufgrund einer weltweiten Abkühlung des Klimas vor rund acht bis zehn Millionen Jahren bilden sich die Polkappen, gleichzeitig gehen die ehemals endlosen Regenwälder des tropischen Afrikas zurück, an den Rändern entstehen Baumsavannen. Die Menschenaffen siedeln verstärkt in diesen Übergangsgebieten, und hier offenbar besonders in Busch- und Flusslandschaften. Diese Zonen waren das ideale Entstehungsgebiet für den aufrechten Gang. Bei einer geographischen Ausdehnung dieser Zone von sechs Millionen Quadratkilometern ist es wahrscheinlich, dass mehr als nur eine Form des aufrechten Gangs entstand, sagt Schrenk. Vermutlich hat auch jede Umgebung ihre eigene, spezielle Anpassung hervorgebracht.

Die Landschaft zwingt den Menschen, sich auf sie einzustellen. Um die Entwicklung des Menschen zu verstehen, versuchen Forscher daher, ein genaueres Bild zu erhalten, wie sich Afrika im Lauf der Jahrmillionen landschaftlich verändert hat. Exakte Aussagen sind bislang noch schwierig. Wir wissen daher auch nicht genau, wann der Regenwald wo wuchs, wann er sich zurückzog und wie sich die Übergangslandschaften entwickelten.

Dass es in Afrika erstmals vor etwa acht Millionen Jahren einen Wechsel der Jahreszeiten gab, eine trockene und eine feuchte Periode, zeigen Ablagerungen in Seesedimenten. Dies war ein fundamentaler Wandel, denn auch das Nahrungsangebot wechselte mit den Jahreszeiten, die Menschen mussten sich entsprechend anpassen. Wenn zum Beispiel die üppigen tropischen Früchte als Hauptnahrung wegfielen, mussten sich unsere frühesten Vorfahren etwas einfallen lassen, um ihren Nährstoffbedarf zu decken – Muscheln und Schnecken waren eine ideale Alternative. Der Beginn der Jahreszeiten war die Ouvertüre der Menschwerdung.

Auch an einem zweiten Ort rund 2500 Kilometer südöstlich des Tschad-Sees fand eine Million Jahre nach Toumaï ein Wandel statt. Am Ufer eines großen Sees unterhalb der Tugen Hills im heutigen Kenia tummelten sich Nashörner, Flusspferde, Krokodile und Warane, und in der näheren Umgebung, im offenen Waldland, auch Marder, Schweine, Hasen, Affen, Giraffen und größere und kleinere Antilopenarten. Dem Millennium-Mann, wie ihn die Menschen sechs Millionen Jahre später taufen werden, ging es nicht gut. Die Hitze setzte ihm zu. Er hatte nicht damit gerechnet, dass die Dürre die Seeufer der flachen Randzone so schnell zurückweichen ließ. Ohne Wasser fand er kaum noch Nahrung, auch im offenen Waldland wuchsen kaum noch essbare Früchte. Es war sehr riskant, den Galeriewald zu verlassen und in Richtung See zu laufen, seine Feinde hätten leichtes Spiel. Zu riskant, wie wir heute wissen. Der Millennium-Mann ist wohl entkräftet oder von einem Raubtier tödlich verletzt in Ufernähe zusammengebrochen und hat dann zunächst eine Weile in der sengenden Sonne gelegen, die sein Skelett völlig ausbleichte. Erst später ist, vermutlich aufgrund von Niederschlägen, der Seepegel wieder angestiegen, und im Lauf von Jahrzehnten oder Jahrhunderten haben ihn allmählich die Ablagerungen im See zugedeckt und so für die Ewigkeit konserviert.

Östlich der heute spärlich bewachsenen Hügelkette rund 250 Kilometer westlich von Nairobi lag bis vor rund 5,3 Millionen Jahren ein großer Süßwassersee. In den mehr als hundert Meter dicken Ufersedimenten des längst verschwundenen Sees findet Brigitte Senut im Jahr 2000 – daher der Name Millennium-Mann – die Überreste des *Orrorin tugenensis,* wie er wissenschaftlich genannt wird.

Als die französische Anthropologin den Boden rund um den Fundort untersucht, entdeckt sie neben den berühmt gewordenen Knochen und Zähnen des sechs Millionen Jahre alten Vormenschen auch ein versteinertes Blatt. Ein kleines Blatt nur, doch solche detaillierten Einblicke in die Welt vor sechs Millionen Jahren sind extrem selten. Es ist hartschalig und hartfaserig, und sieht – obwohl es völlig zu Stein geworden ist – so aus, als sei es eben erst von einem Baum zu Boden gefallen. Es ist eine faszinierende Botschaft aus einer anderen Zeit.

Dieses Blatt belegt, wie die Umwelt einst ausgesehen hat. Damals wachsen typischerweise Bäume und Büsche, die Trockenperioden trotzen können. Der Fund ist auch ein Beleg für Wälder entlang der Hügel und an den Ufern des weiter unten gelegenen, inzwischen ausgetrockneten Lukeino-Sees. Er ist damals ein artenreiches Reservoir des Lebens. Frischwassermuscheln, Kronenschnecken, Weichschildkröten, Buntbarsche, Karpfen und Welse bevölkern den See.

So lässt sich die Reihe fortführen, die Indizien sind überall ähnlich. Auch das nächstjüngere Mitglied der Menschenfamilie, *Ardipithecus ramidus kadabba,* wie ihn die Forscher nennen, hat vor 5,5 Millionen Jahren ein idyllisches Flusstal im heutigen Äthiopien bewohnt. In derselben Gegend am Flüsschen Aramis ist dann vor 4,4 Millionen Jahren die 50 Kilogramm schwere, 1,20 Meter große Ardi wohnhaft, ein freundliches Wesen, das sicher auf zwei Beinen laufen kann und auch auf den Ästen von Bäumen aufrecht geht. Sie hat es sogar schon geschafft, ihren männlichen Begleiter zu einem sozialen Wesen zu machen. Erstmals beginnen auch Männer sich mit um den Nachwuchs zu kümmern.

Gut eine Million Jahre später taucht schließlich die berühmte Lucy auf, sie lebt in einem Gebiet von Auwäldern und Seen. In der Nähe ihrer Knochen hat man Überreste von Krokodilen gefunden und die Eier von Schildkröten sowie die Beine von Krebsen.

Viele der wichtigen Funde von aufrecht gehenden Vormenschen sind also an Fluss- und Seeufern entdeckt worden. Entgegen bisher geltender Theorien hat sich der aufrechte Gang demnach wohl nicht in einer Savannenlandschaft, sondern eher in waldreichen und wassernahen Gegenden entwickelt.

Wir dürfen die Evolution dabei nicht überschätzen. Es hat Jahrmillionen gedauert, den aufrechten Gang zu etablieren. Und es waren über Tausende von Generationen hinweg zwar aufrechte, aber tierähnliche Gestalten. Könnten wir die haarigen Wesen von Toumaï bis Lucy heute noch erleben, würden wir wohl sagen: Das sind immer noch Tiere unter Tieren. Aber sie haben begonnen, ihre Perspektive zu ändern. Und vermutlich stand niemand von ihnen abends mit der Liebsten im Arm träumerisch am Seeufer und blickte in den Sonnenuntergang. Die Vormenschen wollten einfach nur überleben. Sie mussten auf ihre Feinde achten, auf Hyänen, Raubvögel und die großen Katzen. Sie ahnten noch nicht, dass wir den aufrechten Gang irgendwann auch mit aufrechter Haltung, also mit einer inneren Einstellung, mit Selbstbewusstsein oder Bewusstsein überhaupt in Verbindung bringen werden, dass der veränderte Horizont unsere Perspektive verändern wird, ja, dass wir wohl ohne den aufrechten Gang niemals angefangen hätten, Wolkenkratzer zu bauen, die sich in schwindelerregende Höhen hochschrauben. Diese Perspektive und die damit verbundene Souveränität mussten sich Hunderttausende Generationen von Menschen erst erarbeiten.

Doch von Anfang an war der aufrechte Gang ein Erfolgsmodell. Denn offenbar waren die Vorteile so groß, dass sich unsere Körper im Lauf von Jahrmillionen ziemlich veränderten. Für uns Menschen begann damals ein evolutionärer Prozess, der uns sowohl in der Gestalt – wir bekamen immer längere Beine und kürzere Arme – als auch im Wesen veränderte. Wir wurden im Lauf der Geschichte letztlich zu Ausdauerläufern.

Zwar haben wir auch Sprintfähigkeiten, um schnell fliehen zu können. Doch im Vergleich zu unserer Ausdauer sind diese eher bescheiden. Der derzeit schnellste Mann der Welt Usain Bolt, der Geschwindigkeiten von fast 43 Kilometern pro Stunde erreicht, ist zum Beispiel immer noch langsamer als Strauß und Känguru. Die schaffen bis zu 70 Stundenkilometer, Vierbeiner wie der Gepard sogar mehr als 100.

Der Grund dafür, dass wir Menschen diese Mühe aufwenden, liegt allein in den Vorteilen einer hohen Ausdauer. Bereits die Frühmenschen profitierten davon. Sie konnten so den Herden auf der Spur bleiben. Der Ausdauerlauf ermöglichte ihnen, schnellere Tiere zu jagen. Diese brachen irgendwann vor Erschöpfung zusammen und waren leichte Beute. Das habe, so der amerikanische Evolutionsbiologe Daniel Lieberman, den Lauf der Evolution verändert.

Diese Geschichte steckt uns tief – und vor allem in den Knochen. Am stärksten haben sich Becken- und Wirbelsäulenbereich verändert. Aus dem langen schmalen Becken der Affen ist ein breites, kurzes geworden, aus einer eher starren, geraden Wirbelsäule eine S-förmig geschwungene, die Schläge beim Gehen puffern soll. Auch die Extremitäten passten sich an. Die Oberschenkelknochen haben einen kräftigeren Kopf, sie sind stabiler und laufen vom Ansatz her X-förmig zusammen, so dass unsere Knie eng zusammenstehen können und wir nicht – wie Schimpansen – O-beinig laufen müssen.

Überall im Körper wurden Stoßdämpfer eingebaut, neben der Wirbelsäule etwa auch im Fußgewölbe, das einen federnden Gang erlaubt. Aus den platten Füßen der Vormenschen wurden Füße mit ausgeprägtem Längsgewölbe und anliegendem großem Zeh. Die Fußinnenseite hat beim Stehen auf einem harten Boden dadurch keinen Bodenkontakt mehr. Beim Gehen oder Laufen ist diese Konstruktion wie ein Stoßdämpfer – es sei denn, man hat einen Senk-Spreiz-Plattfuß, wo das Gewölbe sehr stark abgeflacht ist. Dies kann zu Schmerzen im Knie und in der Wirbelsäule führen, weil die Dämpfung geringer ist.

Greifzehen und -finger entfallen, die Vormenschen müssen sich nicht mehr wie die Affen von Ast zu Ast schwingen. Die Greifreflexe von Babys in den ersten Monaten sind noch ein Relikt. Die Füße sind auf das Laufen spezialisiert, die Hände auf feinmotorische Tätigkeiten.

Auch unser Muskelapparat unterstützt die stabile aufrechte Haltung, im Hüftbereich gibt es Ansätze für ausgeprägte Gesäß- und Beinmuskeln, dafür müssen die Nackenmuskeln bei einem ausbalancierten Kopf eines Zweibeiners weniger stark ausfallen. Der menschliche Körper hat sich neu strukturiert und auf eine eigentlich ziemlich skurrile Bewegung eingestellt. Denn Laufen ist im Prinzip ein andauerndes Vorwärtsfallen, selbst wenn wir stehen, müssen wir ständig das Gleichgewicht kontrollieren. Wir merken gar nicht, welchen hohen Aufwand wir immerfort betreiben müssen, nur um nicht umzufallen. Unser Körper schafft es, unsere Muskulatur dauerhaft mit Energie zu versorgen und gleichzeitig die eigentlich völlig instabile Bewegung zu stabilisieren.

Der Mensch zahlt bis heute den Preis für seine aufrechte Art. So sind Geburten erheblich schwieriger geworden, weil ein Baby in Folge des umgeformten Beckens nur noch sehr knapp durch den Geburtskanal passt. Und es kommt unausgereift zur Welt, denn die Gehirnentwicklung – das Gehirn ist das Organ mit dem größten Durchmesser – ist zu diesem Zeitpunkt noch nicht abgeschlossen. Das war ein evolutionärer Mittelweg, sonst wären die Babys nicht mehr durch den engen Geburtskanal gekommen. Eine weitere Folge des aufrechten Gangs ist, dass die Babys nur mit verdrehtem Kopf durch den Geburtskanal kommen und quasi mit dem Gesicht abgewandt geboren werden. Menschen brauchen beim Gebären in der Regel Hilfe, der Beruf der Hebamme ist einer der ältesten der Menschheitsgeschichte.

Zudem haben wir uns nebenbei ein paar schmerzhafte Erkrankungen eingehandelt. Beispiel Wirbelsäule: Sie ist nun S-förmig und setzt am Becken an. Genau an dieser Stelle gibt es die Mehrzahl der Bandscheibenvorfälle. Ohne aufrechten Gang hätten wir keine Bandscheibenvorfälle und auch keine Krampfadern.

Man könnte also sagen: Der Mensch sei der modernen Welt, die er selbst geschaffen hat, einfach nicht genug angepasst, er funktioniere immer noch nach uralten Mustern. Wir spüren das auch an Kleinigkeiten: Wenn wir schnell aufstehen, wird uns manchmal schwindlig. Zu viel Blut versackt dann in den großen Beinvenen, unser Herz kann nicht schnell genug für Druckausgleich und konstant hohen Blutdruck im Gehirn sorgen. Auch Probleme von älteren Menschen mit einem schwachen Herzen und Ödemen in den Füßen hängen mit dem aufrechten Gang zusammen. Die rechte Herzkammer muss nämlich ständig Blut aus dem Venensystem entgegen der Schwerkraft nach oben pumpen. Primaten haben nur sehr selten Probleme mit einem altersbedingt schwachen Herzen oder gar mit Krampfadern an den Beinen.

Carsten Niemitz weist darauf hin, dass sich viele Übergangsprobleme bei der Anpassung an den aufrechten Gang im Wasser leichter bewältigen ließen. So sei im hüfttiefen Wasser das Blutvolumen in den Beinen durch den Außendruck etwa halbiert.

»Praktisch jede Erkrankung, die uns plagt, besitzt eine Komponente, die man von den Säugetieren bis zu den Fischen und noch weiter zurückverfolgen kann«, sagt auch der Evolutionsbiologe Neil Shubin von der Universität von Chicago und Autor des Buchs *Der Fisch in uns*. Aktuelle Forschungszweige wie die evolutionäre Medizin oder die Evolutionspsychologie wollen verstehen helfen, warum wir bestimmte Symptome entwickeln werden. Dies bezieht sich nicht nur auf die Folgen des aufrechten Gangs, sondern auch generell auf unsere moderne Lebensweise mit wenig Bewegung und einer ungesunden, industriellen Ernährung.

»Ob Plattfüße, Schlaganfall oder Osteoporose – wir erfinden Einlagen, Operationen und Pillen, um mit diesen Erkrankungen leben zu können«, meint Dan Lieberman in einem *Spiegel*-Interview. »Dadurch entfernt sich unsere Kultur aber nur noch weiter von jener Lebensweise, für die unser Körper gemacht ist. Ich nenne das Miss-Evolution«. Wir können die Liste erweitern: Diabetes, Bluthochdruck, immunologische Leiden oder Allergien gehören genauso dazu. Das Wissen um unsere Wurzeln könnte uns bei der Ursachenforschung also durchaus nützlich sein.

Dabei gibt es konkrete Hinweise, was uns im Alltag hilft. Wasser schont die Gelenke. Durch den Auftrieb sind Hüfte, Knie und Sprunggelenke des noch schlecht angepassten Körpers weniger belastet. Therapeutisch machen wir uns das noch heute zunutze, beispielsweise nach Gelenkoperationen an den Beinen. Auch wenn Menschen heute, etwa nach einem Schlaganfall, die Bewegungen schlechter koordinieren können, fallen sie im Wasser nicht gleich um. Auch das könnte in der Umstellungsphase von Vorteil gewesen sein.

Vielleicht sollten wir uns generell wieder mehr auf unsere Instinkte verlassen. Im Urlaub tun wir das manchmal sogar, 95 Prozent unserer Urlaubsreisen führen ans Wasser, es ist ein Weg *back to the waves.* Dort schwimmen wir aber nur zwei Prozent unserer Zeit, stehen oder waten dafür zwölf Prozent im Wasser und entfernen uns die restliche Zeit auch kaum vom Ufer. Barfuß im Wasser zu waten ist doch gar kein schlechter Anfang.

Das erste Werkzeug

Vor fast drei Millionen Jahren sind die Vormenschen nicht mehr allein unterwegs. Ihr erster ständiger Begleiter ist ein Stein, mit dem sie Aas zerteilen – ein großer Vorteil, denn wer sich ein Stück aus einer Beute schneiden und damit in Sicherheit bringen kann, minimiert die Gefahr, selbst zur Beute zu werden. Werkzeug steht für Wissen und kulturellen Fortschritt. Jahrmillionen später führt es zur Erfindung der Naturwissenschaften.

Frauen treffen sich wieder zum gemeinsamen Stricken. In Hamburg werden sogar Club-Strick-Nächte mit DJ veranstaltet. Auch international gibt es coole Locations, wie das Knit Café in Los Angeles oder der Cast-Off-Club in London, dessen Mitglieder angeblich permanent stricken, in der U-Bahn ebenso wie im Nachtclub. Auch Kate Moss, Cameron Diaz und Julia Roberts würden stricken, berichten zahlreiche Magazine.

Nun wird schnell etwas zum Trend ausgerufen. Vielleicht ist sogar die derzeit anhaltende Lust der Deutschen aufs Landleben so ein Fall. Man will so furchtbar gern wieder selbst im Garten Gemüse anbauen, selbst Hand anlegen und nicht immer nur im Biomarkt einkaufen. Kurz gesagt: Wir wollen uns buchstäblich erden.

Als überzeugter Stadtbewohner kann ich da von einem eigenen Erlebnis berichten: Ich habe kürzlich einem Freund mit Garten auf dem Land geholfen, einen alten Apfelbaum auszuschneiden. Mit einer Säge, die ich ihm kurz zuvor für den Garten geschenkt hatte, einer Astsäge aus doppelt gehärtetem Schwedenstahl, mit geschwungenem, 36 Zentimeter langem Blatt, ausgesucht im Baumarkt aus einem endlosen Angebot von Sägen und Verlängerungsstangen, mit denen sich auch in hohen Baumkronen arbeiten lässt.

Ich hänge also mit Freude im Geäst des alten Baums, den Schwedenstahl fest im Griff und sehe sofort das Ergebnis meines Tuns. Ein tief befriedigendes Erlebnis, die Gefahr, auf einem moosbewachsenen Stamm auszugleiten, blende ich umgehend aus. Ich hatte mir bei einem Baumpfleger, der kurz zuvor in unserem kleinen Großstadt-Innenhof die Kastanie und den Ahorn ausgelichtet hatte, ein paar Tipps geholt, wie man Bäume schneiden soll: immer direkt nach einer Abzweigung, um so die Kraft in den übriggebliebenen Zweig oder Ast abzuleiten.

Doch dies ist nicht der Grund für die tiefe Befriedigung. Sie hängt nämlich damit zusammen, dass es um eine simple Sache ging: um mich und mein Werkzeug. Die Säge erweitert meine Möglichkeiten, und dennoch bleibt die Angelegenheit unkompliziert. Ich säge – und der Ast fällt. Die Wirkung ist so unmittelbar spürbar, wie sie vor Jahrmillionen spürbar war, als die Menschen erstmals mit einem scharfkantigen Stein Fleisch aus dem Aas eines Tieres heraustrennten. Die größte Wirkung eines Werkzeugs leitet sich von seinen unmittelbar sichtbaren Auswirkungen ab, dem abgetrennten Stück Fleisch, dem fallenden Ast, dem Nagel in der Wand, dem zusammengebauten Regal.

Dass in meinem Fall die Säge doppelt gehärtet ist, dass das Blatt spezialgezahnt ist, erleichtert die Sache zwar, diese technische Entwicklung stellt auch einen enormen Zugewinn im Vergleich zu Zeiten dar, als die Menschen mit Steinwerkzeugen Bäume fällen mussten. Doch es verändert nicht die Tätigkeit im Kern. Eine Säge ist nach wie vor ein relativ simples Gerät. So wie ein Spaten, eine Stricknadel, ein Hammer, ein Inbus-Schlüssel. Wir lieben diese Dinge offenbar, weil sie so einfach sind, weil sie nur einem Zweck dienen. Auch das erklärt den aktuellen Boom der simplen Geräte. »Mach es zu deinem Projekt« ist der Slogan einer Baumarktkette. Klar ist das nur eine Werbebotschaft, aber der Kern dahinter ist sehr alt: Wir haben das Werkzeug erschaffen, wir nehmen es nun wieder selbst in die Hand, wir wollen wieder etwas im Wortsinn begreifen. Werkzeug steht für Wissen. Seit wir Menschen den ersten Stein in die Hand genommen haben, um damit eine Nuss zu knacken oder einen Knochen zu zertrümmern, um an das wertvolle Mark zu kommen, haben wir auch begonnen, eine Beziehung zu den Dingen aufzubauen. Sie haben einen Nutzen, aber sie sind uns auch wichtig geworden, weil sie unser Leben erleichtern und bereichern. Das erste Werkzeug ist gleichzeitig unser erster Begleiter.

Unser Verhältnis zur Natur ändert sich in der Folge. Wir sind nicht mehr allein den Launen der Natur ausgeliefert.

Der entscheidende Schritt passiert nach aktuellem Forschungsstand vor rund 2,6 Millionen Jahren. Erstmals benutzen die frühen Menschen bewusst Gegenstände, die sie im Überlebenskampf unterstützen. Dass sie dazu in der Lage sind, verdanken sie ihrem größer werdenden Gehirn, damals ist es bereits 700 Kubikzentimeter groß, was etwa einer Orange entspricht. Es unterstützt sie dabei, immer mehr selbst zum Schöpfer zu werden. Es ist der Übergang vom Vor- zum Frühmenschen, der nicht mehr nur dem Zufall ausgeliefert ist. Der Frühmensch fängt an, die Umwelt nach einem Plan zu gestalten. Tiere mit einem kleineren Gehirn wie etwa Krähen benutzen ebenfalls Werkzeuge, doch der Frühmensch stellt sie selbst her. Wenn er kein geeignetes Material findet, schlägt er von einem stumpfen Stein Bruchstücke ab, mit denen er Kadaver zerlegen kann.

Die ersten Werkzeuge der Frühmenschen sind aus Stein und haben abgeschlagene, scharfe Kanten. Und mit ihnen beginnt vor 2,6 Millionen Jahren eine neue Zeitrechnung, die sogenannte Steinzeit. Damals beginnen die Frühmenschen, etwas zu erfinden und weiterzuentwickeln, eine menschliche Vorliebe, die bis heute ungebrochen vorhanden ist, egal, ob wir eine Säge aus Schwedenstahl bauen oder eine Raumstation für den Mars.

Was könnte damals im östlichen Teil Afrikas, im heutigen Äthiopien, passiert sein? Die Klimadaten verraten, dass es dort und entlang des großen Grabens Richtung Süden allmählich trockener und kühler wurde und sich damit auch die Vegetation veränderte. Heute würden wir das Klimakatastrophe nennen. Es gab längere Zeiten im Jahr, in denen es nicht mehr regnete, Grasland breitete sich aus. Früchte wurden seltener, mehr hartschalige Pflanzen wuchsen, die man schwerer ohne Hilfsmittel verwerten konnte. Die Menschen begannen auch, mehr Fleisch von größeren Tieren zu essen, und machten damit einen entscheidenden Entwicklungsschritt.

Sein Gesicht ist flach, auch seine Nase eher klein und wirkt irgendwie eingedrückt. Wenn man ihn so durch die Uferwälder der großen Seen oder entlang der Flussläufe aufrecht dahingehen sieht, fallen einem noch die steile Stirn und die geschickten Hände auf und auch, dass seine Augenwülste gar nicht mehr so ausgeprägt sind wie noch bei seinen Vorfahren. Er ist auch nicht mehr so klein wie sie, die Männer können schon mal bis zu 1,70 Meter groß werden. Und er klettert praktisch gar nicht mehr hoch auf die Bäume, das Laufen und Greifen oben im Geäst hat er verlernt, dafür kann er die Finger viel besser koordinieren, um geeigneter mit Stöcken oder auch einem Stein umzugehen. Auf den ersten Blick nicht zu erkennen ist, dass seine Backenzähne kleiner sind. Er braucht keine großen Mahlwerkzeuge mehr wie seine Vorfahren, um zerkauen zu können. Wenn er die Knollen, Wurzeln oder hartschaligen Früchte, die so üppig im Flusstal wachsen, zuvor mit Steinen zerkleinert, muss er nicht mehr so viel kauen, das spart Energie. Außerdem hat er sich eine neue Nahrungsquelle erschlossen – Fleisch, genauer gesagt Aas. Das ist zwar nicht ganz so einfach zu finden und auch nicht ganz ungefährlich, schließlich sind Raubkatzen und Hyänen ebenfalls scharf darauf, und auch die großen Geier gieren danach. Aber von einem toten Elefanten können schon alle satt werden. Zumal die Raubkatzen das Interesse verlieren, sobald sie satt sind.

Der Frühmensch weiß jetzt, wie wichtig es ist, immer einen scharfkantigen Stein dabeizuhaben. Zuvor musste er ein Stück Fleisch hastig mit den Zähnen herausreißen und sich dann möglichst schnell in Sicherheit bringen. Das war gefährlich, weshalb er meist das Risiko vermied. Jetzt aber kann er Fleisch abtrennen, an das er zuvor nicht herankam, mit der Kante das Fell einer Antilope oder die Haut eines Elefanten durchdringen und das schmackhafte Muskelfleisch heraustrennen oder sogar einer Antilope die Zunge herausschneiden. Anschließend muss er jedoch mit der Beute schnell an einen sicheren Ort zurück zur restlichen Sippe. Und wenn das Fleisch für mehrere reicht, freuen sich die Frauen. Die Suche nach Kadavern ist zwar auch eine anstrengende Sache, schließlich liegt in der Savanne nicht alle paar Meter ein totes Tier herum. Aber die Frühmenschen sind es gewohnt, weite Distanzen zurückzulegen. Die meisten Tiere haben nicht so viel Ausdauer. Fleisch steht also immer öfter auf dem Speiseplan. Und mit ihren scharfen Steinen können sie es auch gut in kleinere Stücke zerteilen. Das ist wichtig, denn an einem größeren Brocken kaut man recht lang. Mit den Steinen lassen sich außerdem noch die letzten Fleischfetzen, an die sie sonst nicht herankämen, von den Knochen schaben oder die Knochen selbst anritzen, um an das fettige, nahrhafte Mark zu kommen. Früher mussten sie die Knochen immer zum nächsten Felsen schleppen, um sie dort zu zertrümmern. Aber die sind in der Savanne selten. Insofern sind sie schon froh, wenn die Löwen und Leoparden irgendwo Beute liegenlassen. Je schärfer die Kanten sind, umso einfacher kommen sie an die Nahrung. Nicht jeder Stein ist gleich gut, vor allem die harten vulkanischen Gesteine eignen sich. Meistens schlagen die Frühmenschen nur eine der Seiten ab, um ein scharfes Werkzeug zu bekommen. Aber es gibt auch schon Versuche, flachere Steine rundherum zu bearbeiten. Sie sehen dann ein wenig wie Muscheln aus und liegen gut in der Hand. Und wenn eine Kante nicht mehr richtig schneidet, müssen sie den Stein nur ein wenig drehen. Das ist wichtig, denn auf den langen Touren durch die Savanne können sie auch nicht zu viele Schneidewerkzeuge mitschleppen.

Die ältesten bekannten Steinwerkzeuge stammen aus der Gegend um den Fluss Kada Gona im heutigen Äthiopien. Sehr häufig sind sie aus den vulkanischen Gesteinen Trachyt, Basalt oder dem quarzreichen Rhyolith gemacht. Die Funde aus Gona zeigen auch, dass die Menschen ihr Material bewusst wählten: So sind zwar 70 Prozent der Rohlinge aus Trachyt, aber nur weniger als die Hälfte der verwendeten Werkzeuge. Die ersten Steinmetze haben also ihre Rohlinge bewusst nach Gesteinsqualität ausgewählt und sie gezielt aus verschiedenen Steinbrüchen der Umgebung geholt, teilweise aus bis zu 20 Kilometern Entfernung. Die Art der Kanten lässt schon eine richtige Technik erkennen: Ein Schlag im spitzen Winkel bringt die schärfsten hervor.

Doch nicht nur die ersten Werkzeuge deuten den Bewusstseinswandel an. Auf 2,5 Millionen Jahren alten Knochen eines Rindes und eines Urpferdes aus Bouri in Äthiopien finden sich die Spuren solcher Steine. Schab- und Schnittspuren belegen, dass diese Werkzeuge dazu dienten, Tiere auszuweiden und ihnen das Fell abzuziehen. Es ist wahrlich ein einschneidendes Ereignis in der Menschheitsgeschichte. Der Mensch verändert ein Objekt, und dieses Objekt wird ihn verändern: Er wird zum *Homo faber*.

Die Forscher sind sich einig, dass den Frühmenschen zunächst die Funktion des Geräts wichtig war: Sie wollten damit schneiden. Auch für uns heute steht immer noch die Funktion im Vordergrund: Wie scharf ist das Messer, wie glatt schneidet das Sägeblatt? Andere Eigenschaften wie Form, Design, Haltbarkeit sind wichtig, aber die Kerneigenschaft ist auch heute noch die Funktion.

Ob vor 2,5 Millionen Jahren bereits ausschließlich Spezialisten die richtige Schlagtechnik beherrschten und die Gruppe mit Werkzeugen versorgten, lässt sich nicht rekonstruieren. Doch vermutlich gab es schnell eine Spezialisierung. Ein einfaches Schneidegerät aus einem Steinbrocken herauszuschlagen ist bereits durchaus anspruchsvoll und die Schlagtechnik dafür zu entwickeln und zu verfeinern eine erste große geistige Leistung.

Doch schauen wir uns einmal genauer an, was damals vor 2,6 Millionen Jahren abgelaufen sein könnte. Zunächst haben die Menschen herausgefunden, dass ein scharfer Stein schneidet und dass ihnen das einen Nahrungsvorteil verschafft. Denn ohne scharfen Stein war nur die Beute verfügbar, die sich am Stück mitnehmen ließ. Vielleicht haben sie durch Zufall einen Geröllstein gefunden, der durch irgendeinen natürlichen Prozess eine scharfe Kante hatte. Doch dann wollten sie so ein Werkzeug bewusst nachbauen. Das war die Kernidee, sie wollten absichtlich etwas herstellen, das es vorher nicht gab.

Interessant ist, dass diese Werkzeuge entstehen, indem man etwas wegnimmt. Die Menschen schlagen ein Stück Stein ab, um die scharfe Kante zu bekommen. Sie müssen demnach zunächst ein geeignetes, größeres Stück suchen, also gezielt nach einer geeigneten geometrischen Grundform suchen. Diesen Stein richten sie aus, drehen, wenden oder neigen ihn und schlagen dann mit einem zweiten Gerät zu, vermutlich ebenfalls einem Stein, der als eine Art Hammer dient.

Beide Steine müssen zu Beginn bereitstehen. Die Ausgangsmaterialien für die Schneidewerkzeuge von Kada Gona stammen teilweise von Steinbrüchen ganz in der Nähe.

Später tauchen an vielen Orten in Afrika, wie in Lokalalei am Westufer des Turkana-Sees in Kenia oder auch in Malawi Steinwerkzeuge auf, die alle nach ähnlichem Muster gefertigt zu sein scheinen. Deshalb fassen Forscher die Werkzeuge zwischen 2,6 und 1,6 Millionen Jahren unter dem Begriff Oldowan-Kultur zusammen. Der Name kommt daher, weil die ersten Steinwerkzeuge in der Olduvai-Schlucht in Tansania entdeckt wurden. Vermutlich finden sich künftig noch etwas ältere Werkzeuge, denn die ältesten Bearbeitungsspuren lassen schon geübte Techniken erkennen.

Es gibt eine kleine Anekdote darüber, wie sehr die Suche nach dem ersten Werkzeug auch die Forscherwelt in Atem hält. Es ist eine Geschichte, der auch ich als Reporter der *Süddeutschen Zeitung* aufgesessen bin, zumal sie in der renommierten Fachzeitschrift *Nature* publiziert wurde. »Die ersten Metzger« stand über dem Text. Es ging um die frühesten Schnittspuren im Knochen, 3,4 Millionen Jahre alt und damit 800 000 Jahre älter als die Funde aus Gona und aus einer Gegend, in der auch die berühmte Vormenschenfrau Lucy gefunden wurde – vermeintlich also die ältesten Belege für Steintechnologie. Entsprechend alte Werkzeuge waren selbst nach 35 Jahren Suche in der Region zwar noch nicht aufgetaucht, aber die Fachwelt zeigte sich damals begeistert.

Schließlich stammte die Arbeit von Forschern angesehener Einrichtungen. Einige Monate nach der Veröffentlichung treffe ich in Frankfurt den berühmten Paläoanthropologen Tim D. White. In seiner launigen Art kommt er auch auf die *Nature*-Titelgeschichte zu sprechen. »Haben Sie sich mal die Schnittspuren genau angeschaut?«, fragt er. »Klar sehen die Kerben auf den ersten Blick aus wie Schnittspuren. Aber an der Fundstelle dieser Knochen finden sich überall Reste von Krokodilen.« Er macht eine kurze Pause. »Es sind die häufigsten Fossilien dort.« Wieder Pause. Dann kommt er in Fahrt. »Haben Sie die Arbeit von Jackson Njau gelesen, die im Anhang der Studie zitiert ist? Nein? Er hat gezeigt, dass die Kerben von Krokodilzähnen nicht von Bearbeitungsspuren von Steinwerkzeugen zu unterscheiden sind.« Der tansanische Kollege Njau habe seine Arbeit 2006 veröffentlicht. »Die Autoren der *Nature*-Studie haben Jacksons Arbeit zitiert. Sie wussten also davon. Was natürlich nicht heißt, dass sie sie gelesen oder die Aussagen darin kapiert haben.« Tim White lacht. Für ihn ist diese Geschichte ein Lehrstück darüber, wie vorsichtig man bei einem so wichtigen Thema wie den ersten Werkzeugen der Menschheit sein müsste – und wie selbst erfahrene Wissenschaftler manchmal Spuren übersehen können.

Was lernt man daraus? Dass es manchmal tückisch ist, die Spuren zu interpretieren, und dass sich Anthropologen sehr gern streiten. Die dünne Fundsituation aus der Frühzeit der Menschheit tut ein Übriges dazu: Es gibt nur 3000 wirklich relevante Funde, aus denen wir sieben Millionen Jahre Menschheitsgeschichte rekonstruieren – da ist viel Platz für Interpretationen. Unter den Forschern kursiert der Witz, dass es deutlich mehr Paläoanthropologen gibt als Funde. Umso mehr hängt man sowohl am eigenen Fund wie an dessen Interpretation.

Konsens herrscht jedoch, dass die Entwicklung von Werkzeugen ein fundamentaler Schritt in der Menschheitsgeschichte ist. Doch schon davor haben die Vormenschen wohl Steine genommen, um sich zu verteidigen oder um damit zu hämmern. Nüsse ließen sich so öffnen oder hartfaserige Pflanzen zerkleinern. Der Technologiesprung kommt jedoch mit den ersten bearbeiteten Schneidewerkzeugen. Ihr Komplexitätsgrad war anfangs noch nicht sehr hoch, die Menschen wollten einfach ein scharfes Instrument haben. Doch sie wussten genau, wie sie es herstellen mussten. Die Technik, die sie verwendeten, wirkt eingeübt. Aus heutiger Sicht würden wir sagen: Ja klar. Jeder muss sein Handwerk lernen. Aber wenn wir an eine Gesellschaft vor 2,6 Millionen Jahren denken, ist das nicht selbstverständlich. Denn für automatisierte Abläufe braucht es längere Zeiten, in denen die Menschen in einem stabilen sozialen Gefüge üben können. Die handwerklichen Schritte sind schon in einer frühen Phase zu komplex, um sie ohne Training zu beherrschen. Und Training bedeutet auch, dass es jemanden geben muss, der einem die Technik beibringt oder von dem man sie sich zumindest abschaut. Das bedeutet: Ohne Gemeinschaft gibt es keine Entwicklung bei der Herstellung von Werkzeugen. Nur das Zusammenwirken einer Gruppe hat diesen Fortschritt ermöglicht.

Fast eine Million Jahre lang haben die Frühmenschen keine Impulse verspürt, die Technik der Oldowan-Kultur wesentlich weiterzuentwickeln. Die Schärfe und Belastbarkeit der ersten Steinwerkzeuge war die dominante Eigenschaft. Dann beginnen andere Eigenschaften eine Rolle zu spielen: Symmetrie und Farbe. Offenbar machten sich die Menschen damals erstmals Gedanken über die perfekte Form und suchten sich auch gezielt das Material nach der Farbe des Gesteins aus. Es scheint nicht mehr allein darum zu gehen, ein effektives Gerät zu haben, das gut schneiden kann. Allmählich bildet sich ein Bewusstsein für Schönheit und Harmonie heraus. Das Symbol dieser Entwicklung ist ein grandioses Gerät: der Faustkeil. Er wird zum Symbol einer Epoche der Menschheitsgeschichte und für eine Million Jahre das Handwerk der Frühmenschen bestimmen.

Wie modern die Menschen schon vor rund 200 000 Jahren sind, zeigt eine Analyse von Thomas Wynn und Frederick Coolidge von der University of Colorado. Speerspitzen, Klingen und Schaber fertigen die Menschen damals nach einer komplexen Methode, bei der sie einen Feuerstein zunächst präparieren und dann mit einem einzigen gezielten Schlag das Endprodukt abschlagen. Das wäre noch nicht weiter spannend, würden die Handwerker damals nicht einer klaren Strategie, einem ausgefeilten Konzept folgen, das die Forscher an Schach erinnert. Die Routine, die sie dabei an den Tag legen und die wie automatisch abläuft, entspricht den Prozeduren eines Schachspielers, der seine Strategie auch dem jeweiligen Spielverlauf anpasst. In beiden Fällen ist es eine Darbietung von Experten, die dafür vor allem ihr Langzeit-Arbeitsgedächtnis nutzen und gleichzeitig flexibel und dynamisch auf spontane Veränderungen reagieren.

Ein faszinierender Gedanke, der uns doch im Hinblick auf die scheinbar so primitiven Werkzeuge unserer Vorfahren ein wenig umdenken lassen sollte.

Im Vergleich zu heutigen Entwicklungen erscheint uns eine Steinspitze natürlich primitiv. Steinzeit eben. Doch wenn wir heute aufwendige handwerkliche Arbeiten ausführen, nutzen wir dieselben Fähigkeiten unseres Gehirns.

Es gibt noch eine weitere aktuelle Arbeit, die uns zum Umdenken zwingt. Denn in der Blombos-Höhle, einer kleinen Grotte am äußersten Ende des Kontinents, rund 150 Kilometer östlich von Kapstadt entfernt direkt am Indischen Ozean, findet sich ein erstaunliches Werkzeug. Zunächst sieht es aus wie eine normale Speerspitze, schön geformt, aber sonst nicht ungewöhnlich. Nur extrem scharf ist das 77 000 Jahre alte Stück, fast wie ein modernes Skalpell. Wie haben die Menschen das damals wohl hinbekommen?, fragen sich die Forscher. Sie starten eine Reihe aufwendiger Experimente. Und das Ergebnis ist verblüffend: Die Menschen aus der Blombos-Höhle haben eine Hochtechnologie beherrscht, die damals einzigartig ist. Sie haben ihr Endprodukt in mehreren Arbeitsschritten hergestellt – dabei kommen nach einem genauen Plan unterschiedliche Technologien zum Einsatz. Wir können den Anfang der Materialwissenschaft beobachten.

Die Muschelkette klackert leise, als sich der Meister zu seinen Schülern umdreht. Die jungen Männer schauen gespannt, was er ihnen gleich zeigen wird. Langsam wickelt er die drei Pfeilspitzen aus einem Stück Leder. Es sind ziemlich perfekte Steinspitzen, lang, scharf und sehr dünn. Ihre rötlich braune Farbe glänzt in der Morgensonne, die vom Meer her seitlich in den Höhleneingang strahlt. Der Meister lässt die Exemplare herumgehen. An einer Antilope, die andere Männer aus dem Clan tags zuvor erlegt hatten, zeigt er seinen Schülern, wie sauber die Kanten schneiden. Er muss nur ein wenig Druck ausüben, und schon kommt unter dem sandfarbenen Fell das dunkle Fleisch zum Vorschein, so schnell dringt die Spitze ein – das ist immer eine gute Demonstration, um die Aufmerksamkeit der Schüler zu steigern. Solche Meisterwerke herzustellen will er ihnen beibringen.

Seit Tagen bereiten sie sich vor. Der Meister hat vom Clanchef die Erlaubnis bekommen, in einer Ecke der Höhle eine kleine Werkstatt einzurichten. Das zeigt, wie sehr dieser seine Arbeit schätzt. Gemeinsam haben sie zunächst in der

Umgebung passende Steine gesucht, möglichst festes, kompaktes Gestein, meist von frei stehenden Felsen. Am Vorabend bereitete er mit seinen Schülern dann das Feuer vor. Sie hoben dafür eine Vertiefung im Höhlenboden aus, die sie mit Sand vom nahegelegenen Meer auffüllten, und legten die Rohlinge hinein. Die Steine müssen etwa zwei Finger dick mit Sand bedeckt sein, hatte er seinen Schülern erklärt. Darauf kommt das Feuerholz, das dann während der Nacht langsam verglimmt. Das unterschätzen die meisten. Aber die Temperatur des Sandes sei entscheidend und die richtige Menge Holz, etwa sechsmal so viel im Verhältnis zum Stein. An dieser Stelle schauen ihn die Jungs immer ungläubig an. Im offenen Feuer würden die Steine zu heiß werden, im Sand härten sie während der Nacht wunderbar aus, erklärt er ihnen.

Gemeinsam holen sie die Rohlinge am Morgen aus dem Sandbett, das Feuer ist längst erloschen, aber der Sand strahlt noch eine angenehme Wärme aus. Als sie die Brocken vergraben hatten, waren sie eher matt und ockerfarben gewesen. Jetzt schimmern sie wunderbar rötlich. Die Jungs staunen und dürfen sich jetzt beim Hämmern austoben. Meist verlassen die anderen Mitglieder des Clans dann die enge Höhle, um zu jagen, oder sie gehen zu einem der Flüsse in der näheren Umgebung, Muscheln und Früchte sammeln. Auf jeden Fall wird es in der Höhle laut.

Von der Decke hallen die Schläge der schweren Steinhammer wider. Der Meister zeigt seinen Schülern, wie die Spannungslinien im Stein verlaufen, wo sie den Hammer mit einem gezielten Schlag auftreffen lassen müssen, damit Bruchstücke kontrolliert absplittern. So erhält man am besten die Rohform der Pfeilspitzen. Dann kommt wieder etwas Entscheidendes. Mit einem weicheren kleinen Hammer, entweder aus Holz oder aus einem Tierknochen, müssen sie stark auf die Kanten des Rohlings drücken, so dass der Stein dort dünn absplittert. Genau das ergibt die extrem scharfen Kanten. Ohne die Erhitzung würden sie rau und spröde bleiben, oder man könnte sie gar nicht bearbeiten. Der Aufwand lohnt sich, sie bekommen mehr Pfeilspitzen aus einem Rohling und vor allem: Die Spitzen sind länger, dünner und schärfer. So werden die Pfeile zu tödlichen Waffen, denn die nadelscharfen Spitzen können nun viel tiefer in den Tierleib eindringen.

Die Forscher um Christopher Henshilwood von der University of Witwatersrand haben in zahlreichen Experimenten die Technik von einst rekonstruiert. Sie nennen das Verfahren »Pressure flaking«. Unter dem Mikroskop können die Forscher erkennen, dass die gefundenen Pfeilspitzen tatsächlich erhitzt worden sind, denn das Feuer verändert bei Temperaturen von 300 bis 400 Grad Celsius die chemische Struktur des verwendeten quarzhaltigen Gesteins. Es ist zudem wichtig, über das Sandbett eine kontrollierte Temperatur zu erreichen, denn eine höhere Temperatur, wie sie ein offenes Lagerfeuer durchaus erreichen kann, würde die Eigenschaften des Steins wieder verschlechtern.

Für Steinzeitmenschen ist es eine gewaltige Leistung, einen physikalisch-chemischen Prozess derart genau zu kontrollieren. Paola Villa von der Universität Colorado, eine Mitautorin der Studie, sagte, sie sei erstaunt, dass die Menschen diese Technik so früh eingesetzt haben. Die Menschen müssen also auch hier ein detailliertes Wissen gehabt haben, welche Steine so beschaffen sind, dass Feuer die Eigenschaften positiv verändert.

Die gefertigten Messer sind vermutlich an Speeren befestigt und bei der Jagd auf Antilopen benutzt worden, wie Abnutzungserscheinungen nahelegen. Wir sehen, welche raffinierten Arbeitsschritte die Menschen damals beherrschten, ohne Computerunterstützung, ohne die Möglichkeiten einer chemischen Analyse, ohne Datenbanken oder Bibliotheken. Sie schafften es, den Zufall zu überwinden, nicht mehr allein das Fundmaterial entscheidet, sondern die menschliche Technik.

Die Beziehung zwischen Mensch und Objekt ist die älteste in der Menschheitsgeschichte, und sie ist vielschichtig. Sie beschreibt viel von unserem Wesen. »Das Messer ist eines der aggressivsten Dinge, die der Mensch jemals erfunden hat«, sagte der spanische Regisseur Carlos Saura einmal zu mir in einem Interview, »ein fürchterliches Objekt ... Es beunruhigt mich mehr als eine Pistole.«

So lohnt es sich auch heute noch, die Beziehung zwischen uns und den uns umgebenden Objekten genau zu studieren. Sie erzählt viel über unser Selbstverständnis. Es sieht so aus, als seien die Dinge um uns zu einem Spiegel unserer Gesellschaft geworden.

Der erste Migrant

Ausgerechnet unsere Spezies, der Homo sapiens, drang vor rund 60 000 Jahren zum ersten Mal in ein Territorium ein, in dem bereits eine andere Menschenart lebte, der Neandertaler. Spätestens seit dieser Begegnung ist klar: Wir alle sind Nachfahren von Migranten.

Veränderung ist eine der Konstanten der Menschheitsgeschichte. Veränderung kommt durch Wanderungen. Doch warum wandern Menschen? Warum verlassen sie ihren Heimatort und ziehen in ein fremdes Land? Einzelne Menschen tun dies, weil sie keine Arbeit haben, keinen Partner oder keine Erfüllung finden. Manchmal verlassen die Bewohner ganzer Dörfer ihre Heimat, weil es dort keine Nahrung und keine Perspektive mehr gibt, weil Naturkatastrophen wie Vulkanausbrüche oder Überschwemmungen sie dazu zwingen, weil Kriege sie bedrohen oder schlicht, weil ein Ort nicht mehr lebenswert ist. All das sind verständliche Gründe, um auszuwandern.

Wer von uns würde nicht Wohlstand, ein besseres Klima, einen guten Job einer schlechteren Alternative vorziehen? Die meisten Menschen haben nämlich ganz einfache Wünsche, sie wollen für ein schöneres Leben arbeiten. Wenn man in Feuerland unterwegs ist, kann es einem wie einer Freundin von mir passieren, dass in der Silvesternacht auf einer Schaffarm am südlichen Ende der Welt um Mitternacht der Besitzer einem zum neuen Jahr zwei Dinge wünscht: »Paz y trabajo« – Frieden und Arbeit. Der Schafzüchter ist ein einfacher Mann, der ohne Luxus in einer armen Gegend lebt. Und sein Wunsch passt für die meisten Menschen, die ihre Heimat verlassen (müssen). Er passt für die Menschen aus Afrika, die heute in völlig überfüllten Fischerbooten auf der Überfahrt nach Europa ihr Leben aufs Spiel setzen, die sich nicht einmal von den hohen Atlantikwellen abschrecken lassen. Er passt für die mittellosen Kurden aus dem äußersten Osten Anatoliens, die nach Westen ziehen, auf ihrem Weg für einen Hungerlohn auf Baumwollfeldern in der Gluthitze schuften und nachts unter Kunststoffplanen schlafen, bis sie irgendwann im Großstadtmoloch von Istanbul ankommen. Manche von ihnen schaffen sich dort ein besseres Leben, manche enden aber auch an der Galatabrücke am Bosporus, von dessen Geländern sie mit einfachen Schnüren fischen, um wenigstens ein bisschen was zu essen zu haben. Manche ziehen weiter nach Deutschland. Er passt auch für die russischen Juden, die nach Israel gehen, für die Mexikaner, die den amerikanischen Sperrzaun überwinden wollen. Und dieser Wunsch des feuerländischen Bauern passt sogar noch für die Angestellten global agierender Unternehmen, die meist für ein paar Jahre mit ihren Familien an ausländische Standorte gehen, oder für die hochqualifizierten Studenten und Doktoranden, die an die Universitäten des Westens kommen. Wobei natürlich klar ist, dass die einen weniger und die anderen mehr Alternativen haben.

Es gibt also eine Reihe sehr überzeugender Gründe, seine Heimat zu verlassen, selbst die persönlichen wie Sehnsucht nach der Ferne oder schlicht nach einem anderen Leben verstehen wir alle. Das Problem beginnt erst, wenn all diese Menschen tatsächlich irgendwo ankommen, dann zählt in vielen aktuellen Diskussionen nicht mehr, wer sie sind und was sie möglicherweise auch an kulturellen Reichtümern mitbringen. Stattdessen lösen diese Menschen, die wir dann nur noch Migranten nennen, oft nur Ängste aus. Dann vergraben sich die Einheimischen in ihrer sogenannten eigenen

Kultur, in ihrem etablierten Denken – und vergessen ihre eigenen Wurzeln.

All dem muss man mit einer einfachen, klaren Aussage entgegentreten: Wir alle sind Migranten oder Nachfahren von Migranten, die Wanderung ist eine Grundkonstante des modernen Menschen. Ohne Migration würde in Mitteleuropa kein einziger moderner Mensch leben, ohne Wanderung gäbe es hierzulande keine Mathematik, keine Landwirtschaft, keine Musik. In anderen Gegenden der Welt gilt das Gleiche. Jede Region hat vom Austausch, von der Kommunikation mit anderen profitiert – wenn sie denn in friedlicher Absicht geschieht.

Im Sinn der Evolution hilft jede Wanderung, Merkmale zu verbreiten, die ihren Nutzen dann in veränderter Umgebung beweisen können. Wir passen uns an unsere neue Umgebung an, verändern äußere Kennzeichen, innere Einstellungen. Dass uns das eigentlich sehr leichtfällt, hängt auch damit zusammen, dass wir das eigentlich schon immer tun.

Die erste große Wanderung fing im heutigen Kenia an, vor rund 1,9 Millionen Jahren, an den nördlichen Ufern des Turkana-Sees, nicht weit entfernt von aktiven Vulkanen. Dort, wo der Fluss Omo in den See mündet. Zu dieser Zeit lebt der *Homo erectus* hier, ein Frühmensch, den manche Forscher auch *Homo ergaster* nennen. Er ist ein Nachfahr des *Homo rudolfensis*, ein exzellenter Langstreckenläufer, für seine Zeit relativ groß mit Körpermaßen bis zu 1,85 Metern. Sein Gesicht ist flach, die Wangenknochen sind zart. Das Gehirn ist im Vergleich zu seinen Vorfahren größer geworden, es hat ein Volumen von 900 Kubikzentimetern erreicht, das entspricht etwa dem Volumen einer Kugel beim Kugelstoßen der Männer. Sein Exodus begann in der Savanne. Es ist heiß, auch wenn die größte Hitze des Tages vorüber ist. Die wenigen Bäume bieten nur spärlichen Schatten. Doch seit einigen Jahren fällt wieder mehr Regen. Der Pegel des Sees steigt langsam an, das Wasser ist klar, es schmeckt auch nicht mehr so salzig. All das liegt daran, dass der Fluss deutlich angeschwollen ist und sogar in den Sommermonaten nicht mehr austrocknet. Das feuchtere Klima ist für alle gut, für die Natur, für die Tiere und für die hier lebenden Menschen. Die Säbelzahnkatzen finden reichlich Nahrung, was von Vorteil ist. Denn wenn die Katzen eine Antilope oder eines der Gnus gerissen haben, bleibt oft noch ein ordentlicher Rest übrig. Die Menschen müssen nur schnell sein und sich mit ihren behauenen Geröllsteinen oder geschärften Flusssteinen ein Stück vom Aas herausschneiden, ehe die Hyänen kommen. Auch die Geier mit ihren enormen, furchterregenden Flügeln lassen meist nicht lange auf sich warten. Fleisch ist wertvoll. Eine andere Sippe auf der gegenüberliegenden Seite des Flusses am Ostufer des Sees brät es im Feuer, manche mögen es nach wie vor lieber roh. Aber das gebratene Fleisch liefert schneller Energie, wissen sie inzwischen. Nur des Fleisches wegen wagen sich die Menschen auch in sengender Hitze auf kilometerlange Märsche durch die offene Savanne. Sie suchen Aas. Immer weiter haben sie ihren Radius ausgedehnt, vor allem Richtung Norden entlang des Flusses. Es ist ein gefährliches Unterfangen, denn in der Grassteppe gibt es kaum Schutz vor den großen Raubtieren. Viel zu selten sind die großen Bäume, die wenigstens ein bisschen Deckung bieten könnten.

Doch der Druck hat zugenommen, weitere Strecken zu laufen. Das bessere Klima hat dazu geführt, dass mehr Mitglieder der Sippe überleben und auch mehr Kinder zur Welt kommen. Die bisherigen Nahrungsquellen reichen nicht mehr aus. Daher beschließen einige aus der Sippe, nur mit einfachen Steinwerkzeugen ausgerüstet, den Tierherden nach in Richtung Norden zu ziehen, andere gehen das grüne

Flusstal hoch, hier ist ausreichend Wasser vorhanden. Sie wissen auch, dass auf Dauer am See kein Platz für sie ist. Die Gruppe mit dem Feuer ist zu dominant geworden. Ein Zurück gibt es für sie nicht mehr.

Der Exodus hat begonnen. Die wirklichen Motive lassen sich natürlich schwer rekonstruieren. Auf jeden Fall scheint das Klima eine positive Wirkung auf die Menschen in Afrika gehabt zu haben. Forscher der Universität Potsdam um den Geowissenschaftler Martin Trauth haben in aufwendigen Analysen bestätigt, dass es im Ostafrikanischen Graben, wo der frühe *Homo erectus* lebte, drei feuchte Phasen gab: zwischen 2,7 und 2,5 Millionen Jahren; zwischen 1,9 und 1,7 Millionen sowie zwischen 1,1 und 0,9 Millionen Jahren. Exakt in die mittlere Periode fällt der erste Exodus des Menschen. Es erscheint auch plausibel: Er braucht Wasser und Nahrung. Wenn die Tierherden wandern, wandert der Mensch mit. Er ist nämlich schon aufgrund seines größeren Gehirns, das sehr viel Energie benötigt, auf die Energiequelle Fleisch angewiesen. Alternativ kann er sich noch von Wurzelknollen ernähren, die er mit seinen Steinkeilen aus dem Boden gräbt, oder von Kleintieren, Früchten, Vogeleiern und sogar von Honig.

Die Hauptwanderkorridore sind oft entlang von Flüssen, der Omo bietet sich an, weiter im Norden könnten die Vormenschen dann auf den Nil getroffen sein und so bis zur ägyptischen Mittelmeerküste. Bei den ersten Wanderungen drohen ihm von anderen Menschen keine Gefahren, nur auf Großkatzen wie Leoparden oder auf Hyänenrudel muss er aufpassen.

Neben einer möglichen Bevölkerungsexplosion könnte auch eine Bedrohung durch Krankheiten die Menschen dazu bewogen haben, die Region am Turkana-See zu verlassen. Wir wissen auch nicht, wie schnell die Menschen vom

Ostafrikanischen Grabenbruch aus Richtung Norden gewandert sind, es lässt sich im Nachhinein nur die mittlere Geschwindigkeit berechnen: Sie kamen mit zwei bis vier Kilometern pro Jahr voran. Wir können auch davon ausgehen, dass sie in Gruppen unterwegs waren, denn ohne eine stabile Sozialstruktur wäre das Wagnis der Wanderung wohl nicht erfolgreich zu bewältigen gewesen. Anhand von Funden wie einfachen Steinwerkzeugen lassen sich die Wege gut nachvollziehen: Eine Route führt über Israel, Syrien, die Türkei bis in den Kaukasus. Nach rund 100 000 Jahren finden sich Spuren hierfür im heutigen Georgien. In der Nähe der Stadt Dmanisi tauchen sogar menschliche Knochen auf. Die zweite Route geht über die arabische Halbinsel, die damals wohl trockenen Fußes zu überwindende Meerenge von Hormus über Indien nach Ostasien. Auf der indonesischen Insel Java, die zu dieser Zeit noch mit dem Festland verbunden ist, finden Forscher ebenfalls Schädel und Knochen.

Der erste große Exodus der Menschheit zeigt: Die Anforderungen des Aufbruchs ins Ungewisse haben das menschliche Denkvermögen positiv beeinflusst. Der Mensch ist gezwungen, in einer fremden Umgebung zu bestehen. Für die Entwicklung des Gehirns sind diese Herausforderungen überaus positiv, seine Fähigkeiten im Gebrauch von Werkzeugen lebensentscheidend. Wanderungen werden damit zu einer Grundkonstanten unseres Daseins. Der Migrant geht dabei immer ein Risiko ein, weil er in Gegenden vordringt, die er nicht kennt, und auch die klimatischen Gegebenheiten nicht einschätzen kann. Alles, was er mitbringt, sind seine Fähigkeiten und vielleicht ein paar Werkzeuge. Je mehr er sich darauf verlassen kann, umso besser sind die Startbedingungen. Sicher gehört auch Mut dazu, das alte Leben hinter sich zu lassen und neue Wege zu gehen.

Weitere Auswanderungswellen folgen vor rund 1,2 Millionen Jahren und rund 600 000 Jahren, als mit dem *Homo heidelbergensis* erstmals auch in Mitteleuropa Menschen auftauchen, die Werkzeuge wie Faustkeile nutzen. Sie werden die mitgebrachte Technik weiter verfeinern und entwickeln zum Beispiel vor rund 400 000 Jahren Wurfspeere als Jagdwaffen, die im Flugverhalten modernen Wettkampfspeeren nicht nachstehen. Aus dieser Menschenart entwickelt sich vor rund 200 000 Jahren in Europa der Neandertaler. Er geht den umgekehrten Weg und besiedelt auch den Nahen Osten. Damit beginnt eine neue Dimension im Leben der Menschen: Der erste Kontakt zweier Arten.

Nicht nur in Europa, auch in Afrika hat sich der Mensch inzwischen weiterentwickelt. Unsere unmittelbaren Vorfahren, die ersten Vertreter des *Homo sapiens*, tauchen vor rund 195 000 Jahren auf. Sie haben bereits ein Gehirnvolumen von rund 1300 Kubikzentimetern, was in etwa der heutigen Größe entspricht – nur der Neandertaler besaß ein noch größeres Gehirn. Auch der *Homo sapiens* verlässt Afrika, wie wir seit kurzem wissen, bereits vor rund 125 000 Jahren in Richtung arabische Halbinsel und Indien, und erreicht vor etwa 100 000 Jahren Israel und Syrien. Jahrzehntausende später schafft er es bis nach Europa, etwa bis auf die Schwäbische Alb, wo es vor knapp 40 000 Jahren in den Tälern der Flüsse Ach und Lone eine gigantische Kulturexplosion gab.

Dieser letzte große Exodus, gleichzeitig aus heutiger Sicht der erfolgreichste, führt zum ersten Mal zu Verhältnissen, über die wir heute so gern sprechen: Der Migrant kommt in Gegenden, in denen schon andere Menschen leben. Er trifft auf Einheimische. Nur kommt nicht der Fremde zu uns, sondern übertragen auf das Bild der damaligen Zeit sind die Einheimischen in Israel oder später in Mitteleuropa die Neandertaler, und unsere Art dringt als Fremder in deren Gebiet ein, bedroht sie oder rottet sie sogar aus. Doch stimmt die Geschichte mit der Ausrottung? Oder soll sie nur dem Mythos des angeblich überlegenen, modernen Menschen dienen? Es lohnt sich, diese Begegnung von Neandertaler und *Homo sapiens* genauer anzuschauen.

Auch diese Geschichte beginnt im Tal des Flusses Omo, der im heutigen Äthiopien liegt. Die Natur bietet optimale Bedingungen. Im üppig grünen Tal grasen Büffel und Zebras, aus dem Fluss lassen sich mit ein bisschen Geschick prächtige Welse oder Barsche holen. Die schmal gebauten Menschen mit der hohen Stirn und dem leicht hervortretenden Kinn sind gute Jäger geworden. Sie sind ausdauernd und gehen mit Speeren und Pfeil und Bogen auf die Jagd, verfolgen dabei in der Hitze des Tages stundenlang Antilopen oder Zebras, bis diese vor Erschöpfung zusammenbrechen. Diese ersten modernen Menschen der Gattung *Homo sapiens* können sich auf der Jagd auch schon mit Worten abstimmen, zumindest würde ihr Stimmapparat dies ermöglichen. Es ist ein neuer Menschentypus, dieser *Homo sapiens*. Er verlässt Ostafrika, zu verschiedenen Zeiten und in unterschiedliche Richtungen. Im Süden Afrikas finden sich erstaunliche Spuren seiner Entwicklung, vor allem in der Blombos-Höhle: verzierte Ockerstücke, bemalte Schmuckketten aus Schneckenhäusern, bearbeitete Knochen und extrem geschickt gefertigte Steinwerkzeuge, die teilweise im Feuer gehärtet wurden.

Der *Homo sapiens* traf auf seiner Wanderung in Richtung Europa den Neandertaler zunächst im Bereich des heutigen Israel und dann vor allem in Europa. Und diese Begegnung ist möglicherweise der erste Fall einer Migration, die Konflikte hervorgerufen haben könnte. Um die Bedeutung zu verstehen, muss man sich vergegenwärtigen, wie wenige Menschen damals die Erde bevölkerten. Nach Schätzungen von Forschern ist Europa, das Kerngebiet der Neandertaler, zu dieser Zeit extrem dünn besiedelt. Maximal 10 000 Menschen lebten auf dem Kontinent, das wäre ein Mensch auf rund 1000 Quadratkilometern, bezogen auf das heutige Europa. Die Wahrscheinlichkeit, auf etwaige Einwanderer zu treffen, war also nahe null. Und trotzdem ist es passiert: Denn wie Leipziger Forscher um den Paläogenetiker Svante Pääbo beim Vergleich zwischen dem Erbgut von Mensch und Neandertaler entdeckt haben, stammen ein bis vier Prozent unseres Erbguts vom Neandertaler. »Neandertaler haben sich wahrscheinlich mit dem frühen modernen Menschen vermischt, bevor er sich in Europa und Asien in verschiedene Gruppen aufspaltete«, sagt Pääbo. Die erste Begegnung geschah nach Daten der Genetiker vor 50 000 bis 100 000 Jahren, und sehr wahrscheinlich eben im Mittleren Osten.

Zumindest anfangs rotteten sich also die Migranten und die Einheimischen mitnichten aus – im Gegenteil: Sie hatten Sex miteinander. Es ist das erste Mal in der Geschichte der Menschheit, dass dies nachweislich zwischen zwei Menschenarten passiert ist. Möglicherweise habe dieser Genaustausch sogar den Erfolg des *Homo sapiens* gefördert, schreiben kanadische Genetiker um Damian Labuda von der Universität Montreal in ihrer neuesten Arbeit. Die Forscher entdeckten auf dem menschlichen X-Chromosom Neandertaler-Gensequenzen. Diese Erbstücke »finden sich nur bei Nichtafrikanern«, schreiben die Forscher. »Dies bestätigt jüngste Erkenntnisse, nach denen die beiden Populationen sich gekreuzt haben.«

Offensichtlich ging es beim ersten Kontakt zwischen dem *Homo sapiens* und dem Neandertaler mehr um sozialen Austausch, Handel und die Entwicklung ihrer Kommunikationsfähigkeit. Trotz dieser Erkenntnis hält sich hartnäckig die Theorie, dass wir modernen Menschen den europäischen Ureinwohner nach und nach vertrieben haben, ihn –

wie übrigens später auch in Asien den *Homo floresiensis* – sogar komplett ausrotteten. Belege gibt es dafür keine.

Für uns Menschen ist die Begegnung mit dem Neandertaler jedenfalls nicht von Nachteil gewesen, wir könnten von ihm sogar Gene bekommen haben, die für unsere weitere Entwicklung eher vorteilhaft waren. Die Forscher denken hier an Gene für kognitive Eigenschaften, den Energiestoffwechsel und die Entwicklung von Skelettmerkmalen. Möglicherweise auch das Gen für rote Haare.

Doch allzu gern wird immer noch ein feindseliges Szenario aufgebaut. Der Migrant ist eine Bedrohung. Aber warum eigentlich? Nur weil er fremd ist? Für Kampfhandlungen gibt es keinerlei archäologische Belege. Zudem vergessen wir, dass gerade durch die Begegnung zweier Menschenarten, und später durch die Begegnung fremder Stämme, der Austausch beginnt: von Waren, von Techniken, von Informationen. Der Austausch mit dem Fremden war ein Motor der Zivilisation. Wie neue Genstudien der Harvard-Forscher Heng Li und Richard Durbin belegen, zogen offenbar auch noch vor rund 40 000 Jahren ständig neue Siedler aus Afrika nach, die sozusagen den Motor am Laufen hielten.

Zu den innovativsten Gegenden der Menschheitsgeschichte gehört vor knapp 40 000 Jahren die Schwäbische Alb. Eine der Erklärungen für das plötzliche Entstehen von Kunst wie der Venus von Hohle Fels, der ältesten Frauenfigur der Menschheit, oder von Musikinstrumenten wie einer exakt gestimmten Schwanenflöte, auch das älteste seiner Art, ist die Begegnung von Neandertaler und modernem Menschen. Der eine habe den anderen herausgefordert, inspiriert und vor allem dazu gebracht, über die eigene Existenz nachzudenken. Denn offenbar gab es da menschliches Leben, das anders, aber doch nicht völlig verschieden vom eigenen war. Was für eine spannende Begegnung!

Im Zusammenhang mit Migration denken wir meist sofort über die Bedingungen der Menschen in ihrem Ankunftsgebiet nach und über mögliche Konflikte. Als sich der moderne Mensch von Afrika auf den Weg macht, kennt er die Bedingungen seiner Zielorte noch nicht. Wir sprechen gern von der »Out-of-Africa«-Theorie, nach der wir alle von afrikanischen Vorfahren abstammen, aber viel seltener über den eigentlichen Weg, den die Menschen damals wie heute zurücklegen, über das Gefühl der Unruhe, das jeden begleitet, wenn er bekanntes Terrain verlässt. Man muss sich vergegenwärtigen, was Wanderung wirklich bedeutet.

In der Regel ziehen die Menschen langsam Jahr für Jahr weiter, dringen allmählich in neues Gebiet vor. Die Menschen können sich so an ihr neues Leben anpassen. Das Wagnis ist hier begrenzt. Aber manchmal sind sie auch echte Pioniere, die nicht wissen, worauf sie sich einlassen. Die ersten Amerikaner waren zum Beispiel Menschen, die Hunderte Kilometer Eiswüste durchqueren mussten, ehe sie auf stabilere Lebensbedingungen trafen. Amerika ist nicht umsonst der letzte Kontinent, den Menschen betraten. Im Wesentlichen gibt es zwei Überlegungen, wie die ersten Amerikaner aus Alaska kommend erst den Nord- und dann auch den Südteil Amerikas für sich entdeckt haben. Entweder sind sie über die damals existierende Landbrücke zwischen Sibirien und Alaska gekommen und dann durch das Landesinnere nach Süden gewandert, oder sie sind in Booten die Küste Alaskas entlang bis hinunter ins heutige Chile gerudert. Beides klingt plausibel, ich möchte das an dieser Stelle auch nicht vertiefen, sondern nur den Blick auf die Menschen lenken, die da zu Fuß gehen oder in den Booten sitzen, auf die Migranten also.

Vor 15 500 Jahren ist noch Eiszeit. Unglaubliche Mengen Wasser sind in den Gletschern rund um die Pole gebunden, weshalb auch der Meeresspiegel um 100 Meter tiefer liegt als heute. Nur in den Sommermonaten herrschen erträgliche Temperaturen, aber die Reise der Migranten beginnt etwa in der Gegend des nördlichen Polarkreises, wo sich die Eismassen der Gletscher kilometerhoch türmen. Zum Vergleich: Der Eispanzer des Inlandeises in Grönland ist heute drei Kilometer dick. Am ehesten können die Siedler die Gegend rund um den Fluss Yukon, der in den kanadischen Rocky Mountains beginnt, passieren.

Die Menschen ziehen also, falls es überhaupt einen richtigen Korridor Richtung Süden gegeben hat, entlang von Hunderte Meter hohen Eismauern. Sie müssen Schneestürmen und Wetterumschwüngen trotzen – und das noch ohne Wettervorhersage und GPS. Allerdings können sie sich dabei auf ihre außerordentlichen Kompetenzen im Verständnis der Natur verlassen, wissen Tierspuren zu lesen und wie man sich gegen Kälte schützt. Nur wohin es geht, wissen sie nicht. Es ist eine Reise ins Unbekannte. Niemand hat ihnen gesagt: Hinter tausend Kilometern Eis, hinter den gefährlichen Gletscherspalten und den hohen Rocky Mountains liegt das gelobte Land, ein warmes Paradies mit Bisons und Bären, ausreichend Nahrung jedenfalls. Und dennoch wagten sie diesen Weg, und ein paar von ihnen haben es tatsächlich geschafft. Eigentlich unglaublich.

Die zu Wasser wandernde Siedlergruppe wiederum durchquert in ihren länglichen Holzbooten, die in Küstennähe und bei normalem Wellengang einigermaßen stabil sind, die rauen, nördlichen Gewässer. Boote sind seit rund 50 000 Jahren bekannt, sonst hätte zum Beispiel Australien nicht bevölkert werden können. Nur Hunderte Kilometer Küste aus Eis mit kalbenden Gletschern sind während der Fahrt zu sehen. Das Wasser mit einer Temperatur nahe dem Gefrierpunkt ist gefährlich. Es kann auch innerhalb von Minuten zufrieren und sie festsetzen. Wenn die Kanus durch die Eiswüsten gleiten, hören die Siedler das gespenstische Knacken des Eises. Ab und an kracht ein Stück Eisberg in die kalten Fluten. Ansonsten ist es bis auf die Geräusche der Paddel still.

Monatelang fahren die Auswanderer Richtung Süden, und sie wissen: Wenn ein Sturm aufkommt und sie nicht schnell eine der wenigen eisfreien Buchten am Ufer erreichen, wird das Boot kentern und sie sind verloren. Doch sie geben nicht auf. Die Migranten riskieren ihr Leben. Sie geben den letzten Rest an Sicherheit auf, den sie vielleicht trotz aller Schwierigkeiten in ihrer Heimat hatten, und ziehen los. Damals wie heute.

Mit dieser ureigenen inneren Überzeugung hat der Mensch alle Kontinente, alle Regionen dieser Erde besiedelt und sich an die jeweilige Umwelt und das Klima angepasst. Er hat, wo es notwendig war, seine Haut und sein Aussehen verändert. So haben sich Eigenschaften wie Behaarung, Form der Augen, Farbe der Haare oder die Länge der Nase angepasst. Gleichzeitig können auch zufällige Merkmale, die Einwanderer mitbringen, in der neuen Umgebung einen entscheidenden Unterschied ausmachen. Alle Faktoren, die zum Beispiel in der Partnerwahl einen Vorteil bringen, zählen dazu. Blaue Augen, eine zufällige Mutation vor rund 8000 Jahren, gehören genauso dazu wie bestimmte Fertigkeiten und nützliches Wissen. Die Wanderungen aus Südost- nach Mitteleuropa sind ein ideales Beispiel für diese Vorteile von Migration – und ihr mögliches Konfliktpotential. War die Begegnung von Mensch und Neandertaler vermutlich deshalb so friedlich, weil es genug Platz und Nahrung für alle gab? Schauen wir uns eine zweite, jüngere Migrationswelle an, als die ersten Bauern aus dem Osten, der heutigen Türkei, nach Mitteleuropa einwanderten und unter den dort umherziehenden Sippen von Jägern und Sammlern so einiges durcheinanderbrachten – zum Beispiel vor rund 7500 Jahren in Derenburg in Sachsen-Anhalt, im Elbe-Saale-Gebiet östlich des Harz.

Den Einheimischen bietet sich ein skurriles Bild. Die kleinen, dicken Tiere mit den kurzen Borsten erinnern ein wenig an die Wildschweine aus ihren Wäldern, obwohl ihnen die Hauer fehlen. Aber die Exemplare mit dem dichten, schmutzig-weißen Fell haben sie definitiv noch nie gesehen. Endgültig zum Staunen bringt sie die Tatsache, dass eine so unterschiedliche Herde so ruhig der Gruppe Menschen hinterhertrottet, angetrieben offenbar nur von einem Hund und den lauten Rufen der Männer. Die Gruppe kommt aus dem Süden, sie ist offensichtlich einen sich sanft durch Wiesen schlängelnden kleinen Fluss und dann die Ausläufer der Berge entlanggewandert. Erstaunlich ist, dass die Fremden keine Jagdwaffen mit sich führen, nur Beile. Von ihnen scheint also keine Gefahr auszugehen. Das beruhigt die Jäger in ihrem Sommercamp und sie bieten den Zuwanderern an, in der Nähe ihres Sommerlagers zu bleiben. Denn ein langer Weg liegt hinter ihnen.

Wochen später haben sich die Zuwanderer aus dem Süden eingerichtet. Die Rinder, Schweine, Schafe und Ziegen stehen nun auf einer Art Weide zwischen den Bäumen im Wald. Die Ankömmlinge haben einfach aus Ästen Querverbindungen zwischen die Bäume gemacht und so die Tiere eingezäunt und schlugen in den Wald eine Lichtung, beobachten die Jäger. Ihre scharfen Feuersteinbeile sind dabei erstaunlich effektiv. Die Zuwanderer bauen auch kein einfaches Zelt aus Fellen und Tierhäuten wie sie, sondern ein stabiles Haus. Baumstämme bilden das Gerüst, dazwischen flechten die Männer Zweige und schmieren dann lehmige

Erde darauf. Auch auf dem Dach liegen dünnere Stämme, darauf Schilf vom nahen Bach und Baumrinde. So bleibt das Innere selbst bei einem heftigen Sommerregen einigermaßen trocken.

Auch die Töpfe der Fremden aus hartem, rötlichem Ton mit Verzierungen darauf wecken die Neugier der Einheimischen. Darin sind große Körner von Pflanzen, die es hier nicht gibt. Die Samen der Gräser, die sie sonst sammeln, sind sehr viel kleiner. Die fremden Frauen haben auch runde blassgrünliche Körner dabei, die sie nicht kennen. Immer wieder zeigen sie auf die lößhaltige Erde und machen Zeichen, dass der Boden gut sei.

Nur Felle haben die Neuankömmlinge zu wenig dabei. Für den Winter werden sie wärmere Kleidung brauchen. Die ersten Siedler haben schon angefangen zu tauschen. Sie bieten interessante Sachen an: Muscheln zum Beispiel, wie sie die Einheimischen noch nie gesehen haben. Je nach Lichteinfall glänzen sie rötlich violett oder golden, im Gegenlicht manchmal lachsfarben. Aus ihnen kann man schönen Schmuck machen. Die neuen Siedler berichten ihnen mit Händen und Füßen, wie man die Muscheln im flachen Wasser des Binnenmeeres vor allem auf Felsböden findet. Die Frauen sind ganz begierig, so ein Stück zu bekommen.

Was jedoch besonders seltsam ist: Ein paar von den Männern haben ganz eigenwillige Augen. Sie sind nicht dunkel wie ihre eigenen und die meisten der anderen Ankömmlinge, sondern leuchten strahlend blau. Die Frauen kichern beim Tauschen. Sie sind froh, dass alles so harmonisch ist mit den Fremden. Nur die Hunde verstehen sich nicht. Es sind Eindringlinge in ihrem Revier, Rivalen.

Im Laufe der nächsten Monate fallen den beiden Gruppen weitere Unterschiede auf. Die Einheimischen trinken vor allem Wasser und Tee, die Fremden eine weißliche Flüssigkeit, die aus dem Euter von Kühen oder Ziegen kommt. Die Einheimischen haben die Milch probiert – und mussten sich prompt übergeben oder bekamen Bauchweh. Da schmeckt ihnen das leicht berauschende gelbe Getränk aus Getreide, das die Neuen Bier nennen, schon besser, obwohl sie die Spelzen im Mund stören. Auch andere Gewohnheiten der Neuankömmlinge sind ihnen fremd. Sie formen Schüsseln und Krüge aus Ton, roden die Wälder, säen Getreide aus und mahlen im Herbst die Körner, aus denen sie Brot backen. Die Familien sind zudem kinderreich. Vermutlich glauben sie auch an andere Gottheiten.

Die Fundstelle Derenburg ist mittlerweile gut untersucht, in den Gräbern ist zum Beispiel Gürtelschmuck aus Muschelklappen vom Schwarzen Meer entdeckt worden. Einige Schmuckstücke sind mit Birkenpech, dem ersten Klebstoff der Menschheit, repariert worden. Sogar Armringe und Perlen fanden sich, alle aus dem für die Gegend untypischen Material. Die dickschalige Muschel ist entweder unmittelbar mitgebracht worden, oder es bestanden vor 7500 Jahren schon Handelsbeziehungen über Tausende Kilometer quer durch Europa. Dass der Schmuck einen hohen Stellenwert hatte, belegen zahlreiche Funde in Gräbern. Es scheint also klar, dass die Fremden im heutigen Sachsen-Anhalt Fuß gefasst haben, dass es Spuren ihrer Kultur gibt.

Es war damals nicht unbedingt ein leichteres Leben, das die Ackerbauern und Viehzüchter den Jägern und Sammlern vorlebten. In mancher Hinsicht bot es auf jeden Fall mehr Sicherheit und mehr Unabhängigkeit von der Natur. Natürlich können wir heute nur spekulieren, welche Gefühle die Ankunft der Migranten ausgelöst haben. Doch allein auf kulinarischer Ebene haben die Menschen sicher einige Dinge mitgebracht, die damals vermutlich noch mehr

Staunen ausgelöst haben als heute Ayran, Döner und Fladenbrot.

Noch spannender wird dieser Ort, nachdem kürzlich Anthropologen und Genetiker der Universität Mainz um Kurt Alt auch das Erbgut der Derenburger Steinzeitbevölkerung untersucht haben und herausfanden, welche Spuren die Zuwanderer im Genpool der Einheimischen hinterlassen haben. Das Ergebnis: Das genetische Profil der frühen Siedler ist dem von Menschen ähnlich, die heute im Nahen Osten wohnen. Was beweist, dass die ersten Bauern in Mitteleuropa tatsächlich eingewandert sind, und frühere Annahmen widerlegt, nach denen die ortsansässigen Jäger und Sammler nur die Lebensweise übernommen hätten. Das genetische Profil zeigt auch, welche Strecke die wandernden Bauern zurücklegten: Sie kamen aus der heutigen Türkei und dem Gebiet westlich des Schwarzen Meeres, zogen über das Karpatenbecken die Donau hoch und verteilten sich dann über Mittel- und Nordeuropa. Für den Mainzer Forscher Kurt Alt ist der Mensch »von Natur aus ein Migrant, und es steht außer Zweifel, dass Mobilität und Migration über alle Zeiten hinweg schon immer Teil unseres Verhaltens waren«.

Natürlich ist die Situation der Jungsteinzeit nicht so einfach mit den heutigen Migrationsbewegungen vergleichbar. Ein gravierender Unterschied ist allein die Bevölkerungsdichte. Heute leben sieben Milliarden Menschen auf unserem Planeten, vor 7500 Jahren waren es höchstens zehn Millionen. Die gegenwärtigen sozialen Strukturen sind außerdem hierarchischer, wobei die Anfänge der Arbeitsteilung und damit einer beginnenden Struktur ebenfalls mehrere Tausend Jahre alt sind.

Interessanterweise gibt es in der Debatte um den angeblich tobenden »Kampf der Kulturen« zwischen dem Islam und dem christlichen Westen einen neuen Ansatz in Bezug auf Migrationen. Die Mainzer Forscher formulieren einen für Wissenschaftler ungewöhnlichen Appell: »Die emotional geführte Diskussion um Integration ließe sich entschärfen, wenn der Politik Instrumente zur Hand gegeben werden, die gemeinsamen Wurzeln von Einheimischen und Migranten deutlich zu machen. Unerwartet fällt den naturwissenschaftlichen Methoden in der Archäologie hier die Rolle zu, diese Sachverhalte zu veranschaulichen. Die größte ökonomische Umwälzung in der Menschheitsgeschichte – die Neolithische Revolution – hat ihren Ursprung in einer Region, die vermutlich die Heimat aller Europäer bildet, und wurde in Migrationswellen nach außen getragen.«

Eine weitere Studie britischer Genetiker liefert die Zahlen: Heute tragen 110 Millionen Männer auf dem Alten Kontinent eine spezifische genetische Veränderung in sich, die ihren Ursprung im Nahen Osten hat. Je weiter im Norden wir uns befinden, umso mehr Männer tragen eine bestimmte Gensequenz auf dem Y-Chromosom. Denn laut Patricia Balaresque, Hauptautorin der Studie von der Universität Leicester, stammen »mehr als 80 Prozent der europäischen Y-Chromosomen von einwandernden Bauern«. Und sie hat noch eine Überraschung parat: »Im Gegensatz dazu scheinen die meisten mütterlichen Genlinien von Jägern und Sammlern abzustammen.« Denn in der Mitochondrien-DNS, die nur in mütterlicher Linie vererbt wird, gibt es keinen Einfluss der neolithischen Einwanderer.

Das ergibt für die Forscher ein überaus spannendes Bild: Da sich bei den Frauen die einheimischen Gene durchsetzen, bei den Männern die fremden Gene der Bauern aus dem Osten, glauben sie, dass in der Zeit nach dem ersten

Kontakt zwischen den Jägern und den Bauern viele Frauen aus den alteingesessenen Jäger-und-Sammler-Kulturen eingewanderte Bauern als Partner wählten. Patricia Balaresque sagt: »Für uns deutet dies darauf hin, dass die Landwirtschaft betreibenden Männer damals einen reproduktiven Vorteil gegenüber den Jägern und Sammlern besaßen. Vielleicht war es damals einfach sexier, ein Bauer zu sein.«

Der Sex-Appeal des Landwirts hat Europa verändert. Für die auf ihren alten Werten und veralteten Techniken beharrenden Jäger Europas war diese Entwicklung sicher nicht von Vorteil, die Frauen haben sich für die innovativeren Männer entschieden – zum Vorteil für den Kontinent insgesamt, wie wir aus heutiger Sicht sagen müssen.

Warum aber ist die Annahme heute so verbreitet, dass der Fremde eine Bedrohung ist? Der berühmte italienische Genetiker Luigi Luca Cavalli-Sforza benennt in seinem Buch *Gene, Völker und Sprachen* mögliche Ursprünge für Rassismus. Ein Volk fühle sich einem anderen überlegen und stellt diese Überlegenheit als biologisch begründet und deshalb unumstößlich dar. Oft würde es gute Gründe dafür finden, sich auf einem Gebiet, zum Beispiel im Fußball oder im kulinarischen Bereich, als einzigartig zu empfinden. Daraus ließe sich, wenn man diesen Bereich nur entsprechend höher bewertet, als er es verdient, auch ein generelles Überlegenheitsgefühl ableiten.

Jeder von uns hängt an einer Reihe von Gewohnheiten. Sie bilden die Grundlage des Alltagslebens und sie aufzugeben ist nun einmal schwierig. Schon ein sehr flüchtiger Blick zeigt, dass Sitten und Gebräuche in den einzelnen Ländern sich sehr voneinander unterscheiden können. Zwar kennen wir Wesen und Ursprung dieser Unterschiede nicht, doch die bloße Tatsache ihrer Existenz macht uns scheinbar Angst. Auch wenn wir mit dem, was wir haben, nicht zufrieden sind (zufrieden oder völlig zufrieden sind wir wohl selten), mögen wir die Veränderung nicht. Die Treue zu diesen Gewohnheiten und die Furcht, sie aufgeben zu müssen, genügen, um eine Haltung in uns zu erzeugen, die man als Rassismus bezeichnen könnte.

Für eine Gesellschaft und die gesamte Menschheit hat Rassismus noch nie irgendeinen Vorteil gebracht. Im Gegenteil: Er bedroht das menschliche Wesen in seinem Kern.

Das erste Feuer

Bis heute sind wir fasziniert vom Feuer. Wir zünden gern Kerzen an, lieben romantisches Licht und grillen. Auf Partys drängen sich irgendwann alle in der Küche, dem Ort der Feuerstelle. Doch Waldbrände machen uns Angst, und wer schon einmal auf einem feuerspeienden Vulkan war, weiß um diese Urgewalt. Doch wie lernte die Menschheit das Feuer kennen?

Wenn die glühenden Steine den steilen Abhang Richtung Meer hinuntergleiten, hört sich das aus der Ferne ein bisschen wie das harmlose Rollen von Kieselsteinen an. Doch den Lavafetzen und Ascheteilchen sollte man nicht zu nahe kommen, sie brennen in Bruchteilen von Sekunden Löcher in Kleidung und Haut. Beim letzten heftigen Ausbruch des Vulkans Stromboli im März 2007 floss die glühende Lava die Sciara del Fuoco hinunter und brachte das Meer zum Dampfen. Der italienische Zivilschutz sperrte zu Recht für Monate den Gipfelbereich. Denn der Stromboli, der weltweit einzige Vulkan übrigens, der durchgehend aktiv ist, ist ein nicht zu unterschätzender Berg. Und er ist ein Ort, an dem sich die Facetten einer sehr alten menschlichen Eigenschaft studieren lassen, unserer Faszination für Feuer.

Unsere Vorfahren haben Feuer entweder über Blitzeinschlag, Buschbrände oder eben vulkanische Aktivitäten kennengelernt. Vulkane gab es vor allem in Afrika, wo unsere Vorfahren lebten, ehe sie den Kontinent verließen. Die Glut des Vulkans ist die einzige einigermaßen verlässliche Quelle für Feuer. Wer in der Nähe eines aktiven Vulkans lebt, hat Zugang zu Feuer – es ist gefährlich und verlockend zugleich. Für manche Stämme wie die Massai sind Vulkane auch der Sitz der Götter. Viele der aktiven Vulkane Afrikas liegen genau in den Regionen, in denen die frühen Menschen lebten, von der Afar-Senke in Äthiopien aus entlang des Ostafrikanischen Grabens.

Als ich vor einigen Jahren mit einer kleinen Gruppe an der Ostflanke des Strombolis hochstieg, hatte ich mich mit dem Ursprung des Feuers wenig beschäftigt. Ich wollte einfach das Funkenspektakel sehen, wollte möglichst nah an den Rand des Kraters gehen und vielleicht einen Blick in den glühenden Höllenschlund werfen. Die Gefahr war mir bewusst, da eine Bekannte wenige Wochen zuvor nachts bei einer schweren Eruption von einem glühenden Brocken am Unterarm verletzt wurde.

Der Anstieg ist beschwerlich, vor allem das letzte Stück über steile Geröllfelder. Dann geht man seitlich und noch unterhalb der Krateröffnung einen relativ schmalen Grat entlang, an dem Besucher vor uns Schlafplätze mit kleinen schützenden Steinmauern errichtet hatten. Ich kann mich an diesen Moment noch gut erinnern: Zum ersten Mal sah ich eine gewaltige Eruption aus relativer Nähe, spürte, wie der Berg vibrierte und zitterte, wie das Grollen und Fauchen das Geräusch des Windes übertönte und dann aus einem dunklen Loch orangeglühende Lavafontänen hochschossen. Meist fällt die Lava wieder zurück in den Krater. Dennoch wurde ich mit jedem Schritt näher an den Krater heran langsamer. Das Gelände war nicht abgesperrt, ich hätte einfach immer weitergehen können. Als jedoch die ersten kleinen Brocken wenige Meter von mir einschlugen, war ich stehen geblieben, obwohl dort im Funkenregen Richtung Krater offenbar auch schon mal Leute übernachtet hatten. Die Steinmauern waren im Licht der Lavafontänen gut zu sehen. Hätte man einen Holzspan oder Papier an einen der Gesteinsbrocken gehalten, wäre er sicher entflammt. Während der Stromboli die ganze Nacht fauchte, lag ich doch lieber in sicherer Entfernung in einer der Nischen auf dem

Grat im Schlafsack, was heute allerdings schon nicht mehr erlaubt ist. Faszination und Gefahr sind dort so nah beieinander. Und ist nicht genau das seit Jahrmillionen das Wesen des Feuers?

Vielleicht ist es also kein Zufall, dass sich die bislang ältesten Spuren von menschlichem Feuer in der Nähe eines Vulkans finden, der sich am nördlichen Ende eines 22 Kilometer langen Süßwassersees in Kenia erhebt. Möglicherweise haben Menschen dort schon vor knapp 1,5 Millionen Jahren Feuer gemacht, am Ufer des Baringo-Sees mit Blick auf den damals noch aktiven Vulkan Karosi. In Chesowanja, rund zwölf Kilometer östlich des Sees, haben Forscher jedenfalls menschliche Knochen und Werkzeuge aus Lavagestein entdeckt, sowie mehr als 40 Brocken gebrannten Tons. Analysen haben ergeben, dass der Ton einst in einem Feuer von 400 Grad Celsius gehärtet wurde. Gebrannter Ton taucht nur dort auf, wo sich auch Spuren von Menschen finden. Natürlich könnte auch ein Buschfeuer den Ton gebrannt haben, aber die Feuer wandern so schnell, dass der Ton nicht aushärtet. Lediglich ein glühender Baumstumpf würde dafür lange genug brennen. Doch Experimente haben gezeigt: Das Feuer glüht dort mit mindestens 600 Grad Celsius – was viel zu heiß ist. Am besten passt der Befund zu einem Lagerfeuer. Ein schlüssiger Beweis für das erste willentlich entfachte Feuer steht aber aus.

Doch die Gegend scheint geeignet zu sein, wenn man nach den Anfängen des Feuers sucht. Einige Hundert Kilometer weiter im Norden, kurz vor der äthiopischen Grenze, liegt an der Ostseite des Turkana-Sees in Kenia das Camp Koobi Fora. Der amerikanische Anthropologe Richard Leakey hat dort einen berühmten Frühmenschen gefunden, den 1,6 Millionen Jahre alten Turkana Boy, sowie viele Steinwerkzeuge. Auch hier sind wie am Baringo-See die Vulkane nicht weit, beide Orte liegen im Ostafrikanischen Graben. Und auch hier gibt es Spuren von Feuer, rötlich und orange verfärbte Sedimente. Forscher können anhand der Verfärbung sehen, dass die Flammen einst zwischen 200 und 400 Grad Celsius heiß waren. Ob die Menschen es damals bereits kontrollierten, ist auch hier dennoch ungewiss. Spannend ist, dass beide Fundorte in der Nähe von einst aktiven Vulkanen waren. Viele Forscher glauben allerdings, dass Feuer damals zunächst nur als Wärme- und Lichtquelle genutzt wurde und um gefährliche Tiere fernzuhalten – aber noch nicht zum Kochen.

Nun ist es das eine, natürliches Feuer zu nutzen und zu unterhalten, und etwas ganz anderes, selbst Feuer entzünden zu können, also unabhängig vom Zufall zu sein. Erste wirkliche Belege für ein von Menschenhand entzündetes Feuer finden sich ausgerechnet an einer Stelle, die unsere Vorfahren auf dem Weg nach Europa passierten, am Ufer eines ausgetrockneten Sees im Jordan-Tal im Norden Israels. Dort loderten vor 790 000 Jahren die Flammen eines Lagerfeuers. Verkohlte Samenkörner, Rindenstücke, Holzreste, Feuersteine und noch unbenutztes Holz sind der Beweis, dass der *Homo erectus*, unser unmittelbarer menschlicher Vorfahr, das Feuer beherrscht hat. Natürliche Feuerquellen wie Blitzeinschläge schließen die Forscher aus, da an diesem See während einer Zeitspanne von 100 000 Jahren Menschen lebten und sie während dieser Zeit immer wieder Feuerstellen hatten. Sie mussten also die Flammen mit Hilfe des reichlich vorhandenen Feuersteins entfacht haben.

Die Menschen im Lager haben sich gut organisiert. Das Zentrum ist die Feuerstelle im Südosten des Lagers am Ufer des Sees. Seit es ihnen gelungen ist, das Feuer immer wieder neu anzufachen, hat sich das Leben im Dorf deutlich vereinfacht. Das Feuer gibt Schutz und Wärme. Doch es setzt ziemlich viel Aufwand und Geschick voraus, bis es endlich brennt. Man muss zwei bestimmte Steine gegeneinander schlagen: den harten, graubraun schimmernden Feuerstein als Schlagstein und einen metallisch glänzenden. Der Feuerstein ist wertvoll für die Leute im Lager, denn er enthält Eisensulfidkristalle. Immer wieder müssen sie losziehen, um neue Knollen zu finden. Keine leichte Aufgabe, denn von außen ist der Stein nicht zu erkennen, er ist meist in hellere Kreidefelsen eingebettet, die man erst aufhämmern muss. Dafür lohnt die Suche, denn die Knollen sind auch bei anderen Sippen als Tauschobjekt begehrt. Und das, obwohl sich damit allein kein Feuer entzünden lässt, mit dem Feuerstein kann man lediglich Funken aus dem metallischen Stein herausschlagen, wobei die abgesplitterten, scharfkantigen Feuersteinreste dabei zu Boden fallen. Beherrscht man das gut, lässt sich mit den Funken ein getrockneter Baumschwamm oder trockenes Gras zum Glimmen bringen. Erst mit dieser Glut können die Menschen im Lager dann das eigentliche Feuer entfachen. Es ist eine Kunst, das wissen die Menschen am See. Manchmal funktioniert es auch, wenn man ein Stöckchen aus Hartholz mit bloßen Händen in weichem Holz dreht, vor allem, wenn man zwischen die Hölzer Sand streut. Es dauert ein bisschen, aber nach einer Weile entsteht so viel Hitze, dass trockenes Gras zu glimmen beginnt.

Das Lager am Hula-See ist gut organisiert und die Feuerstelle der Mittelpunkt. Im nordwestlichen Teil stellen die Männer Steinwerkzeuge her, in der Nähe der Feuerstelle bereiten die Frauen die Nahrung zu. Jeder hat seine Aufgaben. Für die Männer ist es gar nicht so leicht, die Steine so zu schlagen, dass sie scharfe Kanten bekommen. Sie verwenden Basalt, Feuer- und Kalkstein, den sie aus kilometerweit entfernten Steinbrüchen holen. Aus Basalt und Feuerstein machen sie rundliche Keile und Beile mit geraden Kanten.

Das Feuer muss permanent bewacht werden. Ständig legt jemand Holz nach oder nicht essbare Teile von Pflanzen, die andere aus der Sippe gesammelt haben. Olivenzweige, wilder Wein und wilde Gerste liegen neben der Feuerstelle. In der Hitze des Feuers können die Menschen im Lager gut Wurzeln von Pflanzen garen, auch das Fleisch der gejagten Tiere schmeckt gebraten besser – es ist länger haltbar und leichter verdaulich. Auch die sonst so zähen Rüben werden durch das Kochen weich und lassen sich gut zerkleinern.

Sicher begannen die Menschen damals Nahrung zu garen. Ihr Kauapparat hatte sich dadurch zu einer weniger kräftigen Form entwickelt. Dies führt auf eine weitere, wichtige Fährte, wenn man nach Belegen dafür sucht, wann Menschen erstmals regelmäßig das Feuer nutzten. Die Fähigkeit, mit Feuer umzugehen, gilt als entscheidender Schritt in der Entwicklung des Menschen, der neben den kleineren Zähnen und dem schwächeren Kiefer vor allem drastische Verhaltensänderungen nach sich zog, in der Ernährung, im Umgang miteinander und der Verteidigung. Nur weil sie das Feuer beherrschen und kochen lernten, konnten die Menschen ein größeres Gehirn entwickeln, ihre Zeit besser nutzen und ein komplexeres soziales Leben aufbauen. Sie aßen so zum Beispiel gefundene Knollen nicht mehr an Ort und Stelle, sondern brachten sie zu einem gemeinsamen Kochplatz. Kochen ist somit auch der Beginn des sozialen Lebens.

Der amerikanische Anthropologe und Primatenforscher Richard Wrangham ist der Auffassung, dass die Vormenschen sogar bereits vor 1,9 Millionen Jahren begannen, ihre Nahrung zu garen – im Feuer –, also noch mal rund 400 000 Jahre, bevor sich die bislang ältesten direkten Spuren finden. Der Mensch hat das Feuer gezähmt. Das ist zwar eine beachtliche Leistung – Darwin bezeichnete die Entdeckung des Feuers als »wahrscheinlich die größte mit Ausnahme der Sprache« –, doch der langfristige Nutzen war noch gewaltiger: Es war für die Gattung Mensch ein riesiger evolutionärer Vorteil. »Wir Menschen sind die kochenden Affen«, sagt Wrangham, »Geschöpfe des Feuers.« So blieb unseren Vorfahren mehr Zeit und Energie für andere Dinge. Sie konnten längere Strecken zurücklegen und damit ihren Lebensraum vom Regenwald auf die Savanne ausdehnen, da dort Wurzelknollen besonders häufig zu finden sind und es andere Tiere gibt.

Gekochte Nahrungsmittel bringen sehr viel mehr Energie in den Körper als rohe. Zudem wird ein geringerer Anteil unverdaut ausgeschieden. Aus erhitztem Essen lässt sich insgesamt leichter Energie gewinnen. Wer allein Rohkost und rohes Fleisch isst, hat hier einen Nachteil. Waldfrüchte, Wurzeln oder auch Blätter, die die Frühmenschen damals sammelten, haben einen eher geringen Nährstoffgehalt, sie sind auch schwer verdaulich und ziemlich zäh. Die Menschen sind einige Stunden pro Tag damit beschäftigt, alles zu zerkauen. Auch die Verdauung nimmt mehr Zeit in Anspruch. Man kann das heute bei Schimpansen, Bonobos, Gorillas und Orang-Utans beobachten, sie alle halten ausgiebigen Verdauungsschlaf von drei bis vier Stunden. Wir Menschen können darauf gut verzichten.

Bei Fleisch ist es noch extremer. Rohes Fleisch ist zäher als rohes Gemüse, wir müssten fünf- bis zehnmal so viel Zeit aufwenden, um es zu kauen. Menschenaffen beißen ewig an einem Stück Fleisch herum. Dank des Feuers spart der Mensch demnach viel Zeit im Vergleich zu seinen nächsten Verwandten.

Doch nicht nur die Energie- und Zeitbilanz zwischen Rohem und Gegartem ist eindeutig positiv. Plötzlich erschließen sich für die Frühmenschen auch neue Nahrungsmittel. Das Kochen macht etliche Nahrungsmittel wie harte, holzige Wurzeln oder manche Kräuter oder bestimmte Pilze überhaupt erst genießbar. Es lässt etwa Gifte zerfallen oder tötet Keime ab und macht so das Essen haltbarer. Und es bringt intensivere Aromen hervor.

Bestimmte Rohkost ist auch für uns heute noch ohne Kochen nicht genießbar. Rohe Bohnen etwa, sie enthalten ein giftiges Eiweiß, das beim Kochen zerstört wird. Bei hoher Dosis wäre das tödlich. Auch rohe Kartoffeln sollten wir nicht in größeren Mengen essen, denn in der Schale und an grünen Stellen sammelt sich ein für Menschen giftiger Stoff, das Solanin. Beim Braten oder Kochen verringert sich die Konzentration deutlich. Auch grüne, unreife Tomaten enthalten den Stoff.

Wranghams Idee provozierte Widerspruch. Warum sollte ausgerechnet der *Homo erectus* schlau genug gewesen sein, das Kochen zu erfinden? Konnte er wirklich schon Feuer machen? Vielleicht war es ja gar nicht zwingend notwendig, dass der Mensch damals das Feuer schon beherrschte, es also selbst erzeugen konnte. Möglicherweise haben unsere Vorfahren zunächst einige Hunderttausend Jahre die Vorteile des natürlichen Feuers genutzt. Wenn sie in der Nähe von Vulkanen lebten, war es einfach, immer wieder für Nachschub an glühendem Holz zu sorgen. Zum anderen: Warum sollten sie gerade an solchen Orten, wo häufig Lava sprühte, nicht auch über die fliegenden Funken nachdenken und es selbst ausprobieren, sie zu erzeugen, zum Beispiel, indem sie Feuerstein auf Pyrit klopften?

Fakt ist, dass sich im Lauf der Evolution das Hirnvolumen des Menschen gesteigert hat, besonders stark beim *Homo erectus*. Das Gehirn kann aber nur wachsen, wenn dauerhaft ausreichend Energie zur Verfügung steht, um es zu versorgen. Ohne Kochen wäre das schwierig gewesen. Das leistungsfähigere Gehirn wiederum ermöglichte unseren Vorfahren, auch komplexere kognitive Leistungen zu erbringen.

Bis heute müssen wir unser Gehirn mit hohem Aufwand versorgen, denn das Organ verbraucht mehr als 20 Prozent unseres gesamten Energiebedarfs, obwohl es beim Erwachsenen nur etwa zwei Prozent des Körpergewichts ausmacht. Es braucht rund 1,5-mal so viel Energie pro Zeit wie unser Herz und etwa die Hälfte davon für den normalen Stoffwechsel der Nervenzellen. Von der verbleibenden Hälfte wird ein Teil zur Bildung elektrischer Signale aufgewendet, mit denen die Nervenzellen miteinander kommunizieren.

Das einzige Organ, das ebenfalls sehr viel Energie benötigt, ist der Darm. Leber und Nieren lassen sich nicht effizienter nutzen, doch beim Darm war das möglich. Durch das Erhitzen kommt es nämlich zu einer Art Vorverdauung. Das hat wiederum zur Folge, dass die eigentliche Verdauung, bei der sonst ungeheuer viel Energie verbraucht wird, erheblich leichter und schneller abläuft. Der gesamte Verdauungstrakt kann schrumpfen, was wiederum Energie einspart. Heute haben wir einen extrem kurzen Dickdarm. Mund, Kiefermuskeln und Mahlzähne sind im Vergleich zum *Homo erectus* winzig.

All diese gewaltigen Umbauten im Körper waren notwendig, damit sich der Mensch ein so extravagantes Organ wie das Gehirn leisten konnte. Sogar ein paar evolutionäre Spätfolgen nehmen wir dafür in Kauf. Wir setzen heute leichter Fett an, weil wir immer energiereicheres Essen zu uns nehmen. Die vorwiegend weiche Nahrung begünstigt auch Fehlstellungen der Zähne. Ohne Feuer bräuchten wir keine Zahnspangen. Und wir haben einen ziemlich empfindlichen

Magen. Andere Primaten sind sehr robust gegen Gifte in ungekochter Nahrung, wir Menschen hingegen nicht.

Die Umstellung auf gekochtes Essen ist dennoch in der Summe eine Erfolgsgeschichte. Das spüren wir auch instinktiv. Oder warum grillen wir so gern, obwohl es doch nüchtern betrachtet eine ziemlich aufwendige Angelegenheit ist? Warum erscheinen uns intensive Gerüche und guter Geschmack so angenehm? Wir riechen und schmecken gegrillte, gebratene oder geröstete Sachen lieber als Rohkost. Zudem schmecken uns gekochte Speisen in warmem Zustand besser, obwohl sie kalt genauso nahrhaft sind. Vielleicht ist das nicht nur ein Nachhall der Evolution, weil diese Dinge einst so erfolgreich waren. Wir Menschen können auch heute noch energiereiche Nahrung an ihrem Geruch und Geschmack erkennen. So sind wir in der Lage, über entsprechende Rezeptoren auf der Zunge und im Mundraum kalorienreiche Nahrung zu identifizieren, nicht nur aufgrund des süßen Geschmacks, sondern auch wegen ihrer weichen, zarten Textur. Wir können ihre Temperatur, die Viskosität und Konsistenz im Mund erkennen und im Gehirn mit angelernten Reaktionen auf den Anblick und den Geruch zusammenschalten. Anders gesagt: Wir betreiben einen ziemlichen Aufwand, um zu beurteilen, ob Nahrung gekocht ist oder nicht.

Der berühmte Evolutionsbiologe Stephen Jay Gould meinte, dass für solche Veränderungen, in denen der Körper sich an die gekochte Nahrung anpasst und aus ihr den größtmöglichen Nutzen zieht, rund 15 000 bis 20 000 Jahre ausreichen. Heute ist der Mensch auf Gekochtes ebenso gut eingerichtet, wie Kühe es sind, Gras zu fressen. Erst mit dieser Fähigkeit kann er aus Afrika auswandern und dauerhaft in andere Klimazonen vordringen. Es ist weltweit keine menschliche Gesellschaft bekannt, in der nicht regelmäßig gekocht wird. Selbst die Inuit in Kanada, die gern als Rohfleischesser abgestempelt werden, nehmen in Wahrheit täglich eine warme Mahlzeit zu sich.

Damit hat das Essen auch soziale und kulturelle Folgen – bis heute. Die Suche nach Nahrung, die Auswahl der Grundprodukte, die Wahl der Zutaten, das Feuer entfachen (oder Herd anmachen) und als letzter Schritt die Kreation eines Gerichts sagen sehr viel über eine Gesellschaft aus. Es gibt Länder, in denen Essen ein hohes Kulturgut ist, in Italien zum Beispiel steht der Herd, also in gewissem Sinn das Feuer, im Mittelpunkt des Lebens. Spitzenköche wie der Spanier Ferrán Adria zelebrieren das Essen wie ein Kunstwerk, weil sie den Reichtum und den hohen Stellenwert der gekochten Nahrung betonen wollen. Der Koch ist das Zentrum der Tischgemeinschaft, Essen zu teilen ein soziales Urerlebnis und wertvolles Gut. Und auch heute sollte der Herd Mittelpunkt der Küche sein, und nicht etwa die Mikrowelle. Der australische Anthropologe Michael Symons sagt: »Für mich stützt sich unser Menschsein auf Köche. Kochen ist das, was den Menschen ausmacht.«

Die Kochtheorie scheint also insgesamt stichhaltig. Trotzdem wissen wir aus eigener Erfahrung, dass Feuer nicht allein für die Nahrung wichtig ist. Es bietet daneben auch noch Wärme und vermittelt Geborgenheit. Ein Grund dafür könnte sein, dass künstliche Helligkeit den Menschen vertraut ist, seit sie vor geschätzten etwa 1,5 bis 2 Millionen Jahren das erste Feuer entzündeten. Die Menschen im Busch schliefen nahe am Feuer und einer hielt immer Wache. Das Licht schreckte während der Nacht in der Savanne gefährliche Tiere ab.

Auch wir modernen Menschen fühlen uns an Lagerfeuern wohl. Wir mögen den Geruch von Verkohltem, das Knistern der Flammen. Das Licht eines Lagerfeuers hat einen hohen Anteil an Rottönen. Wohl deshalb empfinden wir den Schein einer Glühlampe, in der ein Metallfaden in einem Glaskolben leuchtet, als so angenehm: Er besitzt ein kontinuierliches Lichtspektrum mit allen Farben des Regenbogens. Ein Großteil dieses Spektrums liegt im roten Bereich, Licht um die 2700 Kelvin Lichttemperatur wirkt für unsere Augen »warm«.

Den Zeitpunkt zu bestimmen, ab wann die Frühmenschen das Feuer zum Schutz verwendeten, ist schwierig. Es gibt Forscher, die hier den Körperbau der Frühmenschen als Argument nutzen. Der *Homo erectus*, so die Überlegung, war aufgrund seiner veränderten Anatomie irgendwann einfach kein guter Kletterer mehr, da er seine Nahrung nun eher auf dem Boden fand und dabei oft weite Distanzen zurücklegen musste. Also war es für ihn von Vorteil, besser laufen zu können, als zu klettern. Der Nachteil: Er tat sich damit auch schwerer, nachts in den Bäumen zu schlafen und sich dort ein Nest bauen zu können. Insofern musste er sich nun am Boden gegen Raubtiere schützen. Aber nur die kräftigsten Männer konnten sich vielleicht wehren, nicht aber Frauen mit kleinen Kindern. Selbst bei Primaten wagen es heutzutage nur ausgewachsene männliche Gorillas, auf dem Boden zu schlafen. Mit dem Feuer könnte sich der Vormensch nachts Raubtiere vom Leib gehalten haben und es wärmte obendrein.

Gern ziehen die Forscher dann einen Vergleich mit heute noch lebenden Stämmen, die kaum Kontakt zur Zivilisation haben. Auf den Andamanen im Indischen Ozean etwa lebt eine Volksgruppe, die immer ein Stück glühender Kohle in einem Behälter mit sich führt, wenn sie auf den Inseln unterwegs ist, um sich jederzeit bei Einbrechen der Nacht ein schützendes Feuer anzünden zu können. Auch in uns modernen Menschen flackert dieser Impuls schnell auf, sobald wir uns nur ein bisschen außerhalb der Zivilisation in die Natur hinausbewegen. An einem Lagerfeuer fühlen wir uns sofort sicherer.

Es gibt Kulturanthropologen wie den Franzosen Claude Lévi-Strauss, der meint, Menschen müssten ihre Nahrung ja nicht kochen, sie tun es aus symbolischen Gründen. Sie wollten damit nur zeigen, dass sie Menschen sind und keine Tiere. Damit wäre die Nutzung von Feuer ein ritueller Akt. Er taucht beispielsweise in antiken griechischen Opferzeremonien auf, wenn etwa auf den großen Aschealtären die Stiere für Zeus geopfert werden und die Menschen sich das Fleisch teilen und die Knochen feierlich auf dem Altar verbrennen.

Tatsächlich hat Feuer eine große spirituelle Kraft, es taucht in Mythen wie der Prometheus-Geschichte genauso auf wie in religiösen Zeremonien. In den ältesten Tempeln gibt es Spuren von Feuer. Ein hinduistisches Paar schließt die Ehe, indem es gemeinsam sieben Mal um ein Feuer schreitet. In katholischen Kirchen brennt das Ewige Licht, in der Osternacht wird als Symbol für die Auferstehung Christi eine Kerze entzündet. Feuer ist neben Erde, Luft und Wasser eines der klassischen vier Elemente. Die Olympischen Spiele werden eröffnet, indem ein Sportler mit einer Fackel das olympische Feuer entfacht. Die Fackel wiederum wird alle vier Jahre im heiligen Hain im griechischen Olympia entzündet und über Monate in einem feierlichen Lauf bis zum Austragungsort gebracht. Die Beispiele ließen sich noch fortsetzen. Verbindend ist eines: Immer steht das Feuer im Mittelpunkt. Und ist es nicht erstaunlich, dass wir ausgerechnet dem zerstörerischen Feuer, das doch im Lauf der Menschheitsgeschichte so viel Unheil angerichtet hat, eine solche Funktion zugestehen? Vermutlich suchen wir aus genau dem gleichen Grund fasziniert die Nähe eines Vulkans.

Feuer ist das Zeichen einer höheren Macht, und doch verstehen wir das Feuer bis heute nicht wirklich. »Wohltätig ist des Feuers Macht, / Wenn sie der Mensch bezähmt, bewacht. / Und was er bildet, was er schafft, / Das dankt er dieser Himmelskraft; / Doch furchtbar wird die Himmelskraft, / Wenn sie der Fesseln sich entrafft, / Einhertritt auf der eignen Spur, / Die freie Tochter der Natur. / Wehe, wenn sie losgelassen …«, so steht es in Schillers »Lied von der Glocke«, das übrigens viele Freiwillige Feuerwehren gern zitieren. Wir wissen nur, dass eine Welt ohne Feuer nicht wünschenswert wäre. Dieses Gefühl hat sich seit fast zwei Millionen Jahren nicht verändert.

Das erste Wort

Sprache ist eines der grundlegenden Merkmale des Menschen. Sie bietet die Möglichkeit, sich mitzuteilen, und formt ein Wir-Gefühl. Auch wenn sie im Lauf der Geschichte immer komplexer geworden ist, die Grundfunktionen der Kommunikation sind von der Steinzeit bis heute gleich wichtig geblieben.

Es ist naturgemäß schwer, die ersten Worte zu finden. Denn akustisch aufbewahren können wir sie erst seit gut 130 Jahren. Ein munteres »Hello« von Thomas Edison, gespeichert auf einer Zinnfolie, läutete die Ära der Tonträger ein. Von der Zeit davor gibt es keine Sprachfossilien. Der Klang der ersten Wörter ist längst verhallt. Selbst wenn es in der Steinzeit Aufzeichnungsgeräte gegeben hätte, könnten wir heute die Stimmen auf den Speichermedien nicht mehr entschlüsseln. Sie wären längst verblasst, so wie unsere ganzen Tondateien mittlerweile schon nach wenigen Jahren unlesbar wären, würden wir sie nicht ständig auf den Servern und Computern neu kopieren.

Ob wir die ersten Worte überhaupt als solche erkennen und verstehen würden, sei dahingestellt. Vermutlich eher nicht. Doch über die Suche nach dem ersten gespeicherten Wort kommen wir auf dem Weg zum Ursprung der Sprache nicht weiter, auch nicht, wenn wir die ältesten schriftlichen Quellen mit dazunehmen. Es sind Tafeln aus gebranntem Ton, auf denen sich alte sumerische Keilschriftzeichen finden. Die Schreibtäfelchen stammen aus dem Gebiet zwischen Euphrat und Tigris im heutigen Irak. Das führt uns allerdings nur ein paar tausend Jahre in die Vergangenheit. Aber auch hier gilt: Sprache ist älter, vermutlich sehr viel älter.

Es ist also extrem schwer, Sprache zu rekonstruieren. Wer

es versucht, so wie jüngst eine englische Forschergruppe, muss sich damit anfreunden, dass selbst mühevolle Arbeit nicht immer zu überwältigenden Ergebnissen führt. Objekt der Untersuchungen waren die Überreste eines Neandertalerschädels. Um herauszufinden, welche Laute ein Neandertaler produzieren konnte, formten die Forscher auf der Basis seines Kehlkopfs und des Nasen-Rachen-Raums einen Resonanzraum. Nach monatelangem digitalem Experimentieren war das Ergebnis, das man im Internet hören konnte, ein langgezogenes »e«. Es klang, als würde ein heiseres Schaf blöken. Das war der Beweis: Neandertaler konnten Laute bilden.

Das wäre also die Antwort gewesen, wenn wir einen Neandertaler aufgefordert hätten: Gib mir ein »e«. Wir hätten dann noch den Daumen hochgestreckt als Zeichen der Zustimmung – in der Hoffnung, dass der andere die Geste auch verstehen kann oder sie in seiner Sprache nicht etwas völlig anderes bedeutet.

Bei dem mühsamen Versuch, aufgrund anatomischer Details die ersten Worte der Menschheit zu rekonstruieren, können wir zwar die Knochen ein wenig zum Sprechen bringen, aber doch nicht so, dass wir ihnen Worte entlocken könnten. Das »e« des Neandertalers dürfte den größtmöglichen Erfolg dieser Methode darstellen.

Insofern müssen wir wohl spekulieren, wenn wir uns auf die Suche nach dem Ursprung der Sprache begeben. Die Fragen dabei sind klar: Wann haben Menschen zum ersten Mal gesprochen? In welcher Gegend der Erde ist das wohl passiert? Und – das ist die schwierigste Frage – warum fingen wir überhaupt damit an? Vielleicht wird es irgendwann sogar möglich sein, die ersten Worte zu entschlüsseln. Große Forscher wie Noam Chomsky oder Michael Tomasello haben ihr halbes Leben dieser Frage gewidmet, es gibt unzählige Bücher über den Ursprung der Sprache – doch noch immer ist das Rätsel um die Anfänge ungelöst. Es gibt allerdings ein paar neue und sehr spannende Ideen.

Fangen wir mit dem Wann an. Hier geben die Forscher zwei Antworten: entweder relativ früh in der Menschheitsgeschichte, vor rund 1,5 bis zwei Millionen Jahren, oder erst sehr spät, und zwar aufgrund einer Mutation vor rund 200 000 Jahren. Ein typischer Expertenstreit. Hören wir uns einmal die Argumente an.

Zunächst einmal müssen wir bei den Anfängen der Sprache nicht nur nach dem gesprochenen Wort schauen. Der Entwicklungspsychologe Michael Tomasello vom Max-Planck-Institut für Evolutionäre Anthropologie in Leipzig zählt auch Gesten und bestimmte Körperbewegungen dazu, die üblicherweise unsere Gespräche begleiten. Gesten seien, so Tomasello, für die Entwicklung von Sprache notwendig. Er betont, dass Sprache nicht auf abstrakte, grammatikalische Muster beschränkt sei.

Wir können uns selbst einmal beobachten, wie wir in Situationen reagieren, in denen wir nicht sprechen können oder uns aufgrund von Lärm niemand versteht. Dann wechseln wir von der differenzierteren Sprache spontan auf ein anderes Zeichensystem, die gestische Kommunikation. Auch unter Wasser beim Schnorcheln oder Tauchen nutzen wir Gesten, wenn es laut ist im Fußballstadion oder auch wenn wir die in einem fremden Land gesprochene Sprache nicht beherrschen.

Dies könnte ein Indiz dafür sein, dass es sich um ein älteres System handelt. Heutzutage entstehen Zeichensprachen auch deshalb so leicht, weil wir auf eine lange Reihe von evolutionären und kulturellen Prozessen im Bereich der Gesten zurückgreifen können. Diese Art der Kommunikation ist eine Art Vorstufe für die Bildung grammatikalischer Regeln. Möglicherweise haben wir damit aber schon den gedanklichen Austausch untereinander eingeübt.

Wissenschaftlich als gesichert gilt, dass alle Menschen weltweit heute die biologischen Voraussetzungen besitzen, nicht nur eine Sprache, sondern im Prinzip jede Sprache zu erlernen. Hier gibt es keine regionalen Unterschiede. Das deutet darauf hin, dass die Fähigkeit sehr früh in der Menschheitsgeschichte angelegt worden ist. Viele Sprachforscher meinen, dass die Menschen bereits vor zwei Millionen Jahren die Voraussetzungen entwickelt haben, um Worte zu bilden.

Anatomisch waren sie jedenfalls damals in der Lage, Laute im Kehlkopf zu formen. Der Rachenraum der Frühmenschen verlängerte sich, von diesem Zeitpunkt an konnten sie die volle Bandbreite von Lauten formen, die für eine artikulierte Sprache notwendig sind. Gleichzeitig hat sich damals auch das menschliche Zungenbein verändert, so dass im Kehlkopf besser Laute erzeugt werden konnten. Die Frühmenschen haben also vor rund zwei Millionen Jahren einen verbesserten Stimmapparat besessen.

Sprache setzt zudem Atemkontrolle voraus. Auch dies beherrschten die Frühmenschen bereits vor rund 1,8 Millionen Jahren. Forscher haben in den fossilen Wirbelkörpern dicke Kanäle für Nerven entdeckt, die die Atmung kontrollieren. Diese verbesserte Koordination ist notwendig, um sprechen zu können. Um Tonhöhen oder die Lautstärke zu regulieren, brauchen wir die Atmung. Wir haben sogar gelernt, beim Einatmen zu reden. Zum Vergleich: Affen beherrschen nur eine kleine Bandbreite an Lauten und können die Atmung nicht kontrollieren.

Vor allem aber braucht Sprache auch ein entwickeltes Gehirn. Es muss in der Lage sein, Gegenstände zu abstrahieren und dafür Worte zu finden. Das ist die größte Hürde. Zwei für die Sprache des Menschen wichtige Zentren in unserem heutigen Gehirn – das Broca-Areal und das Wernicke-Areal in der Großhirnrinde der meist linken Gehirnhälfte – waren bereits vor 2,5 Millionen Jahren ansatzweise entwickelt. Dies zeigen Innenabgüsse von Schädelknochen des *Homo habilis*. Die Zentren sind aktiv, wenn wir Werkzeuge betrachten und im Stillen für uns benennen oder wenn wir sprechen oder den Worten anderer Menschen lauschen.

Zusammengefasst sind das recht gute Voraussetzungen dafür, dass die Menschen vor 1,5 bis zwei Millionen Jahren zu sprechen gelernt haben. Auch die amerikanische Anthropologin Dean Falk glaubt wie viele andere Forscher, dass sich die Sprache in dieser frühen Phase der Menschheitsgeschichte langsam entwickelt haben könnte, denn das Gehirn begann damals zu wachsen. Wir wissen nur nicht, wie groß ein Gehirn sein muss, um Sprachlaute zu produzieren, deshalb lässt sich aus der Gehirnentwicklung nur ein ungefährer Zeitraum ableiten. »Wenn die Hominiden nicht die Sprache nutzten und verfeinerten, würde ich gern wissen, was sie mit ihren selbstbeschleunigt wachsenden Gehirnen taten«, meint Falk.

Doch manche Forscher überzeugt das nicht. Sie sagen, die menschliche Sprache sei jung und aufgrund einer zufälligen genetischen Veränderung auch vergleichsweise schnell entstanden. Zur Untermauerung weisen die Linguisten auf eine Art »Sprachgen« hin, das Genetiker in den 1990er Jahren in unserem Erbgut identifiziert haben. Bei diesem Gen namens FOXP2 – das übrigens auch Affen, Fische, Zebrafinken und Schnecken besitzen – haben sich beim *Homo sapiens* nach neuesten Forschungsergebnissen vor rund 200 000 Jahren in kurzer Zeit an zwei Stellen Mutationen ergeben. Und erst sie hätten das Gehirn sprachfähig gemacht. Die

Folge der Mutation scheint auch eine verbesserte Kontrolle der Mund- und Gesichtsmuskeln zu sein. Möglicherweise ließen sich dadurch sowohl die Atmung wie die Lautbildung besser steuern. Erst nach der Mutation sei der *Homo sapiens* in der Lage gewesen, Wörter zu bilden und eine Grammatik zu entwickeln.

Seit diesem Zeitpunkt sei es jedenfalls entwicklungsbiologisch im Menschen angelegt, eine Sprache zu lernen. Zu den Verfechtern der späten Sprachentstehung gehört der berühmte Sprachforscher Noam Chomsky.

Seine Widersacher, die Verfechter der frühen Sprachentstehung, führen jedoch noch ein weiteres Argument ins Feld, das gleichzeitig zur Frage nach dem Warum der Sprachentwicklung führt.

Sprache habe sich langsam entwickelt, sagt Michael Tomasello, und zwar parallel mit einer besonderen Art von sozialem Bewusstsein. Menschen wollen Erkenntnisse miteinander teilen. Schon kleine Kinder zeigen anderen Sachen, die sie gerade entdeckt haben. Sie freuen sich, mit anderen zu kommunizieren. Wir Menschen sind von Kindesbeinen an sehr kooperativ, wir haben ein in uns wohnendes Wir-Gefühl. Und die Sprache ist ihr stärkstes Instrument. Wir teilen auch deshalb etwas mit, weil wir uns in den anderen hineinversetzen können. Eine soziale Perspektive entsteht. Kommunikation und Sprache beziehen sich auf eine geteilte Lebenswelt, sie stiften Identität.

Sprache ist somit anfangs in erster Linie ein Mittel, um Aktionen auszulösen, und nicht ein Instrument, um Gedanken zu verarbeiten oder bloß auszudrücken. Man kann ein einfaches Beispiel nehmen, in dem einer zum anderen sagt: »Gib mir bitte das Salz.« Läuft alles glatt, hat es Auswirkungen auf das Denken des anderen, so dass dieser sich entsprechend auch verhält: Er reicht das Salz herüber.

Menschen können Sprache wie Werkzeuge nutzen. Im Kern zielt Kommunikation dabei immer auf eine soziale Aktion: Wir bitten, informieren, helfen oder nehmen am anderen Anteil. All das beherrschen schon Kleinkinder. Diese Eigenschaften verfeinern wir im Lauf des Lebens. Wir loben, klagen an und beschuldigen – bei all diesen Aktivitäten geht es um soziale Strukturen. Ohne diese einzigartige, psychologische Bedeutung im Bereich des sozialen Bewusstseins hätte sich Sprache nie entwickelt, meint Michael Tomasello. Der Leipziger Forscher betont mit seinem verhaltensbiologischen Ansatz den sozialen Aspekt von Sprache. Kommunikation ist konsensorientiert. Damit hat er es in den vergangenen Jahren geschafft, die Evolutionsforschung in eine überaus fruchtbare Richtung zu lenken.

Wie aber könnte sich dieses soziale Bewusstsein gebildet haben, was war hier vor rund 1,5 bis zwei Millionen Jahren das ausschlaggebende Moment? *Warum* haben wir Menschen angefangen, miteinander zu kommunizieren? Der amerikanische Paläoanthropologe Ian Tattersall glaubt, dass Kinder beim Spielen die Urform der Sprache erfunden haben. Denn beim Heranwachsen organisiert sich das Gehirn ständig neu. Zufällige Laute könnten dabei eine Bedeutung erlangt haben. Vielleicht muss man sogar noch weiter zurückgehen zu unseren Säuglingen und Kleinkindern.

Dean Falk sieht in der Verbindung von Mutter und Kind den Ursprung der menschlichen Sprache. Sie bezieht sich dabei auf eine Grundregel des Genetikers Ernst Haeckel: Die Entwicklung eines Einzelnen zeichnet in Kurzform dessen gesamte Stammesgeschichte nach. Ihre Beobachtung: Überall auf der Welt sprechen Mütter mit ihren Babys – und das von Anfang an, obwohl die doch noch gar nicht antworten können. Affen tun das nicht. Auch wie die Mutter dabei kommuniziert, ist sehr eigen und ebenfalls weltweit ähnlich: Ihre Tonlage ist höher, sie betont bestimmte Inhalte stark und verwendet einen reduzierten Wortschatz. Manchmal scheinen die Worte eher vom Klang als vom Inhalt geleitet zu sein, so als ginge es mehr um die Melodie als um das Verständnis. Weil diese sogenannte Ammensprache universell ist, müsse sie auch sehr früh entstanden sein.

Versuchen wir uns einmal vorzustellen, was da passiert sein könnte. Die Menschen gehen vor rund zwei Millionen Jahren aufrecht, sie können, anders als die Menschenaffen, ihre Kinder nicht mehr auf dem Rücken tragen. Zudem haben sie ihr Fell verloren, es wird für die Kleinen anstrengender, sich ständig an der Mutter festzuhalten. Und nicht zu vergessen: Die Babys sind, wenn sie geboren werden, weniger weit entwickelt als Menschenaffenbabys, sie sind also noch weitaus schutzbedürftiger.

Die Mutter hält ihr Baby auf dem Arm, als sie sich auf den Weg macht, um in Flussnähe Beeren zu sammeln und Knollen auszugraben. Sie ist nach der Geburt zum ersten Mal mit ihrem Säugling unterwegs. Das leichte Schaukeln beim Gehen beruhigt das Baby. Zusammen mit anderen Frauen aus der Sippe und ein paar älteren Kindern will sie Früchte und Wasser holen und anschließend zu ihrem Schlafplatz zurückkehren. Dann sind auch die Männer wieder da, die tagsüber nach Aas suchen.

Einige der Frauen bleiben zurück, wenn die anderen unterwegs sind. Sie kümmern sich um die zwei- bis vierjährigen Kinder, sobald diese abgestillt sind. Vor allem die Großmütter in der Sippe sind gute Babysitter. Die Mütter müssen nur die Stillkinder tragen.

Unterwegs suchen die Frauen zuerst nach Knollen. Um besser arbeiten zu können, legt die Frau ihr Kind unter einen Busch im Schatten ab. Das klappt aber nur kurz, das

Baby weint sofort. Die Frau nimmt ihr Kind hoch, wiegt es und will es wieder ablegen. Das Baby schreit erneut, das Spiel geht ein paar Mal so. Es ist aussichtslos. Dann probiert die Frau etwas aus. Sie fängt an zu summen und ruhige Laute zu machen: »Tsch, tsch, tsch.« Solange das Baby die Mutter hört, bleibt es leise – und schläft schließlich sogar unter dem Busch ein. Die Laute sind offenbar so beruhigend wie der Körperkontakt. Die anderen Frauen schauen interessiert zu.

Dean Falk kann sich dieses Szenario durchaus vorstellen. Tatsächlich wäre ein Wortwechsel wie dieser denkbar: Das Kind schreit und macht leicht verzweifelt »Mamamama«, woraufhin die Mutter beruhigend mit »Tsch, tsch« antwortet und dann anfängt, eine Melodie aus einfachen Lauten zu summen. Falk meint: »Ich glaube, melodische Töne waren der Nährboden, auf dem sich eine Proto-Sprache herausbildete«, sagt sie. »Das Wort ›Mama‹ ist aufgrund seiner Beschaffenheit einfach auszusprechen. Es könnte sich aus Schmatzlauten von Babys ergeben haben, die dann von ihren Eltern zu einem Wort geformt wurden.«

Tatsächlich formen wir noch heute Worte aus Brabbellauten unserer Babys – ich zumindest mache das bei meiner kleinen Tochter. Sie zeigt gerade oft mit ausgestreckter Hand auf Dinge und sagt dazu sehr süß: »Deda!« oder »Desda!« Jedenfalls höre ich das heraus, als Abwandlung von »das da«. Dazu passt auch die Geste. Was sie wirklich denkt, weiß ich nicht. Aber tatsächlich formen wir aus dem Lautangebot der Babys und Kleinkinder Worte.

Dean Falk glaubt, dass die Ursprache universelle Eigenschaften wie Doppelsilben, einfache Sätze und eine eher hohe Tonlage gehabt habe, und die Anthropologin weist darauf hin, dass die Babys es offenbar schön finden, wenn wir so eigenartig reden. Die Ammensprache arbeite mit Übertreibungen. So würden wir heute gewisse Silben innerhalb eines Wortes und gewisse Worte innerhalb eines Satzes besonders betonen: »WAUwau, guck mal, ein WAUwau, ist der nicht SÜSS?« Ich muss zugeben, dass ich durchaus auch schon Wauwau und Muh als Synonyme für Tiere verwendet habe, obwohl ich kein Freund der Dutzi-Dutzi-Sprache bin. Ich versuche immerhin, die Worte in ganze Sätze einzubauen: »Wie macht der Hund? Wauwau.« Obwohl kein Hund wirklich »wauwau« macht. Aber Kinder reagieren durchaus auf übertrieben gesprochene Wortdoppelungen.

Die Mutter-Kind-Beziehung als Auslöser für Sprache ist aktuell sicher die populärste These, sie geht auch am konkretesten auf die Anfänge ein. Die These entfaltet ihren Charme, weil wir in unseren Kleinkindern Hinweise auf eine Art Ursprache zu entdecken meinen. Meine kleine Tochter verwendet häufig die Vokale a, e und i, mit einer leichten Vorliebe für das a, und in Kombination mit Konsonanten wie m, n, p und d. Reibelaute wie das r beherrscht sie mit ihren 15 Monaten noch nicht. Kleinkinder sind erfinderisch, was neue Lautkombinationen angeht, sie brabbeln den ganzen Tag vor sich hin. Dabei scheint es durchaus um Dinge zu gehen, die eine Bedeutung haben. Sie sprechen, deuten, tönen, und ihre Laute haben eine soziale Funktion: Die Kleinen wollen Aufmerksamkeit und Austausch mit den Bezugspersonen. Auffallend ist, dass ihre Sprache sehr melodiös klingt, fast wie ein ewiger begleitender Singsang. Es gibt Forscher, die gerade im Gesang solche soziale Funktionen noch heute erkennen.

Tatsächlich haben Kinder schon vor dem ersten Wort beachtliche sprachliche Fähigkeiten. Sie erkennen ihre Muttersprache, sie haben ein Rhythmusgefühl, sie brüllen sogar in ihrer Muttersprache. Schon Neugeborene orientieren sich dabei an der Sprachmelodie ihrer Eltern. Zu diesem Ergebnis kamen Forscher der Universität Würzburg. Sie haben dafür mehr als 20 Stunden das Geschrei je 30 deutscher und französischer Neugeborener beim Wickeln oder vor dem Stillen analysiert. Deutsche Babys schreien mit sinkender Tonhöhe, bei französischen steigt der Grundton an, die stärkste Betonung und Lautstärke liegt bei ihnen am Ende. Dies spiegle die Intonation der Muttersprache wider. »Mama« wird im Deutschen auf der ersten Silbe betont, das französische »maman« ansteigend auf der zweiten Silbe. Wahrscheinlich haben die Babys die spezifische Betonung im Mutterleib gelernt. Durch das Fruchtwasser dringen aber keine Worte, meint die Neurolinguistin Angela Friederici, sondern vor allem »Melodie und Intonation der jeweiligen Sprache«. Die Betonungsmuster sind bei vier Monate alten Säuglingen bereits im Gehirn abgespeichert. Die Babys nutzen die Laute, um Mutter und Vater auf sich aufmerksam zu machen. Sprache ist für jedes Kind weltweit von Geburt an ein extrem wichtiges Instrument, seine Gefühlswelt auszudrücken und die Bindung zur Mutter zu stärken. Bei allem Charme der Mutter-Kind-These lässt sich nicht sicher belegen, ob die Ammensprache wirklich die früheste Form von Sprache war. Es könnte durchaus sein, dass auch andere soziale Aktionen wie etwa die gemeinsame Jagd eine Rolle gespielt haben könnten. Wenn man zum Beispiel den Einsatz der ältesten bekannten Jagdwaffen anschaut, der fast 400 000 Jahre alten, hölzernen Speere, die im Braunkohletagebau von Schöningen zwischen Tausenden von Wildpferdknochen entdeckt worden sind, dann wird schnell klar: Eine gesamte Herde ist gezielt bei einer einzigen Jagd erlegt worden. Auch für geschickte Jäger ist so eine Leistung nur nach guter Vorbereitung möglich. Sie müssen sich auf irgendeine Weise auf einen Plan verständigt haben – was wäre dafür besser geeignet als Gesten oder Worte?

Alle Ideen – so verschieden sie auch sein mögen – kreisen um ein verbindendes Element: Wir suchen nach dem Grund, warum es dem Menschen als einziger Spezies gelungen ist, die Interaktion mit Artgenossen zu perfektionieren. Gewiss, auch Tiere kommunizieren mit Artgenossen, doch die Intensität, mit der wir Menschen untereinander kooperieren, ist unerreicht. Sprache regelt unser Zusammenleben. Ohne Sprache bliebe sozialer Austausch dem Zufall überlassen.

Der Anthropologe Robin Dunbar meint denn auch, Sprache habe sich einst als ein Instrument entwickelt, um in einer größeren Gemeinschaft soziale Angelegenheiten regeln zu können. Es gibt weltweit keine Gesellschaft, die ohne Sprache auskommt.

Heute gibt es weltweit rund 6000 Sprachen, Hunderttausende Sprachen und Dialekte sind im Lauf der Menschheitsgeschichte bereits wieder ausgestorben. Laut der Datenbank Ethnologue werden 82 Prozent aller Sprachen von Gemeinschaften mit weniger als 100 000 Mitgliedern gesprochen, knapp 40 Prozent gar von solchen mit weniger als 10 000 Mitgliedern. Menschen können weltweit 200 verschiedene Vokale und rund 900 Konsonanten erzeugen. Zwei Drittel aller Sprachen kommen mit 20 bis 40 Lauten aus.

Unklar ist nach wie vor, ob es einen einzigen Ursprungsort für die Sprache gibt. Damit kommen wir zur letzten Frage, der nach dem Entstehungsort. »Afrika wäre ein spannender Startort«, meint Dean Falk. Tatsächlich verdichten sich die Hinweise darauf, dass die Sprache hier in Afrika entstand, bevor die Menschen in andere Erdteile auswanderten.

Anthropologe und Sprachforscher Quentin Atkinson von

der University of Auckland in Neuseeland analysierte mehr als 500 heute gesprochene Sprachen und deren lautliche Vielfalt. Die Forscher suchen dabei nach dem sogenannten Gründereffekt, der aus der Genetik bekannt ist. Auswanderer nehmen nur einen Teil des Genpools ihrer Heimat mit, nicht alle Variationen der größeren Ausgangsgruppe sind vorhanden. So spüren Genetiker den Ursprungsort einer Wanderung auf, dort sind in der Regel die Varianten im Erbgut am zahlreichsten. Analog werden auch Sprachen ärmer in ihrer Vielfalt. Tatsächlich konnte Atkinson bei Sprachen einen geographischen Abdruck der Wanderungen finden: Je weiter weg wir uns von Afrika befinden, desto ärmer werden die Sprachen, was ihre lautliche Vielfalt betrifft. Die sprachliche Geburtsregion wäre demnach im Süden und Südwesten Afrikas zu suchen, ausgerechnet dort also, wo auch die komplexesten Sprachen der Menschheit entstanden sind, die Klicksprachen der San im Südwesten Afrikas.

Die typischen Laute dieser Sprachen entstehen durch Schnalzen mit der Zunge. Bis zu 141 Laute beherrschen die Volksgruppen im heutigen Namibia und Botswana, fünfmal so viele wie im weltweiten Durchschnitt. Vor einigen Jahren machte eine Forschergruppe um den amerikanischen Genetiker Alec Knight von der Stanford University ziemlich Wirbel, als sie behauptete, die Klicks könnten zu den ursprünglichsten Lauten menschlicher Sprachen zählen. Andere Sprachforscher finden den Gedanken abwegig. Denn es gebe keinen Grund, warum die uralten Schnalzer überall verschwunden sind, nur ausgerechnet bei den San nicht. Ein Grund dafür könnte sein, dass sie ihren Lebensstil als Jäger und Sammler seither nicht wesentlich verändert haben, und das obwohl die Schnalzlaute bei der Jagd nicht von Vorteil sind. Denn das Geräusch trägt weit – und verscheucht schnell jedes Tier. Doch rein geographisch und aufgrund ihrer Vielfalt gibt es durchaus Argumente, dass diese Laute zum Ursprung der Sprache gehören könnten.

Tatsächlich gibt es auch in unseren Sprachen ganz eigenartige alte Relikte, die jenseits des klassischen Regelwerks einer Sprache zu existieren scheinen. Wir sagen »Schsch!«, wenn wir jemanden beruhigen wollen, oder »Psst!«, wenn jemand leise sein soll. Es sind Wörter, die wir alle verstehen, die aber nicht so recht ins System einer Sprache passen, es sind möglicherweise Relikte einer älteren Sprache. Die Ausrufe klingen manchmal wie Knacklaute, manchmal wie Hauchlaute, manches nasal. Sind das nicht doch Anzeichen alter Klicklaute? »Auf jeden Fall klingen sie sehr nett«, sagt Dean Falk. »So einen Klicklaut oder ›tsch tsch‹ zu machen ist durchaus eine Möglichkeit, die Aufmerksamkeit eines Babys zu bekommen.«

»Tsch, tsch«, vielleicht waren das tatsächlich die ersten Worte, gesprochen irgendwo im Südwesten Afrikas.

Die ersten Mordwaffen

Unter bestimmten Umständen scheinen wir Menschen gar nicht anders zu können, als zu töten. Vor 400 000 Jahren gab es bereits tödliche Jagdspeere. Durch alle Epochen finden sich Spuren von Gewaltanwendung. Wir kennen berühmte Fälle wie Ötzi und lieben es auch heute, Geschichten über Morde zu lesen.

Unsere Vorfahren haben sehr wahrscheinlich schon immer Artgenossen getötet, so wie Menschenaffen auch heute noch Rivalen umbringen: mit einem gezielten Biss mit den großen Eckzähnen. Doch der Mensch verlor diese tödlichen »Waffen« vor sieben Millionen Jahren und war somit auf Hilfsmittel wie herumliegende Steine oder dergleichen angewiesen. Ohne Eckzähne entfallen auch alle Drohgebärden Rivalen gegenüber – zumindest wären sie optisch nicht besonders beeindruckend. Dass sie allmählich kleiner wurden, zeigt eine grundlegende Veränderung an: Die Männchen brauchen sie nicht mehr für Machtkämpfe, um ein Weibchen an sich zu binden. Das Sozialverhalten entwickelte sich. Unsere Vorfahren haben gelernt, miteinander zu kooperieren. Das ist letztlich eine Strategie im Menschen, die auf das Gute setzt, auf ein wechselseitiges Geben und Nehmen, auf Austausch und Kommunikation.

Man kann nur darüber spekulieren, wie die Vormenschen im Laufe ihrer Entwicklung mit Rivalen umgegangen sind, vor allem, wenn es darum ging, ein Weibchen zu halten. Es ist anzunehmen, dass Kämpfe um die Vormacht auch zu Aggressionen bis hin zur Tötung geführt haben. Mögliche Spuren von Gewalt aus dieser Zeit sind jedoch längst verwischt. Wir könnten an dieser Stelle aber fragen, wann zum ersten Mal Menschen bewusst jemanden umgebracht haben, wann jemand erstmals aus Habgier oder Mordlust tötete, wann heimtückisch oder besonders grausam. Solche niederen Beweggründe setzen eine gewisse Hirnentwicklung voraus. Dies könnte frühestens vor 2,6 Millionen Jahren passiert sein, als das Gehirn allmählich größer wurde und die Menschen anfingen, bewusst Steinwerkzeuge zu verwenden, um im Überlebenskampf besser zu bestehen.

Damals wurde die Landschaft mosaikartiger, die Vormenschen bewohnten nun ganz unterschiedliche Lebensbereiche, nicht mehr nur die Randzonen der Regenwälder. Das führte in den einzelnen Nischen zu unterschiedlichen Entwicklungen. Mit ihren neuen geistigen Fähigkeiten und Werkzeugen konnten überlegenere Gruppen von Menschen nun in Terrain vorstoßen, das von anderen Horden besetzt war. Entstand damit auch das Bedürfnis, die Fähigkeit, einen anderen Menschen töten zu wollen und sogar die Lust am Morden? Eine faszinierende Idee. Denn im Sinn der Evolution muss das einen Vorteil geboten haben. Nur welchen? In der frühen Menschheitsgeschichte ist die Spurenlage zu dünn, um fundierte Aussagen treffen zu können. Doch einen ersten Hinweis gibt es.

Vor rund 400 000 Jahren werden erstmals Werkzeuge entwickelt, die anders sind als zuvor. Acht Holzspeere entdeckten Archäologen im niedersächsischen Schöningen. Es sind die ältesten Waffen der Menschheit. Wo man heute beinahe 150 Meter tief in den Braunkohletagebau blickt, war vor mehr als 400 000 Jahren das Ufer eines Sees. Dort haben die Menschen einst die 1,80 bis 2,50 Meter langen Wurfspeere liegenlassen, zusammen mit Schlachtabfällen von insgesamt 20 Wildpferden. Rund 15 Meter weit konnte man sie schleudern, ihr Schwerpunkt lag im vorderen Bereich. Ihre ausgezeichneten Wurf- und Flugeigenschaften könnten es mit heutigen Hochleistungsspeeren aus der Leichtathletik aufnehmen.

Niemand weiß, ob die Steinzeitmenschen solche exzellenten Waffen bereits vor 400 000 Jahren auch gegen Artgenossen eingesetzt haben. Auch an dieser Stelle lässt sich die Mordfrage nicht anhand von eindeutigen Indizien klären. Sicher ist nur, dass sich die Jagdwaffen später auch gegen Menschen richteten.

Die erste eindeutige Spur, dass Menschen bewusst über das Böse nachgedacht und Morde verübt haben, findet sich in einer französischen Höhle am Cap Morgiou, einem steil Richtung Meer abfallenden, weißen Abhang südöstlich von Marseille. Auf der ältesten Darstellung eines getöteten Menschen ist dessen Brust von einem Pfeil oder einem Speer durchbohrt. Die 27 000 Jahre alte Höhlenzeichnung befindet sich in der Cosquer-Grotte. Laut Henry Cosquer, dem Entdecker der Höhle, sind der Steinzeitwelt Mord oder tödliche Bestrafung nicht fremd. Im Gegenteil: Der Mensch macht sich sogar schon ein Bild davon. Das Wurfgeschoss dringt von hinten in den Körper ein. Es sieht so aus, als sei der Mensch nach dem Treffer nach hinten gefallen. Offenbar waren sich die Steinzeitmenschen bewusst, dass ihre Jagdwaffen Menschen töten konnten. Auch in anderen französischen Höhlen wie Pech-Merle oder Cougnac zeigen Bilder Menschen als Opfer eines Gewaltaktes.

Als der Mensch Ackerbau und Viehzucht zu betreiben beginnt und sesshaft wird, häufen sich die gewaltsamen Todesfälle. Offenbar wird hier die Fähigkeit zur Kooperation auf eine große Probe gestellt. Besitz und Wohlstand rufen Neid hervor. Hierarchien in der Gesellschaft, die sich aufgrund der Arbeitsteilung ergeben, führen zu Unzufriedenheit. Wer nichts zu verlieren hat, ist gefährlich. Wer nichts hat, was ihm wichtig ist, was einen Wert hat, wird nicht auf Dauer ruhig bleiben. Er muss nicht zwangsläufig zum Mörder werden, doch die Wahrscheinlichkeit steigt. Ein solches Milieu ist der Nährboden für negative Gefühle, für Eifersucht, Wut, Bitterkeit, Aggression. Ein erster Höhepunkt der Gewalt ist für den Neckarraum dokumentiert, ein grausames Massaker in der Nähe der heutigen, am Neckar gelegenen Kleinstadt Talheim.

Die Männer, die im Morgengrauen den Fluss entlanglaufen, unterhalten sich kaum. Nebel liegt über dem Wasser. Obwohl schon Hochsommer ist, ist es noch ziemlich kühl. Der dichte Wald, der bis an den Fluss reicht, hüllt die Gestalten ein. Sie wollen keinen Lärm machen. Am Gürtel trägt jeder von ihnen ein Steinbeil, auf dem Rücken Bogen und Pfeile mit scharfen Steinspitzen. Wer sie so sehen würde, hielte sie für eine Gruppe umherziehender Jäger. Von außen ist den zehn Männern nicht anzumerken, dass sie an diesem Morgen ein besonderer Jagdplan zusammenschweißt. Sie wollen heute keine gewöhnliche Beute machen, sondern sich Frauen holen. Und zwar die Frauen aus der Siedlung weiter oben am Fluss.

Die Menschen, die dort oben mitten im Wald leben, haben große Flächen gerodet und aus einem Gerüst von Baumstämmen ihre langgestreckten Häuser mit Viehställen gebaut, acht Meter breit und bis zu 50 Meter lang. Vier Häuser stehen parallel auf der Lichtung. Rings um die Siedlung wächst Getreide auf den Feldern. Es sind bewohnte Inseln mitten im endlosen Wald. Besuch bekommen die Bauern selten, höchstens mal von ein paar Wanderhirten. Das vierte Haus ist neu. Eine Sippe, die zuvor ein paar Tagesmärsche den Fluss hinab gelebt hatte, hat es gebaut. Noch ahnen die Menschen in den fachwerkartigen Häusern nichts vom nahenden Unheil.

Die zehn bewaffneten Männer haben inzwischen den

Rand der Siedlung erreicht. Sie warten kurz, aus den Häusern dringen keine Geräusche. Vorsichtig, damit sie die Tiere im Stall nicht unruhig machen, schleichen sie sich an das erste strohgedeckte Langhaus heran. An einer Ecke liegen ein paar Beile mit scharfen Hacken herum, offenbar haben die Bauern sie gerade zum Baumfällen gefertigt. Die Männer nehmen die Beile auf und stürmen das erste Haus. Gezielt schlagen sie auf die Männer ein, die Schädeldecke knackt schon beim ersten Schlag. Die Frauen und Kinder werden gefesselt und geknebelt. Die Männer beeilen sich, damit ihr Geschrei nicht die anderen im Dorf alarmiert. Je kaltblütiger die Jäger vorgehen, umso weniger gefährlich wird es in den anderen drei Häusern, wissen sie. Zwei von ihnen bleiben im Haus bei den Frauen, um sie in Schach zu halten, die anderen acht laufen ins Freie.

In den übrigen Häusern sind inzwischen die Menschen von den Schreien aufgewacht, wissen aber nicht, was in der Nachbarhütte passiert ist. Als die ersten Männer aus ihren Häusern kommen und zu dem Haus, aus dem sie es schreien hören, hinüberlaufen, werden sie von den Eindringlingen mit Pfeil und Bogen verfolgt. Die Bauern haben keine Chance. Die tödlichen Pfeilspitzen bohren sich in Rückenmark und Hals. Wer dem ersten Hagel entkommt, versucht panisch in den Wald zu flüchten. Vergebens. Die Jäger haben ein leichtes Spiel. Zwar ist der eine oder andere, der sich ihnen dennoch in den Weg stellt, stark. Aber kaum hat einer von ihnen einen Jäger zu Boden gerungen, ist ein zweiter zur Stelle. Es ist ein entsetzliches Blutbad, denn die Bauern haben nie zu kämpfen gelernt.

Am Ende dieses Tages werden 34 Menschen tot sein: neun Männer, neun Frauen und 16 Kinder und Jugendliche, vier Großfamilien aus einer Siedlung der sogenannten Bandkeramischen Kultur, der ersten sesshaften Bauern in Mitteleuropa.

Die Leichen findet der Gemüsebauer und Schnapsbrenner Erhard Schoch mehr als 7100 Jahre später, als er 1983 ein Gemüsefrühbeet hinter seinem Haus anlegen möchte. Kaum zwei Spatenstiche unter der Oberfläche trifft der Mann auf einen Wirrwarr an menschlichen Skelettresten. Er meldet den Fall der Polizei, die gibt ihn an die Archäologen weiter. Schoch ist wohl auch ein bisschen stolz, dass er eines der frühesten Massaker der Menschheitsgeschichte mit aufgedeckt hat. Die Tafel neben seinem Haus, die an das Steinzeitdrama von Talheim erinnert, fällt in etwa so groß aus wie das Schild an der Vorderseite, auf dem zu lesen ist, dass seine Tochter Andrea im Jahr 2004 zu Baden-Württembergs Weinkönigin gekürt worden ist.

Forscher haben inzwischen die Überreste aus Talheim untersucht und das Massaker rekonstruiert. Die meisten der Dorfbewohner wurden von hinten erschlagen. 59 Prozent der Toten haben schwere, vermutlich tödliche Schädelverletzungen. Sechs verschiedene Waffen kamen dabei zum Einsatz: verschiedene Flachhacken, Schuhleistenkeile, Steinbeile und Pfeile. Die Verletzungen zeigen, dass sich die Opfer nicht gewehrt haben. Es war ein Überraschungsangriff.

Wer zunächst fliehen konnte, den streckte ein tödlicher Pfeil von hinten nieder. Es hat wohl kein langer Kampf stattgefunden, denn Arme und Beine der Opfer sind unversehrt. Die Toten warfen die Mörder achtlos in eine Grube, viele kamen auf dem Bauch zu liegen. Eine noch lebende Frau haben die Mörder offenbar an Händen und Füßen gepackt und auf den Haufen mit den Toten gewuchtet. Kein einziger Schmuckgegenstand findet sich in der Grube und damit auch kein Hinweis auf ein Beerdigungsritual. Die Mörder haben ihre Opfer spätestens drei oder vier Stunden nach dem Massaker einfach verscharrt – vermutlich, um Spuren zu verwischen. Jedenfalls ist bei keinem der Toten die Leichenstarre eingetreten, bevor er in der Grube landete.

Wichtig ist auch ein weiteres Detail: Von den Ermordeten lebten nur vier Männer und acht Kinder ihr ganzes Leben in Talheim. Alle anderen sind Zugezogene, so zum Beispiel zwei Brüder mit ihren Familien, die in den Sommermonaten oft mit den Tieren auf den Weidegründen der ringsum gelegenen Mittelgebirge unterwegs waren. Dies belegen chemische Analysen des Zahnschmelzes. Nur die einheimischen Frauen des Dorfes haben die Jäger also verschont. Die Mörder von Talheim hatten demnach ein klares Mordmotiv: Sie wollten die Frauen der Steinzeitsiedlung am Neckar rauben. Ob sie damit ihre Gene auffrischen wollten, es eine Art ethnischer Säuberungsaktion war oder die Mörder die Bewohner einer benachbarten Siedlung zu demütigen beabsichtigten, lässt sich nicht beweisen. Doch offenbar schwelten in der Zeit vor 7000 Jahren an vielen Orten Mitteleuropas Konflikte.

Ein zweites Drama passierte praktisch zur gleichen Zeit nur wenige Hundert Kilometer entfernt im heutigen Schletz, im Weinviertel in Niederösterreich. Die Spuren sind denen aus Talheim sehr ähnlich. 50 Skelette haben die Ausgräber bislang dort entdeckt, es könnten sogar mehr als 200 Tote gewesen sein. Viele von ihnen zeigen Spuren brutaler Gewalt. Auf einige ihrer Opfer hatten die Angreifer so heftig eingeschlagen, dass sie bis zu fünf tödliche Wunden aufweisen. Nach der Tat warfen die Mörder die Leichen in den äußeren Graben der Siedlung Wölfen und Hunden zum Fraße vor. Unter den Toten sind Männer, ältere Frauen und Kinder. Nur eine Gruppe fehlt komplett: junge Frauen. Auch hier war offenbar wie in Talheim Frauenraub das Mordmotiv.

Sehr aufschlussreich finde ich in diesem Zusammenhang einige aktuelle Statistiken. Bei Männern erhöht sich die Bereitschaft zu töten, wenn sie merken, dass sie vergeblich um eine Frau geworben haben. Bei Frauen ist das umgekehrt nicht der Fall. 87 Prozent aller Mörder sind Männer, aber auch 75 Prozent der Opfer. 56 Prozent aller Tötungen sind geplant, also vorsätzlich und nicht im Affekt verübt. Der typische Mörder ist männlich, zwischen 20 und 29 Jahre alt.

Auch der amerikanische Anthropologe John Tooby und seine Frau Leda Cosmides, beide Gründungsfiguren der modernen evolutionären Psychologie, sind der Auffassung, Männer würden vor allem deshalb kriegerische Auseinandersetzungen führen, um sich den Zugang zu Frauen zu sichern. Die Spurenlage der beiden Massaker von Talheim und Schletz ist jedenfalls in dieser Hinsicht eindeutig. Doch auch hier kennen wir die genauen Begleitumstände der damaligen Zeit nicht. Vielleicht ist etwas Fundamentales im Denken passiert, ein flächendeckender Wandel.

Nick Thorpe vom King's Alfred College in Winchester glaubt, dass ganz allgemein elementare Emotionen Auslöser steinzeitlicher Gewalt seien. Andere Völkerkundler nennen konkret als Motive: Verteidigung und Rache, Revier und Eigentum, Trophäen und Ehre, Eroberung und Unterdrückung. Oft stehen bei solchen Aussagen aktuelle Beobachtungen bei heute lebenden Jägern und Sammlern Pate, die verstreut in entlegenen Urwaldregionen oder halbwegs isoliert auf Südseeinseln beheimatet sind. Doch wer garantiert, dass man aus dem Verhalten eines aktuell lebenden Stammes auf die Ahnen schließen kann? Deren Lebensweise variiert auch heute sehr stark, wenn man Völker miteinander vergleicht.

Daher sind Überlegungen zu Motiven aus der Steinzeit naturgemäß sehr spekulativ. Sicher ist nur: Die Mörder von

Talheim haben Werkzeuge verwendet, um zu töten, und sie scheinen gezielt gehandelt zu haben. Nur solche direkten Spuren lassen sich auswerten. Auch Ötzi, eines der bestuntersuchten Mordopfer der Geschichte, traf – allerdings nach einem Kampf – von hinten ein tödlicher Pfeil. Dabei hätte der Mann aus dem Eis selbst zum Mörder werden können. In Ötzis rechter Hand fand sich ein Messer, Unterarme und Hände weisen Wundspuren auf, an den Waffen und seiner Kleidung klebt noch das Blut von mindestens zwei anderen Menschen – seinen Mördern.

Nur der Mensch hat Waffen entwickelt. Obwohl man vereinzelt auch Schimpansen beobachtet hat, die sich kleine Speere bauen, um damit zu jagen, jedoch nicht, um gezielt Artgenossen zu töten. Das menschliche Waffenarsenal dagegen füllt sich schon früh in der Geschichte: Keulen, Beile, Pfeile, Messer und Speere sind die ersten Waffen. Das sind allesamt Werkzeuge, die zunächst in erster Linie für die Jagd gefertigt wurden.

Im ersten uns bekannten Angriffskrieg vor 6000 Jahren im Norden des heutigen Syriens kommen bereits Waffen zum Einsatz, die allein den Zweck haben, einen menschlichen Gegner zu schwächen und zu zerstören. Mit hartgebrannten Lehmkugeln zerstörten die Angreifer die drei Meter dicke Stadtmauer und brachten einige wichtige Gebäude zum Einsturz. Die Aggressoren gingen mit im Durchmesser bis zu zehn Zentimeter großen Geschossen vor. »Es ist das älteste bekannte Beispiel eines Angriffskriegs«, sagt Clemens Reichel vom Orient-Institut der Universität Chicago. »Die ganze Stadt war Kriegsgebiet.« Eingestürzte Mauern und von Kugeln durchsiebte Gebäude zeugen von einem heftigen Bombardement. Auch kleinere Tonkugeln finden sich, manche sind vom Aufprall deformiert. »Das war eindeutig kein kleineres Scharmützel«, sagt Reichel. »Der Angriff sollte

Angst und Schrecken verbreiten.« Vermutlich sei er aus südlicher Richtung erfolgt und ein mächtiges, aufstrebendes Machtzentrum könnte dahinterstecken, die Stadt Uruk. Jedenfalls siedeln kurz darauf deren Bewohner im von ihnen eroberten Hamoukar. Es ist ein Krieg zwischen mesopotamischen Stadtstaaten. Eine Großmacht wollte ihren Einflussbereich ausdehnen. Feindliche Übernahme nennt man so etwas.

Die Motive sind heute nicht anders. Nur die Waffen wurden immer weiter entwickelt. Heute ist Töten aus größerer Entfernung möglich und bleibt durch Computertechnik anonymer, abstrakter – und geschieht mit ganz alltäglichen Handgriffen, wie einem Knopfdruck oder dem Ziehen eines Hebels. Militärstrategen entwickelten zum Beispiel fliegende Kampfdrohnen, die aufgrund von Satellitenbildern Menschen töten. All das führt dazu, dass wir heute scheinbar eine größere emotionale Distanz zum Töten haben. Und einen bislang traurigen Höhepunkt in der Mordstatistik verzeichnet das 20. Jahrhundert: Mindestens 100 Millionen zählt man nach konservativen Schätzungen. In keinem Jahrhundert der Geschichte sind prozentual mehr Menschen umgebracht worden. Doch eine Sache bleibt seit Urzeiten unverändert. Hinter jedem Mord steckt nach wie vor ein Mensch. Es gibt unzählige psychologische Experimente, die das Böse im Menschen zu ergründen versuchen. Es werden Kategorien des Bösen für Serienkiller erfunden, Neurobiologen fahnden im Gehirn nach Veränderungen im limbischen System, nach krankhaften Merkmalen, die Menschen zu Mördern machen. Kriminalpsychiater erklären Morde anhand biographischer Motive und versuchen damit die Abgründe im Mörder zu verstehen. Sie suchen nach Gewalt in der Familie, nach emotionaler Kälte, kurz: nach psychosozialen Ursachen. Forensische Psychiater haben ein fast ethnologisches Interesse am Mörder und versuchen nach stundenlangen Gesprächen deren Wesen zu ergründen. »Das Böse bedarf keiner Krankheit, um auf die Welt zu kommen«, sagt der erfahrene Psychiater Hans-Ludwig Kröber von der Berliner Charité, »es bedarf keiner Ungerechtigkeit und auch keiner dunklen Mächte, es bedarf lediglich des Menschen.« Das Böse ist für Kröber keine Abnormität, sondern ein Teil des Menschseins – der Preis der Entscheidungsfreiheit jedes Einzelnen im Sinne der biblischen Schöpfungsgeschichte, wie Sabine Rückert in der *Zeit* schreibt.

Es ist leider so: Der Impuls zu töten ist evolutionär im menschlichen Gehirn verankert und wartet nur auf einen Auslöser. Seit Urzeiten ringen deshalb die beiden Pole Gut und Böse in uns. In einer internationalen Studie hat der Evolutionspsychologe David Buss mehr als 5000 Personen von San Antonio bis Singapur nach ihren Tötungsphantasien befragt. Das Ergebnis: 91 Prozent der Männer und 84 Prozent der Frauen haben sich zumindest einmal in ihrem Leben lebhaft vorgestellt, jemanden umzubringen. Und Experimente zeigen, dass jeder gesunde und durchschnittlich intelligente Mensch sich zu Gewaltakten verleiten lässt, wenn er die Macht dazu besitzt. Der Psychologe Philip Zimbardo hat in einem der berühmtesten sozialpsychologischen Experimente der Welt gezeigt, wie schnell in einem Rollenspiel aus bis dahin strafrechtlich unauffälligen Studenten brutale Aufseher werden. Wer also denkt, er könne niemals morden oder Teil einer Tötungsmaschinerie werden, irrt.

Die meisten Mörder sind nicht verrückt, sagen psychologische Studien, also durchaus zurechnungsfähig und schuldfähig. Sie töten aus sexuellem Verlangen, Habgier, Neid, Rache, Status- und Imagegewinn oder um jemanden loszuwerden, von dem sie meinen, er könne ihnen schaden. Und: Die meisten Mörder töten nur einmal. Meist kennen sich

Opfer und Täter sogar. Die Wahrscheinlichkeit, von einem Menschen, den man kennt, umgebracht zu werden, ist deutlich höher als die, dass wir einem Fremden zum Opfer fallen. Das ist auch der Grund für die hohe Aufklärungsquote bei Tötungsdelikten.

Mord kann also jederzeit in unseren Alltag einbrechen, und er hat schon immer die Menschheitsgeschichte begleitet, wie die Geschichten der Bibel zeigen. »Du sollst nicht töten« heißt das sechste der Zehn Gebote. Und der erste Todesfall im Alten Testament ist ein Mord. Kain erschlägt seinen Bruder Abel. Es ist übrigens auch der Konflikt zwischen dem sesshaften Ackerbauern Abel und dem umherziehenden Hirten Kain. Da wir die Lust am Töten nicht eliminieren können, müssen wir sie also kontrollieren. Die älteste überlieferte Rechtsprechung ist fast 4000 Jahre alt. Im Codex Hammurapi verfügte der Herrscher von Babylon, dass Mord mit dem Tod des Täters bestraft wird.

Die ersten Künstler

Was ist Kunst? An der Beantwortung dieser Frage scheitern wir noch heute. Denn wo beginnt das künstlerische Denken? Wenn Menschen anfangen, graphische Muster zu zeichnen oder in Stein zu ritzen? Wenn sie Höhlenwände bemalen oder die ersten dreidimensionalen Figuren schnitzen? Oder beginnt die Kunst damit, dass wir Symbole für einen Gegenstand finden?

Von der Küste her bläst ein kühler Wind. Zur Höhle, die etwas weiter oben im Felsen liegt, ist es nicht mehr weit. In der Ferne sehen die Männer, Frauen und Kinder die heftige Brandung des Indischen Ozeans. Ein paar Stunden sind sie schon unterwegs. Sie kommen vom Mündungsgebiet des Flusses zurück, der gut 20 Kilometer weiter östlich ins Meer fließt. Dort haben sie am Morgen noch Sandschnecken und Krebse gesucht und mit ihren Harpunen auch ein paar Fische gefangen. Der Platz ist ideal. Nur hier, kurz vor der Mündung in den Ozean, und an einem weiteren Flussdelta im Westen gibt es solche üppigen Sammelstellen. In den flacheren Buchten finden sich immer zuhauf Schalentiere. Auch fischen kann man dort besser als im Landesinneren, wo sich die Fluten des Flusses schneller durch die Hügellandschaft schieben.

Die Kinder laufen voraus, als sie den überhängenden Felsen am Eingang der Höhle erkennen. Die Erwachsenen bleiben bei ihrem Tempo. Den Fang des Tages und die gesammelten Früchte tragen sie in Körben.

Ein monotones Klackern scheint den Rhythmus ihrer Schritte zu bestimmen. Dabei sind es nur die kleinen, runden Schalen im Fellsack des Clanchefs, die bei jedem Schritt aneinanderstoßen. Die Schneckenhäuser im Beutel schleppt er nicht wegen des gesunden Fleisches. Das ist zwar schmackhaft, aber so richtig ergiebig sind die knapp einen Zentimeter großen Tiere nicht. Es dauert fast so lange, das Fleisch aus einer Handvoll Schnecken herauszupulen, wie diese im flachen Wasser zu sammeln. Die Gruppe hat etwas anderes mit den Gehäusen vor. Die größten haben sie mitgenommen, um in der Höhle daraus Schmuck herzustellen.

Als die Männer und Frauen abends am Herdfeuer zusammensitzen, sortieren sie die Schneckenhäuser zunächst nach der Größe. Denn die Ketten sehen am schönsten aus, wenn alle Schneckenhäuser in etwa gleich sind. Später, als der Wind nachgelassen hat, versammelt sich die Sippe am Eingang der Höhle unter dem schützenden Felsvorsprung. Innen ist es ja doch recht eng. Sie mögen den Unterschlupf eher wegen der schönen Lage und des reichhaltigen Nahrungsangebots in der Umgebung.

Jetzt arbeitet der ganze Clan zusammen, die Kinder machen die Gehäuse sauber, die Frauen bohren mit scharfen Knochenspitzen von innen kleine Löcher in die Gehäuse, so dass man sie wie Perlen gut auf eine Tiersehne oder eine gedrehte Pflanzenfaser auffädeln kann. Das Gehäuse ist dünn und es braucht einiges Geschick, es schonend zu durchstoßen. Ein paar Schneckenhäuser gehen dabei trotzdem immer kaputt. Der Clanchef trägt die Kette mit den größten Gehäusen, sie schimmern leicht rötlich im flackernden Licht. Der rötliche Glanz kommt daher, weil sie die Gehäuse mit roter Pigmentfarbe bestreichen. Andere Clans nutzen andere Farben. Jeder hat da seine eigene Art in der Herstellung der Ketten.

Als der Archäologe Christopher Stuart Henshilwood 77 000 Jahre später den ältesten Schmuck der Welt in der Blombos-Höhle findet, ist er begeistert. Die Schneckenhäuser sind zwar nur so groß wie Erbsen, und nach der langen Zeit in der Erde sehen sie auch nicht mehr wie Kronjuwelen aus, sondern eher stumpf. Doch für den südafrikanischen Archäologen sind die mit Ocker rot gefärbten Gehäuse der Beleg, dass an diesem Ort einst geistig moderne Menschen am Werk waren.

Aber wie haben wir Menschen unsere geistigen Fähigkeiten derartig verbessern können, um solcherart Schmuck herstellen zu können? Am wachsenden Hirnvolumen lag das nicht. Schon einige Hunderttausend Jahre ältere frühe Menschen haben ein ähnlich großes Gehirn.

Die geistige Entwicklung lässt sich vorerst nur an den Dingen ablesen, die die Frühmenschen zurückgelassen haben. Zum einen werden die Werkzeuge raffinierter, zum Beispiel die Klingen mit technischem Aufwand gehärtet. Zum anderen begreifen die Menschen, dass es von Vorteil ist, die Verbindung in einer Gruppe zu stärken. Soziale Bande sind wichtig, um Waren zu tauschen und in Krisenzeiten das Überleben zu sichern. Für diese bestehenden Verbindungen haben die Menschen sichtbare Zeichen entwickelt – eine ganz ungewöhnliche, fundamentale geistige Leistung. Auf diese Weise lassen sich zum Beispiel Rangfolgen in einer Gruppe ablesen. Oder man wollte damit zeigen, wie sehr man einander schätzte, um sich so die Gunst des anderen zu sichern. Ist es nicht seltsam berührend, dass die Menschen als erstes solcher Zeichen schön geformte Muschelketten verwenden?

Vor 77 000 Jahren liegt die Meeresoberfläche rund 25 Meter tiefer, die Küste ist damals noch drei Kilometer von der Blombos-Höhle entfernt. In der Nähe gibt es Süßwasserquellen, reichlich Früchte und Antilopen. Anatomisch unterscheiden sich die damaligen Höhlenbewohner kaum von uns, und offenbar sind sie auch schon in der Lage, symbolisch zu denken. Sie wollen und können sich ausdrücken. Sie sind auch handwerklich sehr geschickt, wissen, wie sie unterschiedliche Materialien behandeln müssen. Die Schneckengehäuse sind alle ähnlich bearbeitet, das Loch in der Schale ist jeweils an der dünnsten Stelle.

Im Höhlenboden entdeckt Christopher Henshilwood noch zwei 54 und 76 Millimeter lange Ockerstücke mit feinen Ritzungen darauf. Sie sind ebenfalls 77 000 Jahre alt. Die Linien scheinen ein geometrisches Muster zu ergeben, so als habe jemand zuerst mit einer Steinspitze große Kreuze gemacht und sie dann umrahmt. Die Oberfläche ist geglättet. Natürlich kann man solche Schraffuren auch schnell überinterpretieren, schließlich weiß niemand, ob dem vermeintlichen Schöpfer nicht einfach nur langweilig war, als er vom Höhleneingang aufs Meer schaute und dort draußen vielleicht gerade nichts passierte. Für Henshilwood aber ist klar: Die Muster und Farben hatten eine Bedeutung. Warum hätte sich jemand die Mühe machen sollen, das Mineral sorgfältig zu glätten, nur um sinnlos darauf herumzuritzen? Das eisenhaltige Mineral Ocker verwenden Menschen schon seit 300 000 Jahren, übrigens auch die Neandertaler. Neben dem roten Ocker taucht noch Schwarz als Steinzeittrendfarbe auf. Manchmal sieht man an gefundenen Pigmentfragmenten, dass die Menschen mit ihnen Farbe flächig aufgetragen haben. Sie haben typische Reibspuren. Es ist ein weiterer Beleg dafür, dass Menschen früh um die Ausdruckskraft der Farben wussten und sie vermutlich ebenfalls wie den Schmuck oder die Gravuren dazu nutzten, um soziale Strukturen besser zu organisieren und die Zugehörigkeit zu einem Clan anzuzeigen.

Und vielleicht haben sich die Menschen mit manchen Objekten besonders viel Mühe gegeben, um sie zu tauschen oder zu verschenken. Wer sich mit den Nachbarn gut stellt, bekommt Verbündete, vermutet Henshilwood. Kunst und symbolische Darstellungen gibt es überall dort, wo Menschen in größeren Gruppen zusammenleben, wo sie größere soziale Strukturen über die Kernfamilien hinaus bilden. Diese Lebensform erfordert eine komplexere Kommunikation, die dann möglicherweise vermehrt über Symbole geschieht, wie sie die Kunst hervorbringt. Symbole sind für mehrere Menschen gleichzeitig deutbar, über spezielle Zeichen oder auch Schmuck lässt sich leicht erkennen, dass man zu einer bestimmten Gruppe gehört. Genau das ist sowohl für die Gemeinschaft wie den Einzelnen ein gewaltiger Fortschritt: Denn die Menschen können ihren Status ausdrücken und gleichzeitig etwas anderes tun: Nahrung suchen, essen oder ein Werkzeug herstellen. Sie müssen nicht mehr, wie Schimpansen es heute noch tun, ihre Gruppenzugehörigkeit über gegenseitiges Lausen bei der Fellpflege demonstrieren. Unstrittig sind symbolische Darstellungen also ein Zeichen dafür, dass die geistigen Fähigkeiten des *Homo sapiens* in den vergangenen 100 000 Jahren gewachsen sind.

Für mich ist die Frage nach der Kunst und dem Beginn des symbolischen Denkens eine der faszinierendsten Fragen überhaupt. Wir werden sie nicht mit Sicherheit beantworten können. Mit unserem heutigen Denken sind wir nur in Ansätzen in der Lage, uns in die Menschen von damals hineinzuversetzen. Es ist immer unser Blick des 21. Jahrhunderts, mit dem wir die Dinge beurteilen. Wir können die Menschen dafür bewundern, dass sie die Schönheit der Natur erkannt haben und aus ein paar Schneckenhäusern ein ganz passables Schmuckdesign hinbekommen haben. Wir können aber auch indigniert auf die 19 Gehäuse schauen, die Christopher Henshilwood da in einem blassblauen Karton verwahrt, und uns denken: Diese grauen, zerbrochenen Dinger sollen für die Anfänge modernen Denkens stehen? So wie manche Kritiker meinen, die Löcher seien doch eher zufällig hineingeraten, jeder von uns habe doch schon mal am Strand eine Muschel mit einem Loch gefunden, ohne dem gleich eine tiefere, symbolische Bedeutung beizumessen.

Doch in Wahrheit weisen viele Indizien darauf hin, dass genau damals der Mensch aufgrund seines abstrakteren Denkvermögens erfindungsreicher wurde und lernte, sich schneller an sich ändernde Gegebenheiten anzupassen. Kunst erlaubte es ihm, flexibler zu werden.

Ich werde von Kollegen oft belächelt, weil ich mich für solche Schneckengehäuse und alte Knochen interessiere. Aber die Begeisterung kommt aus den Details. Es ist nämlich gar nicht leicht, Löcher in ein Schneckengehäuse zu machen. Es geschickt auszuführen ist eine handwerkliche Fähigkeit. Man muss auch ein bisschen nachdenken, um ausgerechnet immer die dünnste Stelle zu erkennen. Dies erfordert Erfahrung und ein Verständnis für das Material. Alle Gehäuse etwa gleich groß zu wählen zeugt von einem abstrakten Gedanken, einer Art künstlerischem Willen. Oder warum soll man sich die Mühe machen, 20 Kilometer weit zu laufen, um die passenden Gehäuse zu sammeln, wenn man sie nicht auch schön findet? Die Schnecken haben für die Menschen damals einen großen Wert. Dass die Clanmitglieder aus der Höhle am Indischen Ozean ihre Ketten gern und oft getragen haben, zeigen Abnutzungsspuren an den Löchern, die man unter dem Mikroskop gut erkennen kann.

Bei der Frage nach dem Ursprung der Kunst kommt man am ehesten mit dem Untersuchen von Kleinigkeiten weiter. Und Christopher Henshilwood ist noch ein weiteres Detail aufgefallen: Die zahllosen zweischneidigen Speerspitzen, die neben den Gehäusen in der eher kleinen Blombos-Höhle lagen, sind nämlich von unterschiedlicher Qualität. Normalerweise finden sich immer gehäuft Werkzeuge einer bestimmten Art. Doch hier sieht es so aus, als hätte da jemand geübt, um immer besser zu werden. Da der Anthropologe neben den Herdstellen auch die Zähne von Erwachsenen und Kindern fand, kam er auf die Idee, dass die Höhle auch eine Art Ausbildungswerkstatt für Jugendliche gewesen sein könnte – ein Hinweis darauf, dass die Menschen erkannten, wie wichtig es für die Gemeinschaft ist, Wissen weiterzugeben. Dies hat zwar vordergründig wenig mit der Entstehung von Kunst zu tun, doch solche Spuren sind Belege für ein komplexeres Denken.

Aber sind Verzierungen auf einem Stück Ocker oder aufgefädelte Schneckenhäuser tatsächlich schon Ausdruck künstlerischen Denkens? Und ging dieser ersten schöpferischen Phase vielleicht ein Entwicklungsprozess von Zehntausenden Jahren voraus? Schuf der Mensch erst simple, dann nach und nach komplexere Werke? Oder geschah in jener Zeit alles Schlag auf Schlag? Noch streiten die Experten darüber.

Verfolgen wir also eine weitere Spur: rund 40 000 Jahre später in der Eiszeitlandschaft der Schwäbischen Alb, im Tal der Urdonau. Damals zogen die ersten Menschen in kleinen Gruppen von bis zu 25 Personen vom Schwarzen Meer kommend den Fluss entlang das Donautal hoch bis in die geschwungenen Seitentäler von Lone und Ach hinein. In einer baumlosen Tundra mit hohem Gras werden sie heimisch. Es ist eine gute Gegend für die Jagd, etwa auf Mammuts, denn die Tiere lassen sich weiter oben im Talkessel gut einkreisen. Und im Winter bieten die zahlreichen Karsthöhlen Schutz vor der grimmigen Kälte.

Ausgerechnet in diesen kühlen, feuchten und dunklen Höhlen der Schwäbischen Alb passiert etwas, was aus heutiger Sicht unglaublich ist. Mit einfachen Feuersteinklingen fangen die Menschen an, aus Zähnen von Tieren Figuren zu schnitzen, sowohl Tiere, die sie aus ihrem Alltag kennen, wie mysteriöse Mischwesen. Diese ältesten Werke der bildenden Kunst wirken wie eine Explosion, als hätte es damals einen entscheidenden Auslöser für die Menschen gegeben. Da gibt es einen anmutigen Wasservogel, der mit angelegten Flügeln durch die Luft zu stoßen scheint, ein Mammutkalb im leichten Galopp, einen Schneeleoparden, ein Wildpferd mit energisch gebogenem Hals oder eine erhabene menschliche Figur mit Löwenkopf. Es sind Skulpturen mit einer unglaublichen Ausdruckskraft, weltweit ist nichts Vergleichbares aus dieser Zeit bekannt. Unbestreitbar gelten sie als Geburtsstunde der bildenden Kunst.

Heute würde man das, was da am Oberlauf der Donau entsteht, ein kulturelles Innovationszentrum von Weltrang nennen. Der britische Archäologe Paul Mellars bezeichnet die Region in der Fachzeitschrift *Nature* gar als »Geburtsort der Bildhauerei«, möglicherweise sogar weltweit. Denn die Skulpturen der Menschen aus dem Urdonautal sind keine simplen Schnitzarbeiten aus bloßer Langeweile. Am rauchigen Feuer, in dem ein paar Knochen das Licht flackern lassen, haben sie Meisterwerke geschaffen. Bis zu 50 Stunden dauert es, nur um eine kleine Figur zu vollenden. Aus den Elfenbein-Stoßzähnen der erlegten Mammuts schnitzen die Menschen in Feinarbeit zarte Miniaturen, formen detailgetreu Augen, Ohren, Gefieder, geben Rüssel, Rücken und Füßen Körperspannung und Ausdruck – übrigens tauchen zeitgleich auch die ältesten Musikinstrumente auf. Es ist Schwerstarbeit, aus dem spröden Elfenbein solche Kunstwerke herauszuholen. Das sei sicher nicht nur Zeitvertreib gewesen, sagt auch der Tübinger Archäologe Nicolas Conard, dessen Team fast alle Figuren auf der Schwäbischen Alb entdeckt hat.

Das Verrückte trotz aufwendigster Forschung mit Hightech-Methoden ist: Wir wissen bis heute nicht, wer der Schöpfer der Kunstwerke ist, ob Neandertaler oder *Homo sapiens*. Wir können nur sagen, dass die Figuren in genau der Zeit auftauchen, als vor 40 000 Jahren vom Schwarzen Meer immer öfter Clans die Donau entlang Richtung Mitteleuropa einwanderten. Manche Gruppen blieben in einer bestimmten Region, andere zogen weiter bis ins heutige Frankreich. Wir wissen auch, dass etwa zur gleichen Zeit in Mitteleuropa noch die Neandertaler lebten. Gern wird aus der Begegnung beider Menschenarten ein dramatisches Szenario konstruiert, mit meist tödlichem Ausgang für die Neandertaler. Doch belegt ist das alles nicht, es gibt keine Kampfspuren. Auch ist der gesamte Kontinent extrem dünn besiedelt. Wenn es dann doch Kontakt gab, sah er wohl eher anders aus: Vier Prozent unseres Erbguts stammen vom Neandertaler. Es hat also in gewissem Rahmen Sex zwischen uns und den Neandertalern gegeben.

Manche Forscher glauben, dass die Begegnung zwischen dem großgewachsenen, robusten Neandertaler und dem eher feingliedrigen *Homo sapiens* einen kulturellen Wettstreit entfacht habe und es zu einer Art kultureller Explosion gekommen sei, die »zum Gebrauch von Symbolen auf beiden Seiten führte«, wie der französische Prähistoriker Franceso D'Errico meint. Das könnte die Vermutung bestätigen, dass sich die ersten Künstler in relativ kurzer Zeit herausbildeten.

Das grandioseste Werk der ersten Künstler der Schwäbischen Alb ist die erste Darstellung eines Menschen: die Venus von der Schwäbischen Alb, eine ausladende Frauenfigur, rund 40 000 Jahre alt. Es gibt Kommentare von Forschern, die von Pornographie auf der Alb sprechen. Denn die 5,97 Zentimeter hohe und 33,3 Gramm schwere Elfenbeinskulptur hat enorme Brüste und auch eine ziemlich große Vulva.

Auf Kopf und Füße hat ihr Schöpfer verzichtet. Stattdessen findet sich über dem Schulteransatz eine Öse – eine Frau zum Umhängen also.

Insgesamt sechs Elfenbein-Bruchstücke entdeckt ein Team des Tübinger Archäologen Nicolas Conard im Jahr 2009 etwa 20 Meter vom Eingang der Höhle Hohle Fels entfernt und drei Meter tief unter dem heutigen Höhlenboden versteckt. Conard nennt seinen Jahrhundertfund die »Venus vom Hohle Fels«, auch wenn manche Leute sagen, sie ähnle eher einem Brathähnchen. Kollegenscherze. Unbestreitbar ist es eine Weltsensation, die Conard mit entsprechendem Aufwand noch im selben Jahr bei einer großen Pressekonferenz auf dem Schloss Hohentübingen präsentierte. Conard, der die Venus für eine Art »Fruchtbarkeitssymbol« hält, hat kürzlich sogar eine Novelle darüber geschrieben, in der ein Neandertalermädchen die Mutter verliert, sich den Menschen anschließt und im Andenken an sie die Venus schnitzt.

Wie auch immer diese Frauenfigur zu interpretieren ist, ob als Steinzeit-Pin-up oder als Fruchtbarkeitssymbol, wird sich schwer klären lassen, auch wenn, wie Conard betont, tatsächlich die primären Geschlechtsmerkmale im Vordergrund stehen und es aus der Steinzeit zahlreiche Sexualdarstellungen gibt und üppige Frauenfiguren dominieren. Zeichnungen erigierter Penisse oder ein steinerner Phallus tauchen im Übrigen nur vereinzelt auf.

Auch bei vielen anderen der Steinzeitwesen ist nicht klar, was genau sie darstellen sollen. Nur eines scheint sicher: Es geht nie um ein bloßes Abbild der Natur. Immer wieder werden vor allem Figuren wie der Löwenmensch, ein faszinierendes Mischwesen aus Mensch und Tier, das ebenfalls auf der Schwäbischen Alb gefunden wurde, in einen spirituellen Kontext gestellt. Die fast 30 Zentimeter große, kraftvolle Figur mit dem stolz erhobenen Löwenkopf stünde dann für den leibhaftigen Übergang zwischen der Tier- und der Menschenwelt. Man kann sich den Löwenmenschen-Kult weiter ausmalen und sich vorstellen, wie dann der Zeremonienmeister, in ein Löwenfell gehüllt, mit der Figur in der Hand um das Lagerfeuer tanzt.

Am weitesten gehen hier die Archäologen David Lewis-Williams und Jean Clottes mit ihrer Schamanen-Theorie, die Figuren und insbesondere Malerei in einen kultischen Kontext rückt. Sie bezieht sich dabei auf die Höhlenmalereien mit steinzeitlichen Tierszenen aus den Höhlen von Chauvet und Lascaux. Nach dieser Theorie begibt sich der Maler in eine Art Trancezustand. Er wechselt seine Gestalt, verlässt seinen Körper und begibt sich auf eine Reise. So habe der Mensch angefangen, sich eine symbolische Existenz aufzubauen, meint Lewis-Williams. Auch Figuren wie der Löwenmensch oder der Wasservogel, ein Wesen zwischen zwei Welten, passen laut Conard zu dieser Hypothese.

Direkte Beweise hierfür gibt es jedoch nicht. Die Deutung muss spekulativ bleiben. Unstrittig ist allein die Kraft der Objekte. Die Künstler sind schon in dieser frühen Phase der Kunstgeschichte in der Lage, ihre Figuren nicht nur der Natur nachzubilden, sondern ihnen auch Charakter zu geben. Der fein geschwungene Rücken eines Mammuts deutet die Kraft dieses gewaltigen Tiers an, die ausladenden Oberschenkel der Venus überzeichnen ihre Weiblichkeit. Noch heute geltende Kriterien für Kunst lassen sich an diesen Meisterwerken nachvollziehen: Absicht in der Gestaltung, Sorgfalt in der Planung und Kunstfertigkeit in der handwerklichen Ausführung; ebenso Unmittelbarkeit, Unverstelltheit im Ausdruck, Spontaneität und der Verweis auf eine zusätzliche Bedeutungsebene.

Große Künstler unserer Zeit wie der Maler Cy Twombly betonen immer wieder, wie wichtig gerade die Unmittelbarkeit der Kunst sei. Der Betrachter spürt eben ganz direkt, dass gute Kunst viel Menschliches in sich trägt: Wissen, Erinnerungen, Mythen, Ängste, Erfahrungen und – wie sowohl moderne wie uralte Kunstwerke zeigen – eine Art Geheimnis. Der französische Philosoph Roland Barthes hat in einem Essay über Cy Twombly geschrieben, er biete dem Betrachter den »Köder einer Bedeutung«, also eine Art verschlüsselte Botschaft, die in Form von seltsamen Zeichen oder Hinweisen in jedem Kunstwerk steckt und die man wiederzuerkennen glaubt. Wirken nicht auch die Venus vom Hohle Fels oder der Löwenmensch so, als trügen sie eine verschlüsselte Nachricht in sich?

Wechseln wir noch einmal die Region. Die ältesten Malereien – abgesehen von einer kleinen, künstlerisch weniger bedeutsamen Zeichnung eines Menschen mit Hörnern aus der norditalienischen Höhle Fumane – sind im heutigen Frankreich, in der Höhle von Chauvet überliefert. Vom Achtal aus gesehen liegt sie ein paar hundert Kilometer weiter westlich, in einem heute wildromantischen Tal in der Auvergne, das der Fluss Ardèche ins Cévennen-Bergland geschnitten hat. In der Nähe der Ortschaft Vallon-Pont-d'Arc, wo das Wasser besonders grün schimmert, öffnet sich oben am Steilufer der Eingang zur Grotte.

Der Mann, der im flackernden Licht vor der großen Wand sitzt, hat das Bild genau im Kopf. Die Farben, die er verwenden wird, liegen zu seinen Füßen, das dunkle Schwarz der Holzkohle, das Braun der Tonerde, das rote Ocker oder das zerstoßene rötliche Eisenerz. Er will mit den Nashörnern beginnen und wählt dafür ein Stück verkohlte Waldkiefer. Zuerst zeichnet er mit Schwung die Hörner und das Maul, dann die Vorderbeine und den Bauch. Erst danach widmet er sich dem Rest des Körpers. Anschließend beginnt er mit dem Auerochsen schräg links darüber und arbeitet sich langsam von oben nach unten vor. Zum Schluss widmet er sich dem Zentrum seines Bildes, den vier Pferden, die schräg versetzt hintereinanderstehen. Wieder fängt er links oben an. Der Maler hat bewusst diesen Platz für sie reserviert – sie sind ihm am wichtigsten. Die Köpfe der Pferde sind leicht gesenkt, ihre Nüstern recken sich sanft in Richtung der Rinder vor ihnen, die Mähnen stehen nach oben. Es soll so wirken, als würden sich die Pferde eng aneinandergedrückt nach vorn bewegen. Für die Umrisse nimmt er nur die Holzkohle, am Anfang und am Ende der Linie drückt er ein wenig fester auf, die Linie wird so etwas dicker. Das bringt Dynamik ins Bild. Er kratzt sogar die Felswand rund um die Köpfe der Pferde sauber ab, so wirkt das Bild wie ein Flachrelief und die Tiere sind noch lebendiger. Beim vierten Pferd ganz unten rechts ist er völlig versunken in seiner Arbeit. Auch hier zeichnet er mit energischem Strich die Hauptlinien des Tieres mit Holzkohle, doch diesmal malt er auch das Innere des Kopfes aus. Dafür verreibt er mit seinen Fingern die Kohle mit Tonerde, so entsteht eine Mischung aus Sepia und Braun. Mit einem scharfen Stein ritzt er ein paar feine Linien ins Bild, die genau dem Profil folgen. Der Maler hält kurz inne. Der letzte Ausdruck fehlt noch, spürt er. Mit energischen und präzisen Bewegungen zieht er mit der Holzkohle einige Konturen rund um das Maul des letzten Pferdes nach. Es steht leicht offen und er betont Lippen und Nüstern so, dass es fast ein bisschen erstaunt wirkt.

35 000 Jahre alt sind die dynamischen Tiertableaus aus der Höhle von Chauvet, die 1994 ein Team um den Höhlenforscher Jean-Marie Chauvet entdeckte. Mit modernen Methoden lässt sich erkennen, welche Linien zuerst gemalt wurden, welche später folgten. Carole Fritz und Gilles Tosello,

ein Forscherehepaar von der Universität von Toulouse, haben viele der Zeichnungen wunderbar beschrieben, so auch das große Pferdebild. Sie erkennen in dem Bild die Handschrift eines einzigen Künstlers, der offenbar von Anfang an einen klaren Plan gehabt haben muss, ein Konzept für genau diese Wand.

Es sind oft nur einfache Striche, mit denen die Menschen wildlebende Tiere wie Bisons oder Hirsche charakterisiert haben, nur Farbschattierungen in Rot und Schwarz, die sie aus ihrer Erstarrung gelöst und in lebendige Herden dahinstürmender Tiere verwandelten. Die Laboruntersuchung der fast 500 Bilder von Löwen, Nashörnern, Mammuts, Pferden, Panthern, Eulen und Bären in der 500 Meter tiefen und circa 8000 Quadratmeter großen Kalksteinhöhle brachte faszinierende Ergebnisse ans Licht: Zum Beispiel fand man zahlreiche Kratzspuren, die darauf hinweisen, dass die Künstler die Oberfläche der Wand mit der Hand sauber gerieben haben, bevor sie sich an die Arbeit machten. Das zeigt, dass vor Jahrtausenden irgendwo in der Wildnis Menschen an einer hohen Qualität ihres Werks interessiert waren, was nicht der Fall gewesen wäre, wenn es ihnen nur darum gegangen wäre, ein einfaches Bildnis zu erschaffen. Und obwohl es Hinweise für kleine Korrekturen gibt, scheint der Großteil der Werke in einem Zuge, ohne spätere Veränderungen gemalt worden zu sein, was dafür spricht, dass die Künstler wussten, was sie taten, bevor sie ihre Arbeit begannen. Aber warum sollten sich diese ersten Künstler plötzlich eine solche Mühe gegeben haben? In der Grotte von Chauvet haben die Menschen immer nur kurze Zeit gewohnt, es finden sich dort keine menschlichen Überreste. Doch die Forscher entdeckten eine interessante Spur, im wahrsten Sinn des Wortes.

Ein bisschen mulmig ist dem Jungen schon zumute, als er mit seinem Wolfshund ins Dunkel der Höhle eintaucht. Das Licht der Fackel erhellt nur die Wand vor ihm. Er ist ziemlich froh, dass ihn der zahme Hund, den er großgezogen hat, begleitet, denn in der Höhle überwintern Höhlenbären. Obwohl er weiß, dass die jetzt im Frühsommer schon längst wieder in den Wäldern und unten am Fluss unterwegs sind, hat er ein etwas komisches Gefühl im Bauch. Beherzt schreitet er weiter. Immerhin ist es eine große Ehre, dass sein Clan ihm erlaubt hat, die Höhle zu betreten. Er soll die Zeichnungen seiner Vorfahren betrachten, die Geschichten und Mythen seines Volkes, die er aus den Erzählungen der älteren Männer der Sippe kennt. Erst jetzt wird er erfahren, auf welch großartige Bilderwelten sie sich beziehen. Er hat noch eine Ersatzfackel dabei und muss darauf achten, dass das Feuer nicht ausgeht, sonst wird es gefährlich. Immer wieder schlägt er auf seinem Weg mit seiner Fackel an die Höhlenwand, um das bereits verbrannte Holz abzuschlagen. Das bringt die Fackel wieder stärker zum Leuchten. Er ist schon eine Weile unterwegs, als der Boden unter seinen Füßen leicht matschig wird. Er erschrickt, doch als er mit der Fackel den Boden ausleuchtet, erkennt der 13-Jährige, dass von oben kommende Nässe den Untergrund aufgeweicht hat.

Immer weiter tastet er sich in der leicht abwärts gehenden Höhle vorwärts. Allmählich verliert er das Zeitgefühl. Plötzlich tauchen wie aus dem Nichts Tiere an den Wänden auf. Die Körper sind um die Rundungen der Felsen gezeichnet, einige scheinen sich im flackernden Fackellicht zu bewegen. Ehrfürchtig starrt der Junge die Zeichnung an, darunter die eines Bären. So einem Tier will er wahrlich nicht leibhaftig gegenüberstehen. Auch ein Fellwesen mit riesigen Stoßzähnen und ein graues Tier mit einem Höcker auf der Nase entdeckt der Junge, beide hat er in der Natur noch nie gesehen. Wenn er still steht, ist nur das Knistern der Fackel zu hören und sein Wolfshund, der manchmal aufjault. Unglaublich, wie friedlich manche Tiere an den Wänden hier wirken, die sich doch draußen in der Welt sonst gegenseitig belauern und töten und auch für ihn bedrohlich sein können. Eine eigenartige Welt ist das.

Die versteinerten Fußabdrücke des Jungen und seines Begleiters sind die ältesten Spuren sowohl eines modernen Menschen wie möglicherweise eines Hundes, wobei Letzteres sehr umstritten ist. Mehr als 70 Meter weit kann man den Abdrücken folgen, Fußsohlen sind neben Pfoten zu sehen. Vor rund 26 000 Jahren sind der Junge und der Wolfshund durch die Höhle gelaufen.

Die Autorin Judith Thurman schildert in ihrem wunderbaren Artikel über die Höhle im *New Yorker* einen ungewöhnlichen Versuch, den die Forscher unternommen haben, um die Bedeutung der Höhle zu begreifen. Sie baten Aborigines, sich die Zeichnungen anzuschauen. Dem Urteil der australischen Ureinwohner nach sei die Höhle für Initiationsriten genutzt worden. Darauf deuten auch die Zeichen zwischen den Tieren hin. Symbole wie Kreise, Halbkreise, Punkte oder Zickzacklinien könnten eine Art gezeichneter Code sein, ein Hinweis auf eine Stammeszugehörigkeit.

Zeichen- und Bilderwelten wären demnach entstanden, um eine soziale Zugehörigkeit zu vermitteln: Jeder, der zu diesem besonderen Ort mitgenommen wird, ist von diesem Zeitpunkt an ein vollwertiges Mitglied der Gesellschaft. Ein schöner Gedanke.

Thurman selbst, die es geschafft hat, in die Höhle von Niaux in einem Tal in den Pyrenäen mit jüngeren Bildern zu steigen, beschreibt ihren persönlichen Eindruck, als sie für einen Moment die Taschenlampen ausmacht und die Höhle im totalen Schwarz der Finsternis versinkt: »Was immer diese Kunst bedeutet, in diesem Moment versteht man, dass ihr Gefäß sowohl ein Mutterleib wie ein Grabmal ist.«

Mich haben ihre Worte an meinen Besuch der berühmten Höhlen von Lascaux erinnert, die allerdings mit ihren 17 000 Jahren deutlich jünger sind. Schon wenige Meter nach dem Eingang spürt man die Magie dieser prähistorischen Kathedrale der Menschheit, an den Decken tummeln sich Pferde, Stiere und Hirsche. In einer Halle bewegen sich 600 Tiere in einem gewaltigen Kreis, das größte der Tiere in diesem Höhlensystem der Dordogne ist ein fünf Meter langer, mächtiger Stier. Ein ganzer Zoo ist in dieser magischen Höhle versammelt: ein Bär, schwimmende Hirsche, ein fliehendes Mammut, sogar ein Einhorn – und dazwischen immer wieder Zeichen: Dreiecke, Punkte, Striche, Hände. Welche Geschichten werden einem hier erzählt? Offensichtlich handelt es sich hier nicht um simple Jagddarstellungen. Zu viel Mühe haben sich die Künstler gemacht, manchmal hat man fast den Eindruck, das Tier, das da im Licht hinter einer Höhlenwindung auftaucht, habe nur auf einen gewartet und springe einem gleich entgegen. Die Maler damals arbeiteten hier im Schein einer roten Öllampe, für manche Gemälde an der Decke müssen sie sogar eine Art Gerüst gehabt haben.

Es gibt in ganz Frankreich und Nordspanien zahlreiche Höhlen mit wunderbaren Gemälden und auch immer wieder mit symbolhaften Zeichen an den Wänden. Keine dieser Höhlen war bewohnt, trotzdem hatten sie eine enorme Bedeutung für die Menschen. Die Botschaften auf den Bildern sind der Quell spirituellen Denkens. Offenbar spielten diese Höhlen im sozialen Leben eine Rolle als religiöse und gesellschaftliche Kultorte, die Kunstwerke werden als Teil einer Mythenwelt in die Zeremonien einbezogen. Die Bilder sind wie das Gedächtnis der kulturellen Identität der Gesellschaft.

Von der Chauvet-Grotte, die Touristen ja keinen Zutritt erlaubt, wird bald ein Film zu sehen sein. Die französischen Behörden gestatten dem deutschen Filmemacher Werner Herzog, dort einen 3-D-Film zu drehen. »Höhle der vergessenen Träume« nennt er die kleinen und großen Hallen des weitverzweigten Grottensystems und zeigt die grandiose Lage in der Landschaft der Auvergne – und hat offenbar mit diesem Filmprojekt einen persönlichen Traum verwirklicht.

In einem Gespräch erzählt Herzog, wie er als 12-jähriger Junge einst im Schaufenster einer Buchhandlung ein Buch entdeckte, dessen Cover ein Pferd aus der berühmten Höhle von Lascaux zeigte. Er hatte es kaufen wollen, aber noch nicht genügend Geld dafür gehabt. Woche um Woche sei er immer wieder zu der Buchhandlung gelaufen, ob das Buch noch da sei und habe sein Taschengeld gespart, bis er es endlich kaufen konnte. Das sei sein spirituelles Erwachen gewesen.

Herzog steht mit seinem Staunen und der Bewunderung für uralte Fähigkeiten in einer guten Tradition. Der spanische Maler Pablo Picasso, einer der größten Künstler der Moderne und auch berühmt für seine abstrakten Stierzeichnungen, hat 1940 noch die Originale der damals gerade erst entdeckten Höhlenmalereien von Lascaux betrachten dürfen und meinte sichtlich bewegt: »Wir haben nichts dazugelernt!«

Die ersten Kleider

Die ersten richtig warmen Kleider brauchte der Mensch erst, als er von Afrika Richtung Norden, ins kältere Europa und nach Asien aufbrach. Kleidung wurde zu seiner zweiten Haut. Sie veränderte ihn, denn »Kleider machen Leute«. Und ist es nicht spannend, dass der Mensch schon sehr früh begann, bewusst die Farbe der Kleider und Schuhe zu wählen?

Schon die älteste Mode, der prägnante Fell-Look, ist überaus vergänglich – was sie nicht von heutiger unterscheidet. Nur ist es diesmal wörtlich zu nehmen und keine Trendfrage. Denn die prähistorischen Kleidungsstücke, egal ob Gewänder oder Schuhe, sind aus Materialien gefertigt, die sich in der Regel im Lauf von Jahren oder Jahrzehnten fast komplett auflösen. Insofern haben es die Erforscher der ersten Mode vor rund 77 000 Jahren nicht eben leicht.

Dass wir heute etwa Ötzis Steinzeitkluft bestaunen können, ist reiner Zufall. Das ewige Eis hat nicht nur den braunäugigen *Ice-Man* bewahrt, sondern auch seine Schuhe und Kleider. 5300 Jahre lag er in seiner natürlichen Klimakammer im Ötztal auf 3200 Metern Höhe, knapp hundert Meter südlich der Grenze zwischen Österreich und Italien. Nur eine Laune der Natur, ein Sturm, der im März 1991 ockerfarbenen Sand von der Sahara in die Alpen trug, und das zufällige Vorbeikommen zweier Wanderer an der Fundstelle – bescheren uns einen Einblick in die Mode vor mehr als 5000 Jahren. Der Sand hatte sich nämlich den Sommer über aufgewärmt und das Eis in Rekordgeschwindigkeit weggeschmolzen. In Tirol kamen so sechs Leichen ans Tageslicht, als Letzter, oben auf dem Tisenjoch, Ötzi. Modisch muss der Mann aus der Kupfersteinzeit sich nicht verstecken: Seine engen Hosen sind aus feinem Ziegenleder gearbeitet, der Gürtel aus Kalbsleder. Sein Mantel ist im Streifen-Look abwechselnd aus hellem und dunklem Ziegenleder genäht, seine Schuhe sind aus zwei Lagen Fell (Hirsch und Bär) und einer Schicht geflochtenem Stroh gefertigt, dazu trägt er als krönenden Abschluss eine Wolfsfellmütze. Auch Nähzeug zum Ausbessern der Kleidung hat er dabei: Lederschnüre, Tiersehnen und eine spitze Knochenahle.

Ötzi ist für die Forschung ein Glücksfall – und die aufwendigste und »teuerste Totenschau der Geschichte«, so die Zeitschrift *National Geographic.* Seine Kleidung ist ein deutlicher Beleg für das damals bereits vorhandene Mode- und Statusbewusstsein. Denn die konservierten Anziehsachen wirken auch aus heutiger Sicht fein verarbeitet, er war wohl ein einflussreicher Mann seiner Zeit, wie neben der Kleidung auch das mitgeführte Kupferbeil zeigt. Edle Ausgangsstoffe und hohes handwerkliches Geschick – das sind damals wie heute die Zutaten für gute Mode.

Doch auf der Suche nach dem Ursprung der Kleidung markiert Ötzis Ausstattung nur einen wichtigen Etappenpunkt. Punktuell finden sich aus unterschiedlichen Epochen immer wieder Belege, wie bedeutsam Kleidung für den Menschen ist. Schon früh zeigt sich: Kleider sind mehr als nur eine wärmende Hülle. Sicher waren sie auch als Schutz notwendig, sonst hätte der Mensch nie das warme Afrika verlassen und die unwirtlicheren, kälteren Gegenden Europas und Asiens besiedeln können. Doch als alleinige Erklärung reicht das nicht aus, sonst würden wir uns wohl noch heute nur dann etwas anziehen, wenn wir frieren. Die Frage ist nur: Wann und warum haben wir begonnen, uns etwas überzuziehen?

Wir Menschen haben unser Fell vor 1,2 bis drei Millionen Jahren verloren, zeigen genetische Daten. Davor gab es definitiv keine selbstgemachte Kleidung. Manche Forscher meinen, der Verlust des natürlichen Haarkleides hing auch mit dem Feuer zusammen, sei also vor rund 1,9 Millionen Jahren passiert. Das würde zu den genetischen Analysen passen. Oder die Frühmenschen mussten Haare verlieren, um besser in der heißen Savanne schwitzen zu können. Der Preis dafür war, dass sie vielleicht nachts manchmal gefroren haben – allerdings lebten die Menschen damals im warmen Afrika in Äquatornähe. Ob es sich wegen ein paar kühlerer Nächte aber lohnte, Kleider zu erfinden, sei dahingestellt.

Eine erste handfeste Spur taucht vor rund 780 000 Jahren auf, hier finden sich Faustkeile, mit denen sich Tierfelle abschaben lassen. Allerdings bedeutet das im Hinblick auf Kleidung noch gar nichts. Unsere Vorfahren nutzen damals nämlich Tierfelle und -häute vor allem für Behausungen, als Zeltplanen etwa oder auch, um den kalten Boden zu bedecken. Vielleicht haben sich die afrikanischen Savannenbewohner auch in Felle gewickelt. Doch so richtig körpergerecht ist ihre Form nicht. Um aus einem Fell ein Kleidungsstück fertigen zu können, braucht man auf jeden Fall ein weiteres Utensil – eine Art Nadel zum Vernähen zweier Felle.

Wir müssen also nach der berühmten Nadel im Heuhaufen suchen, wenn wir weiterkommen wollen. Bisher wissen wir nur, dass die ältesten Nadeln aus Knochen geschnitzt wurden und Tiersehnen die ersten Fäden waren.

Die Suche führt uns wieder nach Südafrika, in die Blombos-Höhle. Unterhalb des Eingangs führen steile Klippen zum Wasser. Im Inneren sieht man auf das Blau des Himmels und hört das Rauschen der Wellen, die rund 30 Meter tiefer an die zerklüfteten Felsen branden. Die Hänge sind heute mit kniehohen Sträuchern bewachsen, zwischen denen hier und da Gestein durchbricht.

In dieser Höhle hat der Archäologe Christopher Henshilwood nicht nur den ältesten Schmuck der Welt, die bereits erwähnte Schneckenkette, gefunden, sondern einen weiteren unglaublichen Schatz entdeckt: 28 Knochenwerkzeuge, die von einem hohen handwerklichen Niveau zeugen und so wie der Schneckenschmuck mindestens 77 000 Jahre alt sind. Ältere derart präzise Knochenwerkzeuge existieren nicht. Darunter sind dünne, längliche Knochenspitzen, deren Funktion bisher ungeklärt ist. Einige Forscher meinen jedoch, dass unsere Vorfahren damit auch Felle durchbohrt haben könnten, um sie mit Sehnen oder Pflanzenfasern zu verbinden. Es könnten also die ältesten Nadeln sein.

Betrachtet man die Schneckenkette und die Werkzeuge zusammen, so könnte die Lust an der Verzierung durchaus ein erstes Indiz dafür sein, dass sich die Menschen Gedanken um ihre Kleidung und den Schmuck gemacht haben. Verzieren wir nicht auch heute noch Kleidungsstücke mit schönen Details, mit Broschen nicht nur aus ästhetischen Gründen, sondern auch, um unseren Status zu betonen? Kleidung würde demnach nicht mehr nur wärmen, sondern auch über Accessoires die soziale Position des Trägers definieren. Ist das vielleicht der Anfang der Mode?

Die erste Nadel mit Öhr taucht vor rund 40 000 Jahren auf. Sie ist das klare Signal, dass anspruchsvollere Kleidung entstehen konnte: figurbetonte, taillierte Oberteile etwa oder mehrlagige Stücke. Steinzeitcouture ist also eine eher junge Erfindung. Doch die Schneider wissen schon bald um ihren Stellenwert: In Österreich finden Forscher in der Gudenus-Höhle, im Tal der kleinen Krems, nördlich der kleinen Wachau im Waldviertel, eine Nähnadel sicher verwahrt in einer schön verzierten Nadelbüchse. Den immerhin rund 20 000 Jahre alten Behälter hat der Schneider aus dem Knochen eines Adlers geschnitzt und zudem auf die Außenseite ein Rentier im Regen eingeritzt.

Archäologische Belege, dass der Mensch die Kleidung bereits mitbrachte, als er Afrika vor rund 60 000 Jahren in Richtung Europa verließ, gibt es nicht. Vermutlich sind es im Wesentlichen noch Kleider aus Tierfellen. Was aber sind die ältesten bekannten Kleiderreste? Erste konkrete Spuren tauchen erst vor rund 32 000 Jahren in Mähren und in der Dzudzuana-Höhle am Fuße des Kaukasus im heutigen Georgien auf.

Nicht weit von der Höhle entfernt ziehen Mammuts und Wisente vorbei, die Eiszeit hat gerade eine kleine Pause eingelegt. Tierfelle bedecken den breiten Eingangsbereich, die dickeren von den Steppenbisons verwenden sie als Decken für den flachen Felsboden, die dünneren Häute von Wildpferden, Bergziegen oder Rothirschen haben die Bewohner seitlich in den hohen, bogenförmigen Eingang als Windschutz gehängt. Das ist bei fast sechs Metern Raumhöhe auch notwendig.

Die Karsthöhle ist keine dieser feuchten, dunklen Höhlen, sondern öffnet sich so zum Fluss hin, dass sie selbst im Winter geschützt unter dem Felsbogen sitzen und weben können, ohne allzu sehr der Witterung ausgesetzt zu sein. Und an sonnigen Tagen wärmt sich der Felsen angenehm.

Zum Wasserholen müssen die Menschen nur wenige Meter hinunter zum Fluss Nekressi steigen. Holz gibt es in den umliegenden Hängen. Ein guter Platz zum Überwintern also. Seit einigen Wochen beschäftigt die Frauen ein wichtiges Thema. Sie bräuchten eine Kleidung, die wirklich eng am Körper anliegt und vor allem in den von Jahr zu Jahr wärmer werdenden Sommern etwas dünner und leichter wäre. Die schweren Felle, die sie um die Schultern legen oder die Hüften wickeln, sind ihnen mittlerweile zu unbequem geworden. Sie schützen einfach nicht genug gegen den

Wind, und auch der Regen dringt schnell ein. Neuerdings machen sie deshalb aus den Tierhäuten auch Kleider. Das war bislang schwierig, weil sie die Häute nicht zusammenfügen konnten. Jetzt aber haben sie eine Pflanze entdeckt, die nahe dem Fluss wächst und im Spätsommer eine Art Kapsel mit ölhaltigem Samen trägt. Hüfthoch stehen die langen Stängel nebeneinander, an manchen Stellen sehr dicht. Wenn man sie ausrupft und trocknen lässt, bleiben sie ziemlich robust. Und sie haben festgestellt, wenn man die glatten Fasern flechtet, halten sie lange. Die so entstandenen Bänder werden auch nicht so leicht schmutzig und faulen bei Feuchtigkeit nicht.

Die Frauen drehen aus dem Flachs kräftige Kordeln zum Verschnüren der Felle, wenn sie im Frühjahr weiterziehen, oder befestigen damit die Griffe an den Steinkeilen und Steinmessern. Auch lassen sich Netze zum Fangen der Fische und Reusen daraus knüpfen, die sie unten im Fluss aussetzen.

Die ganz dünnen Fäden eignen sich gut, um Tierhäute zusammenzunähen. Hierfür haben die Frauen aus Knochen dünne Nadeln geschnitzt und in das dickere Ende ein Loch für den Faden gebohrt. Die Kleider, die sie damit nähen, liegen nun tatsächlich ein bisschen besser am Körper an als die Felle – ein riesiger Vorteil. Mittlerweile haben einige Frauen sogar herausgefunden, wie man die Fasern verschiedener Pflanzen so verweben kann, dass Stoffe daraus entstehen. Neben der Flachspflanze eignet sich hierfür auch die Straucherbse. Die daraus gesponnenen mehrlagigen Garne sind wärmer. Die ganze Prozedur dauert zwar lange, aber in den Wintermonaten ist ja genügend Zeit.

Das Schöne an den Fasern ist, dass sie auch leuchtende Farben annehmen, wenn man sie in den ausgekochten Sud von Wurzeln oder anderen Pflanzen legt. Gelb, Blau, Grau,

Schwarz – alles haben sie schon hinbekommen, sogar Pink und Türkis. Manchmal müssen die Frauen die Pflanzen auch nur auspressen, um den farbigen Saft zu gewinnen. Sehr auffällige Stoffe gelingen ihnen auf diese Weise.

Die Verwendung von Farbe falle in die Zeit der Menschwerdung, meint der britische Anthropologe Chris Knight. Unsere Vorfahren haben sich auch mit einem rötlichen Ocker am Körper bemalt. Das Rot des Ockers entspreche dem Rot des Menstruationsblutes. Die Theorie ist umstritten, doch insofern interessant, als sie auch auf die 77 000 Jahre alten und mit Ritzungen versehenen Ockerstücke aus der bereits erwähnten Blombos-Höhle in Südafrika verweisen. Was die regelmäßigen Muster bedeuten, ist zwar unklar, doch Forscher wie Henshilwood meinen, es sei jedenfalls »keine sinnlose Kritzelei«. Die verzierten Stücke von rotem Ocker könnten die Menschen verwendet haben, um sich ihre Körper mit klaren roten Mustern zu bemalen. Ist das bereits Ausdruck eines Kunstdenkens, schließlich finden sich auch Schmuckstücke ähnlichen Alters in der Höhle? Oder belegen sie vorerst nur, dass der Mensch begann, sich mit seinem Körper zu beschäftigen und ihn und eben auch seine Kleidung (als sichtbare äußere Hülle) symbolisch aufzuladen?

In der kaukasischen Dzudzuana-Höhle haben die Forscher bislang zwar kein Gewebe entdeckt, dafür aber eine Menge bunter Fäden: Von den 488 Flachsfasern sind 13 weiterverarbeitet, also gesponnen oder gedreht, 58 in knalligen Tönen gefärbt und alles aus lokal verfügbaren Pflanzen oder Tonmineralen. Die längsten Fasern sind 20 Zentimeter lang, einige Fäden sind am Ende sogar abgeschnitten. All das deutet schon auf eine gewisse Grundausstattung in der Steinzeitnähstube hin.

Entdeckt haben sie Forscher aus Harvard, als sie eigentlich Pflanzenpollen suchten. Unter dem Mikroskop tauchten dann die Fasern des Leinens auf, in einer war sogar noch eine Art Knoten. Wozu die Fasern einst gehörten, lässt sich nicht mit Sicherheit bestimmen, aber klar ist, dass die Fäden bewusst hergestellt worden sind.

Die Indizien sind deutlich. Ofer Bar-Yosef hat sogar noch eine weitere Spur aufgetan: In den Pflanzenfasern entdeckt er Reste von Motten – die gleichen Tiere, die noch heute in unseren Kleiderschränken wüten. Und: Das Ernährungsverhalten der Tiere hat sich über Jahrtausende nicht geändert. Nur damals fielen ihnen eben Steinzeitkleider zum Opfer.

Da von den feinen Zwirnen der Dzudzuana-Höhle wie erwähnt nur noch ein paar Fäden übrig sind, kann man an dieser Stelle nur über Schnittmuster und Taillierung spekulieren. Aber die Zeit der unförmigen Häute und muffigen Tierpelze war vorbei. Die Kleider aus Leinen könnten nämlich durchaus kleidsam gewesen sein, sie waren vor allem auch im Sommer eine ideale Alternative, eine luftdurchlässige, hygienische und haltbare Bekleidung. Insgesamt war das ein sehr innovatives Konzept mit völlig neuen Materialien, das sich die Menschen damals ausgedacht haben.

Die Leinpflanze, die sie nutzen, ist nicht die einzige Naturfaser, die Steinzeitmenschen für sich entdeckten. Im mährischen Dolní Věstonice im Südosten Tschechiens tauchen erstmals 28 000 Jahre alte geflochtene Körbe auf, die nicht aus Flachs, sondern aus der heimischen Brennnessel gefertigt sind. Die Brennnesselfasern eignen sich auch, um daraus Kleider zu weben. Es sind die ältesten Überreste eines Gewebes. In Věstonice finden sich auch Webinstrumente aus Mammutknochen oder -elfenbein.

Dass Kleidung für die Steinzeitmenschen eine Bedeutung hatte, zeigen auch Darstellungen weiblicher Skulpturen. Eine der berühmtesten Figuren, die 26 000 Jahre alte Venus von Willendorf aus Niederösterreich, trägt eine Art Strickmütze oder ein Haarnetz. Auch auf anderen Frauenfiguren dieser Zeit, die in der näheren Umgebung im heutigen Österreich oder Tschechien auftauchten, finden sich Bänder oder Gürtel. Zudem gibt es getrocknete Lehmklumpen, die Abdrücke von Netzen oder ähnlichen geflochtenen Gegenständen zeigen.

Die elf Zentimeter große Venusfigur von Willendorf, deren ursprüngliche Bemalung in kräftigem Rotton verblasst ist, findet sich heute im Wiener Naturhistorischen Museum. Das Prachtstück ist der Mittelpunkt im Saal 11. Wer die weibliche Kalksteinfigur mit den ausladenden Brüsten und dem sich weit vorwölbenden Bauch betrachtet, übersieht leicht die Kopfbekleidung. Doch sowohl das netzartige Teil, das selbst das Gesicht verdeckt, als auch die rote Bemalung weisen auf einen hohen Symbolwert in Bezug auf Farben und Kleidung hin. Dennoch ist die Figur nach wie vor umstritten. Meist steht allerdings nur die üppige Körperlichkeit, die manche Forscher als Fruchtbarkeitssymbol deuten, im Zentrum der Betrachtung.

Um das Alter der ersten Kleidungsstücke genauer eingrenzen zu können, müssen wir einen anderen Weg gehen und uns Hilfe holen bei einem winzigen Wesen, das nur vier Millimeter groß und weißlich-beige ist: bei der Kleiderlaus. Der Parasit braucht menschliche Kleidung als Lebensraum und ist auf den Menschen fixiert, sie vertragen das Blut anderer Säugetiere gar nicht.

Die Vorfahren der Kleiderläuse und aller menschlichen Läuse begleiten unsere Ahnen schon seit rund fünf bis sieben Millionen Jahren, eine lange Beziehung. Die Kleiderlaus hat sich aus der menschlichen Kopflaus entwickelt und sich immer mehr auf dessen Kleidung spezialisiert. Kopf- und Kleiderlaus gehören der gleichen Art an, sie nutzen nur unterschiedliche ökologische Nischen, haben demzufolge ein unterschiedliches Verhalten und sehen auch nicht mehr identisch aus. Das Genom der Kleiderlaus ist erst im Jahr 2010 vollständig sequenziert worden, sie hat nur 10 773 Gene und ist damit das bisher kleinste bekannte Insektengenom. Ihr Lebensraum ist relativ klein und sie hat auch nur ein begrenztes Nahrungsspektrum (unser Blut, und zwar 1,2 Milligramm pro Tag). Das Weibchen kann 40 Tage alt werden und täglich bis zu zehn Eier legen. Im Gegensatz zur Kopflaus hat die Kleiderlaus gelernt, ihre Eier auch an der menschlichen Kleidung zu befestigen.

Neueste Genanalysen des Amerikaners David Reed deuten darauf hin, dass die Kleiderlaus vor etwa 170 000 Jahren in der heutigen Form entstand, also während der Eiszeit vor 190 000 bis 130 000 Jahren. Eine Leipziger Forschergruppe dagegen meint, sie habe ihre Eigenheiten vor rund 72 000 Jahren entwickelt, und zwar in Afrika, und sei dann mit dem Menschen in die kälteren nördlichen Regionen gewandert.

Beide Gruppen lassen einen großen Interpretationsspielraum zu. Reed gibt an, 170 000 Jahre sei nur die wahrscheinlichste Zeit, die Kleiderlaus könnte sich auch erst vor 83 000 entwickelt haben. Die Leipziger Forscher hingegen meinen, der Zeitpunkt könne zwischen 30 000 und 113 000 Jahren liegen. Das Problem ist nur: Es gibt einfach kein Kleidungsstück aus dieser Zeit.

Der Berliner Anthropologe Alexander Paphos geht davon aus, dass Kleidung von Beginn an auch eine soziale Funktion hatte, insbesondere auch bei der Partnerwahl. Schon Darwin befasste sich mit der sexuellen Selektion und meinte, wir zögen attraktive Merkmale vor. Schöne Kleidung macht den Träger nun einmal interessanter. Vor allem dann, wenn sie selten oder aufwendig herzustellen ist. Ein Raubtierfell hat eben nicht jeder Mann, sondern nur der, der stark genug ist, den Leoparden oder den Bären auch zu erlegen – oder geschickt genug, um gewinnbringend damit Handel zu treiben. Ein kostbar genähter Mantel erfordert hohes Geschick und erlesene Rohstoffe, er ist also eine teure Angelegenheit, die sich auch heute nicht jeder leisten kann. Man bedenke nur, wie viel einst über den sündhaft teuren Brioni-Anzug für Kanzler Schröder geschrieben wurde. Selbst nach einigen Zehntausend Jahren, in denen wir Kleidung tragen, hat sich die Bewertung besonderer Kleidung nicht verändert.

Eine wesentliche Eigenschaft von Bekleidung liegt eben darin, dass sie einen Unterschied zwischen zwei Menschen definieren kann. Anatomisch unterscheiden wir uns kaum, doch Kleidung schafft das mühelos. Und zwar von Anfang an. Der erste Mensch, der ein Fell getragen hat, war zuvor in der Lage, das Tier zu erlegen, das Fell abzuziehen, zu trocknen und so zu bearbeiten, dass man es sich auch überziehen konnte.

Somit ergebe sich auch von Beginn an eine soziale Differenzierung der Träger, sagt Alexander Paphos. Kleidung bedeutet Macht und Reichtum. Kleidung macht den Unterschied. Natürlich lässt sich Kleidung auch bewusst so einsetzen, dass der Nicht-Unterschied, also die Gleichstellung, betont wird. Bei Berufskleidung ist das der Fall, bei einem Polizisten oder Feuerwehrmann oder einem Priester. Kleidung lässt dann die Funktion erkennen. Damit lassen sich Gruppen definieren, also Zugehörigkeit, gleichzeitig grenzen sich die Träger vom allgemeinen Volk ab. Im Sport funktioniert das genauso wie im Gefängnis, sogar bei Hochzeiten oder Empfängen regelt Kleiderordnung die Zugehörigkeit.

Daneben gibt es an einigen Orten auch religiöse Vorschriften, bestimmte Körperteile zu bedecken: Menschen in Badekleidung dürfen christliche Kirchen nicht betreten, Frauen ohne Kopfbedeckung ist der Zutritt zu einer Moschee verwehrt, Männern der von jüdischen Friedhöfen. Dahinter steckt ein uraltes Muster: die Verhüllung des Körpers – und letztlich damit der Sexualität. Neben dem Status ist Kleidung nämlich durchaus in der Lage, mit ästhetischen Mitteln einen Mann oder eine Frau attraktiver zu machen, ein wichtiges Instrument bei der Partnerwahl. Attraktive Kleidung betont oft gezielt männliche oder weibliche Merkmale, der kurze Rock, die enganliegende Bluse bei Frauen oder eine die breiten Schultern betonende Jacke bei Männern. Es gibt keinen Grund, warum unsere Vorfahren diese Möglichkeiten nicht von Anfang an genutzt haben sollten. Dass etwa Ötzi figurbetonte Hosen aus weichem Ziegenleder trug, hängt sicher nicht damit zusammen, dass er Material sparen wollte.

Kleidung und Sexualität – ein uraltes Thema. Manche Forscher meinen, dass anfangs vor allem der fruchtbare Zyklus der Frau eine Rolle spielt. Menschen haben keine Brunftzeit, die fruchtbaren Tage der bekleideten Frau sind überwiegend verborgen, anders etwa als bei Schimpansenweibchen. Welche Rolle könnte Kleidung hier spielen? Wenn der Mann nicht mehr auf den ersten Blick erkennen kann, wann die Frau für die Fortpflanzung bereit ist, muss er sich zwangsläufig die gesamte Zeit über um die Frau bemühen, um zum Zuge zu kommen. Tut er das nicht, läuft er Gefahr, den richtigen Zeitpunkt zu verpassen, um seine Gene weiterzugeben. Kleidung fördert also eine stärkere Paarbindung. Genau diese ist für den Menschen sehr wichtig, weil wir im Vergleich zu anderen Säugetieren extrem viel Energie aufwenden müssen, um unsere Kinder großzuziehen. Jeder Vater, jede Mutter kann da nur zustimmen. Also ist Kleidung ursprünglich sehr wichtig, um das Überleben von Kindern zu sichern – eine gewagte und unter Forschern nicht unumstrittene These. Doch Kleidung verdeckt auch die menschliche Scham. Im Mythos der Schöpfungsgeschichte sind die Scham von Adam und Eva mit einem Blatt bedeckt. Selbst bei Indianervölkern, meint Paphos, wo die Frauenkleidung teilweise nur aus einer dünnen Kordel besteht, die die weibliche Scham mehr schlecht als recht verdeckt, hat dieses Kleidungsstück dennoch eine wichtige Funktion. Es wegzureißen würde als sehr beschämend empfunden werden. Woher dieses Schamgefühl kommt, ist wissenschaftlich umstritten. Forscher wie der Soziologe Norbert Elias sagen, die Scham gegenüber der eigenen Nacktheit habe sich in Europa erst im Mittelalter allmählich entwickelt. Ihr Zweck sei, allzu extrovertiertes Verhalten und sexuelle Freizügigkeit von innen heraus zu dämpfen. Der Ethnologe Hans-Peter Dürr dagegen meint, die Körperscham sei schon immer ein universales Gefühl gewesen. Letztlich klären lässt sich diese Frage nicht. Gesichert ist nur, dass Menschen weltweit unterschiedlich mit Nacktheit umgehen und dass Nacktheit heute nicht mehr als Naturzustand der Unbefangenheit empfunden wird. Die Art der Kleidung ist letztlich ein Ausdruck dafür, wo eine Kultur ihre Schamgrenze festlegt, und jenseits ihrer wärmenden Funktion für die Menschen – so wie die Sprache – auch ein Kommunikationsmittel, das dem Zusammenhalt als Gruppe dient.

So wie sich Sprache im Lauf der Jahrzehntausende ausdifferenziert hat, ist auch das System Mode heute komplexer geworden. Sprache und Mode gehorchen da ähnlichen Gesetzen. Mode kann man hier als Körpersprache verstehen, als nonverbale Kommunikation. Hier ähnelt sie in gewissen Aspekten auch dem Design und der Kunst.

Der Fuß ist etwas Archaisches, Seltsames, Befremdliches. Er ist der erste Teil des Körpers, der aufgehört hat, sich weiterzuentwickeln. Schon vor drei bis vier Millionen Jahren fand unser Fuß seine heutige Form. Der Vormensch Lucy im Nordosten Afrikas hatte im Wesentlichen unsere Füße – nicht aber unser Gehirn: Das hat sich in dieser Zeit gewaltig weiterentwickelt!

Die ältesten Lederschuhe, die bislang aufgetaucht sind, 5500 Jahre alte Ledermokassins, stammen aus dem heutigen Armenien. Nahe der iranischen Grenze entdeckte Diana Zardaryan im Wohnbereich der riesigen Karsthöhle Areni-1 eine Art Mokassin. Er ist rund 200 Jahre älter als Ötzis derbe Stiefel. Der 24,5 Zentimeter große Schuh der Größe 37 ist bis zu zehn Zentimeter breit und passt zu einem rechten Fuß. Ob es ein Frauen- oder ein Männerschuh ist, wissen die Forscher nicht, aber sie zeigen sich begeistert, dass sogar noch die Schnürsenkel erhalten sind. Im Inneren des Schuhs fanden sich Reste von Gras. Ob es eine Art Einlage war, um das Laufen bequemer zu machen, oder den Schuh wie ein Schuhspanner in Form halten sollte, lässt sich nicht mehr klären. Modeexperten des amerikanischen Magazins *Esquire* haben den Mokassin begutachtet und können ihn ebenfalls nur loben. Steven Taffel, ehemaliger Mitarbeiter der Modefirma Prada und nun Besitzer des angeblich besten New Yorker Schuhgeschäfts Leffot, sagt: »Sie sind brillant gemacht, aus feinem, mit Pflanzenöl gefärbtem Rindsleder, das setzt Nachdenken und großen Aufwand voraus. Sie sind zu hundert Prozent handgefertigt. Nicht sehr viele Schuhe halten 5500 Jahre. Das zeigt, dass hochwertige Materialien und Handwerkskunst einfach nicht zu übertreffen sind.« Und Taffel empfiehlt, zu den Schuhen Shorts oder khakifarbene Hosen zu tragen, vorzugsweise am Strand. Eine launige Analyse.

Spannend ist der armenische Fund in der Hinsicht, dass ähnliche Schuhe noch bis in die 1950er Jahre auf den Aran-Inseln im Westen Irlands getragen wurden, also tatsächlich auch in Strandnähe, die sogenannten Pampooties. Sie ähneln ebenfalls keltischen Tanzschuhen und amerikanischen Mokassins. Solche Schuhe sind offenbar über Jahrtausende in den unterschiedlichsten Regionen verbreitet gewesen, sogar Stil und Art der Herstellung haben sich kaum verändert.

Ein weltweites Urschuh-Modell sind die Mokassins aber nicht. Zu unterschiedlich waren die klimatischen Verhältnisse. Die Menschen im Norden mussten sich wärmen, also banden sie sich eine Art Fußsack aus Fell um die Füße. Im Süden hingegen war das Problem ein ganz anderes. Hier brannte der heiße Boden, und man machte sich aus Palmenblättern Sandalen.

Bis zur ersten Modenschau ist es noch ein weiter Weg. Doch Forscher wie der amerikanische Anthropologe Erik Trinkhaus glauben, dass die ersten Schuhe schon vor 40 000 Jahren aufgetaucht sind: Damals seien die Zehenknochen kleiner geworden – klar eine Folge der ersten Schuhe.

Der größte Teil der Menschheit ging meist ohne Schuhe. Vergleichen wir die Menschheitsgeschichte mit einem Tag, tragen wir nur in den letzten 40 Minuten Schuhe. Besonders gut scheint diese Entwicklung unseren Füßen allerdings nicht getan zu haben. Der Schuh hat die Knochenbildung verändert. Zumindest in dieser Hinsicht stehen die einzigartigen Kreationen des spanischen Schuhdesigners Manolo Blahnik in einer Zehntausende Jahre alten Tradition: Sie »verderben« die Füße.

Es ist erstaunlich, dass vor 32 000 Jahren schon eine ganz passable Farbpalette vorhanden war. Im Nahen Osten zum Beispiel war vor 12 000 Jahren Grün eine sehr verbreitete Farbe, wie Forscher um Daniella Bar-Yosef Mayer herausfanden. Damals wurden die Menschen sesshaft, und die Zahl der Geburten stieg. Grünlich schimmernde Anhänger symbolisierten die Hoffnung auf eine gute Ernte und generell auf ein gutes und gesundes Leben. Grün ist die Hoffnung –

ist in Wirklichkeit ein Slogan aus der Steinzeit. Die Natur mit ihrem sprießenden Grün war das Vorbild. Offenbar war die Symbolkraft so hoch und der grüne Talisman so begehrt, dass die Menschen die grünen Steine aus weit entfernten Gegenden importierten.

Form und Farbe der Kleidung haben damit von Anfang an offensichtlich eine starke Symbolkraft und sind ebenso eine vielschichtige Ausdrucksform, sich ohne Worte zutiefst emotional mitzuteilen.

Die erste Musik

Gibt es etwas Schöneres als den Klang von Musik? Schon einfache Tonfolgen können uns berühren. Dabei wissen wir immer noch nicht, warum wir eigentlich begonnen haben, Musik zu machen? Sicher ist nur, dass vor 40 000 Jahren Menschen vermutlich erstmals ein Instrument gebaut haben – in einer kühlen Höhle auf der Schwäbischen Alb.

Der Mann, der die Hänge der Urdonau entlangläuft, fröstelt. Jenseits des Flusses auf der anderen Talseite verfärben sich an den wenigen Zwergbirken schon die Blätter. Der warme Sommer geht zu Ende, bald wird es schlagartig kalt. Erst vor ein paar Tagen hatten sie im Clan abgestimmt, ob sie wieder in der feuchten Höhle aus dem Vorjahr überwintern sollten. Der Mann mag sie nicht, nicht den langen, düsteren Felstunnel, der in ein schwarzes Nichts hineinführt und in dem sie im vergangenen Jahr einen Höhlenbären aufgeschreckt hatten. Er leidet unter der stickigen, vom Knochenfeuer rauchschwangeren Luft und erst recht unter dem scharfen Geruch nach verkohlten Knochen. Gut, die Halle, die sich weiter hinten öffnet, hat etwas Heimeliges, und die Stimmen hallen wunderbar von der Decke wider, aber was ist das schon gegen den Sternenhimmel und die Geräusche der Nacht, wenn man im Freien schlafen kann?

Draußen ziehen sich die Hänge sanft hinunter zum Fluss. Trotz des geschwungenen Tals kann der Mann in der Ferne die Tiere in der kargen Grassteppe erkennen, nur die niedrigen, windschiefen Birken und ein paar verkrüppelte Kiefern lockern die monotone Landschaft auf. Er mag das Tal, hier gibt es genügend Tiere zum Jagen: Mammuts, Rentiere, Pferde, Antilopen und vereinzelt Wollnashörner. In den enger werdenden und leicht ansteigenden Seitentälern kann man sie gut in die Enge treiben. Aus den Fellen lassen sich warme Fußsäcke fertigen. Gedankenversunken stolpert der Mann im halbhohen Gras über das Gerippe eines Gänsegeiers. Die mächtigen Tiere mit mehr als zweieinhalb Metern Flügelspannweite kreisen oft am Himmel und warten, ob die Jäger irgendetwas Essbares zurücklassen. Doch dieses Tier hat es erwischt, vielleicht ist es beim Fressen zu unvorsichtig gewesen und von einer Säbelzahnkatze gerissen worden. Der Mann schaut sich das Gerippe im Gras kurz an, dann greift er sich zielstrebig nur die beiden Speichen aus den Flügeln.

Bitterkalt war es auf der Schwäbischen Alb vor 40 000 Jahren. Erst rund 1500 Jahre zuvor war es nach einer langen Eiszeit ein paar Grade wärmer geworden. Die Durchschnittstemperatur lag nun bei minus einem Grad. Knochenfunde und Pollenanalysen aus dem Sediment belegen eindeutig, wie die Flora und Fauna vor 40 000 Jahren aussah. Die Landschaft war damals eine fast baumlose Tundra mit Gräsern, es gab Mammuts, Höhlenbären und sogar Höhlenlöwen. Wäre die Wissenschaft durch neue Techniken in den vergangenen Jahren hier nicht so exakt geworden, könnte ich die Steinzeitwelt nicht so genau rekonstruieren.

Die in der Geschichte beschriebene Höhle heißt heute Hohle Fels, sie liegt im Achtal nahe Blaubeuren auf der Schwäbischen Alb, dem Tal der Urdonau. In ihr sollte 40 000 Jahre später ein gewisser Nicolas Conard eine Steinzeitflöte finden, weitere Exemplare entdeckte er ganz in der Nähe in einer zweiten Höhle.

Die Flöte hat der Urgeschichtler von der Universität Tübingen nicht dabei, als wir den Hang oberhalb der Ach entlang zum Eingang von Hohle Fels laufen, sie ist viel zu wertvoll und längst im Museum gelandet. Conard, in einen dicken Parka gehüllt, zeigt auf eine Stelle an einer leichten Flussbiegung. Am Ufer des hübschen Flüsschens waschen Studenten dort während der Grabungszeit die bereits grob untersuchte Erde aus Hohle Fels, um auch die feinsten Knochen- oder Elfenbeinsplitter herauszufiltern. Das Tal hat die Urdonau gegraben, bis vor 150 000 Jahren floss sie noch hier entlang. Erst dann hat sich infolge von Eiszeitablagerungen der heutige Verlauf ergeben. Im Winter und Frühjahr hielten sich die Steinzeitmenschen in den Höhlen auf. Weil Holz in der Steppenlandschaft selten war, heizten sie die mit Tierknochen. Die Vorstellung von den Urzeitmenschen als Höhlenbewohnern ist jedoch irreführend. Es gab Jahrtausende, in denen sich niemand in den Höhlen aufhielt. Die Urzeitmenschen nutzten sie nur, wenn es draußen noch unwirtlicher war. Höhlen sind einfach kalt, feucht und dunkel. Das merkt man bei einigen schon im Eingangsbereich, wenn sich beim Sprechen kleine Atemwölkchen bilden. Nicolas Conard zieht seine Wollmütze, die er nur lose aufgesetzt hat, tiefer ins Gesicht. Für Forscher sind Höhlen wiederum ideale Forschungsareale, denn in ihnen erhalten sich Überreste viel länger als im Freien. Und wo sollte man auf den endlosen Hängen und Wiesen auch anfangen, nach Hinterlassenschaften der Steinzeitmenschen zu suchen? Das Urdonautal gilt als Einwanderkorridor für den *Homo sapiens*. Den Fluss entlang zog er vom Schwarzen Meer in die allmählich wärmer werdenden Regionen Mitteleuropas. Das Ende der Eiszeit gab neuen Lebensraum frei, die Eispanzer zogen sich in die Alpen und nach Norden zurück.

Die Leute in Schelklingen und Blaubeuren erzählen gern von den Eiszeitlandschaften, und allmählich gelingt es mir, mich selbst in diese andere Welt zurückzuversetzen. Von hier oben, seitlich an der halbrunden Felskuppe vorbei, hat man einen phantastischen Blick hinunter ins Tal, zwischen mächtigen Bäumen hindurch bis zum Fluss. Damals jedoch war die heute an Bäumen und Büschen reiche Landschaft noch ziemlich karg, nach Jahrtausenden unter tonnenschwerem Eis. Einst war hier eine Grassteppe, in dem halbhohen Gras konnte man weit schauen, die wenigen Minibäumchen versperrten kaum den Blick. Heute zieht sich eine kleine Bundesstraße durchs geschwungene Achtal, in Schelklingen steht eine große Fabrik von Heidelberger Zement, einem wichtigen Sponsor der Ausgrabungen des Tübinger Urgeschichtlers.

Acht Flöten haben die Archäologen bisher insgesamt gefunden: in den Höhlen Geißenklösterle, Hohle Fels und Vogelherd, geschnitzt aus dem Flügelknochen eines Schwans und eines Gänsegeiers, sowie eine noch viel aufwendigere aus Mammutelfenbein. Es sind die ältesten bekannten Musikinstrumente der Welt.

Bis zur Höhle ist es nicht mehr weit, jagen muss unser Steinzeitmensch heute nicht mehr, die Vorräte reichen für die nächsten Wochen. Seit sie das Mammut erlegt haben, ist die Stimmung sowieso gut. Die beiden Gänsegeierknochen kommen ihm da gerade recht, solche Prachtexemplare hat er lange gesucht. Er schnitzt seit einiger Zeit an Knochen herum, vor allem an den dünnen, hohlen. Sie sind als Brennmaterial ohnehin ungeeignet. Als er einmal zum Spaß in einen hohlen Knochen geblasen hatte, war plötzlich ein seltsamer Ton zu hören gewesen. Eine Frau aus einer anderen Sippe hatte ihn daraufhin aufmerksam angeschaut. Schnell hatte er den Knochen weggesteckt, es war ein Schwanenknochen gewesen. Seither beschäftigt ihn die Frau, mindestens so sehr wie die beiden Speichen des Gänsegeiers in seiner Hand.

Ein paar Mal im Jahr treffen sie sich mit der anderen Sippe, feiern, tanzen und singen zusammen. Der Rhythmus der Füße hat sich ihm eingeprägt, er versetzt ihn in eine andere Stimmung. Der Schamane singt dazu. Den Klang der Stimme findet unser Steinzeitmensch toll, auch weil er spürt, dass es den anderen in der Gruppe genauso geht. Als er den Ton aus dem Schwanenknochen damals vernahm und die Frau sich umgedreht hatte, war ihm der Gedanke gekommen, dass sich diesem Knochen vielleicht noch mehr Töne entlocken lassen.

Jetzt könnte man sagen, ich mache es mir ganz schön leicht. Ich nehme einfach den Klassiker der Menschheitsgeschichte, um die erste Flöte zu erklären, eine Geschichte zwischen Mann und Frau, und der Mann will nur die Frau erobern. Balzverhalten nennt man das bei Tieren. Aber was die Entstehung von Musik betrifft, gibt es eigentlich nur drei gängige Erklärungen. Frauen singen, um ihre Kinder zu beruhigen, Affenmütter tun das nicht. Eine Mutter kann so Kontakt zu ihrem Kind über die Musik halten und muss es dabei nicht immer auf dem Arm halten. Die Anthropologin Dean Falk von der Florida State University sagt, musikalische Laute hatten den Zweck, das Baby auch einmal ablegen zu können.

In These zwei geht es um Sex: Jemand, der gut singen und tanzen kann, zeigt gleichzeitig, wie kreativ er ist, auch wie ausdauernd und geschmeidig er sich bewegen kann. Geoffrey Miller von der Universität New Mexico sagt: »Musik ist sexy.« Medizinische Untersuchungen bestätigen dies: Musik senkt bei Männern den Spiegel des Aggressions- und Lusthormons Testosteron und hebt ihn bei Frauen, ebenso sinkt der Spiegel des Stresshormons Cortisol. Zugleich erhöht Musik die Ausschüttung von Oxitocin, eines Hormons, das soziale Bindungen fördert. Auf der Balz war derjenige erfolgreich, der besonders schön singen konnte. Oder wie Charles Darwin, der Vater der Evolutionstheorie, in seinem Werk *Die Abstammung des Menschen* schreibt: »Musikalische Noten und Rhythmus eigneten sich die männlichen und weiblichen Vorgänger der Menschheit zuerst an, um das jeweils andere Geschlecht zu bezaubern.«

Die dritte Theorie geht davon aus, dass Musik die Gemeinschaft stärkt, wozu auch die erhöhte Ausschüttung von Oxitocin passt. Musik festigt den Zusammenhalt von Gruppen messbar, behauptet Robin Dunbar, ein Psychologe von der University of Liverpool. Zunächst drückte der Mensch Gemeinschaft durch Rufe und Gesänge aus, mit den ersten Instrumenten, wie Flöten und Trommeln, kamen später neue Möglichkeiten hinzu. Musik ist eine Art sozialer Kitt. Das spürt man heute etwa bei Rockkonzerten, wenn alle in einen kollektiven Rausch geraten. Musik schafft einen gewissen Gleichklang und verbindet die Menschen.

Alle drei Theorien versprechen ganz wesentliche Vorteile für die Menschen.

DER Mann sitzt mit seinem Gänsegeierknochen mittlerweile etwas seitlich vom Höhleneingang. Auf einem Schwanenknochen hat er schon einmal herumprobiert und mit seiner Feuersteinklinge Löcher hineingekerbt. Es kamen zwar unterschiedliche Töne heraus, aber das klang grauenvoll schief. So würde er nicht mit dem harmonischen Gesang des Schamanen konkurrieren können. Doch bei einem kleinen Knochen war ihm vor ein paar Wochen etwas gelungen: Die Töne klangen besser, wenn zwei eingekerbte Löcher einen bestimmten Abstand hatten. Das war nicht viel, und er verstand auch noch nicht, warum das so war. Vielleicht sollte er zwei Löcher im selben Abstand wie bei der kleinen Flöte hineinschnitzen! Als er mit den beiden Gänsegeierknochen zurück zur Höhle lief, beschloss er, einen weiteren Knochen zu bearbeiten.

Vielleicht ist die Erfindung der Flöte reiner Zufall. Ein Steinzeitmensch fand einen hohlen Knochen mit einem kleinen Loch darin, blies aus Spaß durch die Öffnung und auf wundersame Weise entstand ein hoher Ton. Vielleicht war aber auch die Zeit einfach reif für Musikinstrumente, weil die Gehirnleistung der Menschen damals durch einen genetischen Sprung anstieg oder die Menschen durch den Kontakt mit den Neandertalern Impulse erhielten. Oder sie nutzten die Vorteile von Musik, weil das Klima in Europa sie im Überlebenskampf zu maximaler Wachsamkeit anregte. Aber schon bei den kleinen Flöten mit den drei Löchern aus der Höhle Geißenklösterle fällt auf, dass die Abstände zwischen den Löchern bewusst angelegt waren. Jemand musste also damals schon die Idee gehabt haben, dass dieser Abstand im Knochen auch einem Abstand in der Tonhöhe entspricht. Eine unglaubliche Leistung, sowohl handwerklich wie intellektuell. Die kleinste der Flöten aus Geißenklösterle ist aus dem Flügelknochen eines nordischen Singschwans hergestellt. Die Knochen eines Singschwans sind, ebenso wie die des Gänsegeiers, hohl, also ideal für einen Flötenbauer. Das Schwanen-Instrument ist nur knapp 13 Zentimeter lang und damit deutlich kleiner als die aus dem Geierknochen. Hält man die Flöte zwischen den Fingern, wirkt sie noch zerbrechlicher.

Der Archäologe Johannes Wiedmann aus Blaubeuren wird mir später zeigen, wie aufwendig es ist, eine Flöte aus

Knochen zu schnitzen. Die Originale darf niemand spielen. Die 1990 gefundene Schwanen-Flöte ist für die Wissenschaft zu kostbar, als dass man mal eben so hineinblasen dürfte. Aber es gibt wie von allen wichtigen Flöten eine Kopie in Blaubeuren, die Musiker ausprobieren dürfen. Ich will wissen, wie denn so eine Flöte klang, will endlich einmal Steinzeitmusik im Original hören. Ich lege Zeige-, Mittel- und Ringfinger auf die drei Grifflöcher der Steinzeitflöte und blase in das stumpfe Mundstück. Wenn ein Profimusiker darauf spielt, klingt sie phantastisch, klare, hohe Töne sind zu hören, im Museum in Blaubeuren lässt sich in der Ausstellung per Knopfdruck ein wunderbares Tonbeispiel abrufen.

Ich hingegen entlocke dem dünnen Röhrchen nur dürres Rauschen. Und muss dabei an meine kurze, eher misslungene Karriere als Geiger denken. »Wer spielt hier falsch?«, hatte mein Geigenlehrer, der engagierte Herr Glombitza, in die Runde der Schüler gefragt und dann jeden einzeln vorspielen lassen. Bei mir sagte er schon nach wenigen Takten: »Ah, stopp, aufhören, da haben wir ihn!« Es war das frühe Ende meiner Musikerlaufbahn. Von mir kann ich jedenfalls nicht behaupten, dass ich in meinem Leben mit meinem Gesang oder einem Instrument jemals jemanden betört habe.

Später haben mir viele Menschen tröstend bestätigt, dass Geige eben ein sehr, sehr schwieriges Instrument sei. Vielleicht hätte ich lieber Blockflöte spielen sollen? Für die aus Schwanenknochen braucht man allerdings schon eine ausgefeilte Technik, um auf ihr schöne Töne zu erzeugen.

Vier Grundtöne und drei Obertöne lassen sich dem Nachbau entlocken, bei der Flöte aus Mammutelfenbein aus Geißenklösterle sind es vier Grund- und vier Obertöne. Wiedemanns Kollege, der Feinwerktechnikingenieur Friedrich Seeberger, hat in Zusammenarbeit mit dem Urgeschichtlichen Museum in Blaubeuren das Klangbild rekonstruiert – und so die CD *Klangwelten der Altsteinzeit* produziert, die Lieder hat er in der Karsthöhle Hohle Fels aufgenommen.

Drinnen in der Höhle haben die Frauen das Feuer entzündet, der Rauch zieht über die Höhlendecke nach draußen. Sie heizen mit Knochen, und unser Steinzeitmensch muss immer aufpassen, dass sie ihm nicht aus Versehen ein Stück Flötenknochen verheizen. Holz ist rar, das wenige, das zur Verfügung steht, brauchen sie eher, um etwa Speere für die Jagd zu bauen. Doch die stets reichlich abfallenden Knochen brennen ganz gut, sie enthalten ausreichend Fett und bringen genügend Hitze. Beim Schnitzen denkt er immer wieder an die Frau. Bald, noch ehe der erste Schnee fällt, soll es wieder ein Treffen mit der anderen Sippe geben. Vielleicht kann er es schaffen und seinen Knochen bis dahin so weit haben, dass er drei oder vier Töne erzeugen und sie den anderen vorspielen kann.

Der erste Ton und das erste in den hohlen Knochen geschnittene Griffloch waren eher Zufallstreffer, meinen Experten. Aber nachdem der Frühmensch herausgefunden hatte, welchen Effekt der Grifflochabstand hatte und welche Intervalle er ermöglichte, platzierte er weitere Löcher gezielt. Feine Markierungen neben den Löchern zeigen, dass der Instrumentenbauer den Knochen erst vermessen und dann die Löcher präzise gesetzt hat.

Die ersten Melodien sind sicher nicht allzu abwechslungsreich. Sie bestanden vermutlich eher aus oft wiederholten, lang anhaltenden Tönen und Tonfolgen. Nicolas Conard glaubt eher an meditative Situationen, wahrscheinlich war die Musik mit Spiritualität verbunden. »Vielleicht brachte sich ein Schamane mit den Klängen in Trance.«

Ein Zusammenspiel vieler Musiker wird es wohl noch nicht gegeben haben, denn die Flöten, deren Länge und Knochensubstanz durchaus unterschiedlich waren, konnten noch nicht miteinander harmonieren, wenngleich sie gestimmt waren. Sie ermöglichten nämlich pentatonische Tonfolgen. Diese Tonfolgen entstanden lange vor den heutigen aus acht und mehr Tönen. Sie waren auch im Mittelalter beliebt und liegen heute noch einfachen Kinderliedern zugrunde. »Backe, backe, Kuchen, der Bäcker hat gerufen« ist pentatonisch, genauso wie »Laterne, Laterne, Sonne, Mond und Sterne«. Man kann so eine Tonleiter gut selbst auf einem Klavier ausprobieren, wenn man eine Tonleiter mit den fünf schwarzen Tasten spielt. Auch die Werbung nutzt den eingängigen Klang der Fünftonmusik: »Haribo macht Kinder froh und Erwachsene ebenso.«

Es lassen sich noch viele aktuelle Beispiele finden, im Blues und Jazz, in der Volksmusik aus dem Balkan oder dem Pyrenäenraum und in der modernen Rockmusik. Es ist, als wären da tief in uns Hörgewohnheiten verborgen, die auf Klangfolgen reagieren, egal, welche Prägung wir haben.

»Sometimes I feel so happy, sometimes I feel so sad«, beginnt das traurig-schöne Lied »Pale Blue Eyes« von The Velvet Underground. Lou Reed beschwört noch einmal die aschblauen Augen einer Frau, angeblich singt er über seine ehemalige Collegefreundin. Wie weit sind wir hier von unserem Steinzeiterfinder und seiner pentatonischen Flöte entfernt? Es ist ein ruhiger, intensiver Rhythmus aus unserer Vorzeit, der wie ein stimmiger Kommentar zu einem uralten Drama anmutet, dem vom Beginnen und Verschwinden der Liebe zwischen Mann und Frau.

Diese Melodik wirkt also noch heute. Aber wie sie auf unsere Vorfahren gewirkt haben mag, muss spekulativ bleiben. Vermutlich nutzten Schamanen sie für Trancezustände. Das kann ich mir als moderner Mensch vorstellen. Aber wie mögen die Zuhörer darauf reagiert haben, als zum ersten Mal ein Mensch mit seiner Flöte in der Höhle Hohle Fels spielte, die hohen, klaren Töne in der großen Halle weit entfernt vom Eingang nachhallten? Sollte der Erbauer damals tatsächlich für eine Frau gespielt haben, war das sicher nicht zu seinem Nachteil. Wir wissen es nicht, aber wir spüren den Zauber des Anfangs noch heute, wenn wir in einem moderat beheizten Konzertsaal sitzen und den ersten Ton eines Orchesters hören. Auch kollektiv und ohne Worte nehmen wir auf, was in diesen ersten Takten angelegt ist. Die Töne können zaghaft sein oder mächtig und anschwellend, verspielt oder streng. Auf den Zuhörer wirken sie unmittelbar, Musik erzeugt Emotionen.

Musik kann dabei manche Botschaft feiner ausdrücken als jedes Wort. Vor allem die großen Gefühle, für die wir in der Sprache mit einfachen Begriffen auskommen müssen wie Liebe, Trauer, Angst oder Glück und die doch so vielschichtig sind, kann Musik sehr exakt beschreiben. Und wir können die Aussage verstehen. Heute weiß man, dass das menschliche Gehirn Klänge so ähnlich wie Sprache verarbeitet, als Bedeutung tragende Signale. Deshalb berührt uns Musik, sagen Forscher. Und sie gehen sogar noch weiter: Musik formt den Menschen als soziales Wesen – seit Urzeiten und bis heute noch. Egal, welche biologischen Notwendigkeiten einst dazu geführt haben, das Harmoniebedürfnis war offenbar von Anfang an da.

Spannend dabei ist, dass verschiedene Kulturen ein unterschiedliches Harmonieverständnis haben, Europäern erschließt sich alte chinesische oder indonesische Gamelan-Musik nicht sofort. Beide basieren nicht auf dem europäischen Dur-Moll-System. Der Grund: Babys vermittelt in erster Linie der Klang der Muttersprache die Verbindung zwischen musikalischen Mustern und deren Bedeutung. Dies prägt das Musikverständnis entscheidend. Tests zeigen, dass etwa japanische Testpersonen Instrumentalmusik, Sprache und generell Laute in ihrer linken Gehirnhälfte verarbeiten, Europäer und Amerikaner in ihrer rechten. Warum das so ist, wissen die Forscher noch nicht.

Einig sind sie sich jedoch weitgehend darin, dass der Mensch niemals sinnlos so viel Energie vergeudet hätte, eine neue Fähigkeit zu entwickeln, wenn sie nicht auch einen Vorteil gebracht hätte. Der schwedische Neurobiologie Björn Merker vermutet die Ursache darin, dass es für Menschen nützlich gewesen sei, Bewegungen und Stimmen zu synchronisieren, also etwa im selben Rhythmus zu rufen. Diese Fähigkeit habe der Mensch als einziges hochentwickeltes Säugetier. Bei der Jagd auf große Tiere wie Mammuts oder Raubkatzen kann dies durchaus Vorteile gehabt haben, in der Gruppe waren die Menschen lauter. Das gemeinsame Rufen, möglicherweise auch unterstützt durch rhythmisches Klopfen, war zudem ein Ritual, das Gemeinschaft fordert und fördert.

Je länger ich durch die Eiszeitlandschaft in der Nähe von Blaubeuren und Schelklingen laufe, desto mehr Spuren dieser frühen Harmonieerzeugung entdecke ich. In einer Höhle in der Nähe von Geißenklösterle, der Brillenhöhle in Blaubeuren, deren zwei runde Öffnungen oben in der Höhlendecke Licht ins Dunkel lassen, haben die Forscher noch ein zweites Instrument gefunden, einen Trommelschlägel aus einem Stück Rentiergeweih. Es ist gegabelt, dadurch gab es bei jedem Schlag einen Doppellaut. Musik war schnell ein Erfolgsmodell. Solche Schlägel tauchten später auch beim norwegischen Volk der Samen auf.

Nicolas Conard entdeckte die Flöte unseres Protagonisten aus der Speiche eines Gänsegeiers im Juni 2009. Fast 40 000 Jahre hat sie vergessen im Höhlenboden von Hohle Fels gelegen. Nachdem man auf Stegen einen 29 Meter langen Felsschlauch durchschritten hat, öffnet sich im Kalkstein ein mächtiger Raum, eine gewaltige Kuppel, die im Winter und Frühjahr Revier einer Fledermauskolonie ist. Ein Urzeitmeer hat sie vor 150 Millionen Jahren ausgewaschen. An der höchsten Stelle ist die nach oben ansteigende Halle 28 Meter hoch und damit ein phantastischer Klangraum, wovon ich mich bei einem Höhlenkonzert mit Didgeridoo und Klavier im Sommer 2011 selbst überzeugen konnte. Die Töne tragen lange, auch die feinen leisen. Es ist, als würden sie langsam hinauf zu den höchsten Stellen der Höhle steigen, kein Nachhall stört dabei.

Auch hier fand man nahe dem Eingang Elfenbeinflöten. Doch die elegant geschwungene Gänsegeier-Flöte ist die bislang größte, 21,8 Zentimeter misst sie mit acht Millimeter Dicke. Zwei tiefe Kerben am oberen Ende zeigen, wie genau sie gebaut wurde. Die Hohle-Fels-Flöte mit ihren fünf Tonlöchern hat ein größeres Notenspektrum als die Geißenklösterle-Flöte. Da der Knochen- und damit Flötendurchmesser jedoch größer ist, klingt sie tiefer, denn der Luftstrom in der Flöte schwingt anders.

Der Archäotechniker Wulf Hein weiß, dass die Flöten eine große Bedeutung für die Menschen gehabt haben müssen. Er hat versucht, sie mit Steinzeitwerkzeugen nachzubauen, also auf dieselbe Art wie Steinzeitmenschen. Aus Vogelknochen könne man relativ leicht eine Flöte machen, meint er. Der Knochen sei von Natur aus hohl. »Aber das Exemplar aus Elfenbein, das ist eine Meisterleistung.« Schon den Rohling aus Elfenbein auszuhöhlen sei eine Herausforderung, die über die damals üblichen normalen Alltagstätigkeiten hinausgehe. »Das legt eine lange Tradition nahe.«

In Blaubeuren bietet das Urgeschichtliche Museum Flötenschnitzkurse an. Der Archäologe Johannes Wiedmann zeigt mir dort an einem sonnigen Dezembertag, wie ich aus einem Schwanenknochen selbst eine Flöte schnitzen kann, allein mit Steinzeitmaterialien. Schon sich einen Rohling auszusuchen macht Spaß. Vielleicht geht es einem in so einem Augenblick ähnlich wie dem Steinzeitmusiker, der irgendwo draußen auf den Hängen die Flügelknochen des Singschwans prüft. Doch anders als ich hatte er kein Vorbild dafür und keinen Lehrmeister. Ich kann die im Museum bereitliegenden Knochen zum Vergleich an den Nachbau der Flöte halten. Stimmen Dicke, Länge, Form überein? Wo kann ich die Löcher hineinschaben, ist der Durchmesser an den Enden groß genug? Der Rest ist Steinzeithandwerk *reloaded*: Mit einer Klinge aus Feuerstein, einem harten, damals handelsüblichen Werkmaterial, schneide ich die beiden Ende gerade ab. Draußen steht schon ein Topf mit heißem Wasser bereit, um das Knochenmark herauszuspülen. Es dauert Stunden, bis ich aus diesem Rohling dann »meine« Steinzeitflöte gemacht habe. Immer kann ich mich am Vorbild orientieren, kann die Löcher im richtigen Abstand einkerben, kann die Vertiefungen mit Sandstein verfeinern, kann eine Art Mundstück machen, kann mit einem Fetzen Tierhaut und Sand die Flöte innen glattreiben, was auch die Grifflöcher verschönert. Ein besonderes Glück für mich ist, dass beim Kurs mit Friederike Potengowski zufällig auch eine echte Flötistin mitmacht. Sie baut ebenfalls eine Flöte, mit der sie später moderne Kompositionen zeitgenössischer Musiker aufführen möchte. Sie wird meiner Flöte die ersten Töne entlocken. Eher hoch sind sie, und sie tragen sogar. Am liebsten hätte ich in diesem Moment ein Aufnahmegerät, denn wenn ich drauf spiele, klingt mein Instrument erheblich schlichter. Ich kann ihr bis heute nur verschieden hohe Pfeiftöne entlocken. Aber ich bin sehr zufrieden, denn auch meine Flöte hat eine gewisse Ausstrahlung.

Hingegen eine Flöte aus Elfenbein herzustellen wäre für einen Laien wie mich unmöglich. Um solche technischen Meisterwerke zu fertigen, brauchen auch Profis wie Wulf Hein höchste Konzentration. »Abends vor dem Fernseher kann ich höchstens den Rumpf einer Figur schnitzen, aber keine Flöte«, sagt Hein. Nebenbei könne er nicht einmal Musik hören.

Dass sich der Steinzeitmensch ein Stück des Mammutstoßzahns schnappen konnte, war gar nicht so selbstverständlich. Auch die anderen Mitglieder der Gruppe wussten, wie wertvoll es ist. Sie fertigten Schmuck, Amulette oder kleine Figuren daraus. Es war ein Glück, dass sie ein Mammut mit besonders großen Hauern erlegt hatten. So konnte der Mann ein wenig herumprobieren. Der Stoßzahn hatte verschiedene Schichten, die wie die Jahresringe eines Baums übereinanderlagen. Der Mann schnitt ein langes, gerades Stück heraus und löste es an seiner natürlichen Bruchstelle. Schon öfter war ihm an dieser Stelle vermutlich das Stück zerbrochen. Doch einmal erhält er zwei Teile, die genau aufeinanderpassen – es sind die Rohlinge für die Flöte.

Vermutlich hat es Generationen gedauert, bis die notwendigen Arbeitsschritte für eine spielbare Flöte Routine waren. Der Instrumentenbauer musste exakt arbeiten, musste die Rohlinge außen abrunden, innen aushöhlen, Löcher hineinschneiden und glattpolieren. Um die Halbschalen zu verbinden, ritzte er Kerben in die Längskanten und bestrich sie mit Birkenpech oder Bienenwachs. Die beiden Hälften umwickelte er mit einer Tiersehne. Keine Arbeit für zwischendurch. Es scheint, als hätten die Steinzeitmenschen einst hochkonzentriert die kalten Winternächte verbracht, aber ob man so genau im flackernden Licht des Feuers in der rauchschwangeren Luft arbeiten konnte? Die Funde in den Höhlen legen es nahe, es sind Dutzende Arbeitsspuren in Hohle Fels zu finden, abgeschlagenes Elfenbein, Werkzeuge. Warum also nicht?

Die Frühmenschen hätten wohl nicht dauerhaft Energie für etwas vergeudet, was sich als sinnlos erwiesen hätte. Die Handwerker und Künstler der Steinzeit haben jedenfalls in den Karsthöhlen der Schwäbischen Alb wahre Schätze hinterlassen. Auch wenn sie manchmal zunächst in einem erbärmlichen Zustand sind. So wie die Gänsegeierflöte, für die unser Steinzeitmensch wohl an die 50 Stunden geopfert hat. Sie war in zwölf Teile zerbrochen, elf fanden Nicolas Conard und sein Team in der vom Lampenlicht angestrahlten Höhle Hohle Fels, ein zwölftes später beim Schlämmen, wo man die Erde noch einmal an der Ach in Wannen spült. Jetzt ist sie wieder ganz, besticht durch ihre schimmernde Oberfläche und den leichten Linksschwung.

Bis in den Spätsommer hinein arbeiten die Forscher hier, graben im feuchten Boden, tragen mit kleinen Spateln, Pinseln und Instrumenten, die an Zahnarztpraxen erinnern, langsam die dunkle Erde und die Steinchen ab. Eine mühsame Arbeit, denn nur selten zeigt sich, zunächst kaum erkennbar, plötzlich ein ganzes Kunstwerk, etwa ein fein geschnitztes Mammut wie vor zwei Jahren. Conard hat hier neben den Flöten auch die ältesten bekannten figürlichen Darstellungen der Welt gefunden: die üppige Venusfigur, den bereits erwähnten Löwenmenschen und ein Wildpferd mit überlangem, gebogenem Hals. 25 bis 50 Stunden etwa braucht es, um die sechs Zentimeter große, 33,3 Gramm schwere Frauenfigur aus Elfenbein zu schnitzen, zumindest haben experimentelle Archäologen mit den Werkzeugen von damals so lange gebraucht. Offenbar stehen auch die figürlichen Kunstwerke und die Musikinstrumente in engem Zusammenhang: Die Flöte aus dem Geierknochen lag nur 70 Zentimeter entfernt in derselben Schicht der Höhle wie die Venusfigur. Die Steinzeitmenschen trafen sich also gezielt hier und jemand spielte dabei auf der Flöte. Was wiederum ein Hinweis auf einen kultischen Ort sein könnte. Ob die Funde von Neandertalern stammen oder vom *Homo sapiens*, ist bis heute nicht sicher geklärt, aber vieles spricht für Letzteren. Der *Homo sapiens* konnte sich schneller ausbreiten als der Neandertaler, weil er eine gemeinsame Symbolik hatte, die Kontakt zwischen geographisch entfernten Gruppen stiftete. Die Forscher können diese Artefakte aufgrund der Fundschichten vorläufig nur zeitlich zuordnen.

Conard erzählt von den zahlreichen Höhlen, die es noch in der Gegend gibt, manche klein mit nur einem Übergang als Schutz, manche groß und bauchig wie die Höhle Hohle Fels. Und dass es Jahrzehnte dauern wird, all das auszugraben. Er bräuchte mehr Geld und Leute. Seine Augen blitzen dabei, die Wollmütze sitzt wieder nur lose, entspannt raucht er jetzt eine Zigarre.

An Orten wie Hohle Fels mit seiner atemberaubenden Akustik habe ich deutlich gespürt, was Evolution bedeutet, dass wir Menschen uns entwickeln, weil wir irgendwann einmal etwas ausprobieren, uns immer wieder Neugier vorantreibt. Solche fundamentalen Dinge sind in uns tief verwurzelt. Nicht nur abstrakt in unseren Genen, sondern ganz konkret in unserem Fühlen.

Das erste Haustier

Es gibt manchmal eine verblüffende Ähnlichkeit zwischen Hund und Halter. Oft sind es Menschen, die in geradezu symbiotischer Weise mit ihren Tieren zusammenleben, was nicht selten skurrile Züge annimmt. Doch was sich als innige Beziehung darstellt, hat überaus tiefe Wurzeln, denn der Hund ist das erste wilde Tier, das der Mensch zähmte. Und es gibt gute Gründe dafür, damals wie heute.

Berlin, Naturkundemuseum. Ich treffe mich mit Reinhold Leinfelder, dem Generaldirektor des Museums, der mich mit einer Mitarbeiterin hoch unters Dach des weitläufigen Baus schickt. Es ist einer dieser glücklichen Augenblicke im Dasein eines Autors, durch den Backstagebereich eines großartigen Museums laufen zu dürfen, durch die endlosen Flure mit Schränken und Kisten, mit verwinkelten Kammern und teilweise maroden Ecken. Das ist Zeitreise und Erlebnisausflug zugleich. Zeitreise, weil hier seit mehr als 200 Jahren Schätze großer Expeditionen gesammelt werden, von Alexander von Humboldts ausgedehnter Südamerikareise, von großen Dinosaurier-Expeditionen oder von Wissenschaftlern und Abenteurern, die im Auftrag der europäischen Herrscherhäuser unterwegs waren. Erlebnisausflug, weil beinahe hinter jeder Schranktür, in jeder Schublade ein unerwarteter Schatz auftaucht. So finden wir auch unter dem Dach eine Schädelsammlung von Wölfen aus dem Berliner Zoo. In zwei Schubladen im Schrank Nummer 6 liegen insgesamt 33 Schädel der Art *Canis lupus.* Sogar zwei kleine Schädel von Wolfswelpen sind in einem der braunen Kartons. In tiefschwarzer Tinte geschrieben stehen die Registriernummern auf den Knochen, daneben Herkunft und Jahreszahl: »Tiergarten, 1867« ist auf einem der größten Schädel zu lesen. Die Schädel der ausgewachsenen Wölfe sind deutlich größer als die von Hunden. Mächtige Kiefer und eine weiter vorstehende Schnauze zeichnen Wölfe aus.

Für die Forscher sind daher die Kiefer interessant. Besonders die Zahnstellung lässt Rückschlüsse zu, wie die Tiere gelebt haben. Bei den Berliner Zoowölfen hat die Gefangenschaft Spuren im Gebiss hinterlassen. Fast die Hälfte der Wölfe hat ein verändertes Gebiss, sogenannte Zahnanomalien. Die Zähne schieben sich zusammen. Wo vorher kleine Lücken waren, stehen sie schräg gestaffelt eng nebeneinander, so wie Kulissen im Theater. Bestimmte Zähne fehlen auch, andere sind im Vergleich zu wilden Wölfen doppelt vorhanden. Innerhalb von drei Generationen werden in der Gefangenschaft die Schädel kleiner, vor allem die Ober- und Unterkiefer schrumpfen in der Länge, und zwar immer so, dass meist der Unterkiefer etwas länger bleibt. Tiere mit verkürzter Schnauze bekommen oft Zahnprobleme. Das tritt übrigens heute auch bei vielen unserer Hunderassen mit besonders kurzer Schnauze auf, etwa bei Bulldoggen, Möpsen, Pekinesen, Boxern. Alle haben ein zusammengeschobenes Gebiss.

Der Abschied vom wilden Leben lässt also die Kieferknochen der Wölfe schrumpfen. Diese Veränderung, die nur wenige Generationen in Gefangenschaft dauert, ist ein entscheidender Hinweis darauf, seit wann sie den Menschen als treue Gefährten begleiten. Die Antwort, wann sich aus dem Wolf der Hund als Haustier des Menschen entwickelt hat, steckt also in den Knochen.

Den Hund gibt es heute in zahlreichen Rassen, vom kleinen Pinscher bis zum mächtigen Bernhardiner, vom krummbeinigen Basset bis zum dünnbeinigen Windhund. Kein anderes Haustier hat so viele verschiedene Gestalten. Kaum jemand wird zudem bestreiten, dass das Verhältnis zwischen Mensch und Hund die intensivste Mensch-Tier-Beziehung ist. Der Hund ist der treue Begleiter, der verlässliche Gefährte, manchmal auch der Partner- oder Kinderersatz. Er ist Jagdhilfe, Wächter, Blindenhelfer, Drogenfahnder, Sprengstoffschnüffler und Bettwärmer. Nicht einmal die Katze, die einzig ernsthafte Konkurrentin auf diesem Gebiet, kann da wirklich mithalten. Zu eigenwillig ist sie, zu sehr auf sich bedacht.

Die ersten belegten Zähmungsversuche von Wölfen gab es vor rund 30 000 Jahren. Es existiert sogar ein Fund aus der Goyet-Höhle in einem Nebental der Maas in Belgien, doch der ist unter Wissenschaftlern umstritten, wie der Berliner Archäozoologe Norbert Benecke betont. Vielleicht finden sich in Zukunft sogar noch ältere Spuren. Forscher halten eine gemeinsame Geschichte von bis zu 40 000 Jahren für möglich.

Jahrtausendelang war der Hund einziger tierischer Begleiter des Menschen, bereits zu einer Zeit, als dieser noch nicht einmal Wildziege, Wildschaf und Wildrind zu Haustieren gemacht hatte. Menschen haben das Rind vor 10 500 Jahren in Vorderasien gezähmt, danach Schaf und Ziege, die sich leicht domestizieren lassen. Sie sind weder aggressiv noch schreckhaft. Die Zähmung begann mit Jungtieren, meint der Münchner Archäozoologe Joris Peters. Anfangs dienten sie wohl als Fleischreserve, doch die Tiere, die dem Stress der Gefangenschaft standhielten, paarten sich. Der erste Schritt war getan.

Bei diesen Tieren ist der Grund einleuchtend: Menschen wollten sie schlicht essen, und nicht etwa mit ihnen kuscheln. Die tierischen Proteine waren wichtig, vor allem das menschliche Gehirn verbraucht enorm viel Energie. Zudem machten die Tiere im Stall den Menschen weitaus unabhängiger von der Natur. Dennoch hat sich der Mensch dafür entschieden, zuerst den emotionalen Begleiter und dann erst das Nutztier zu zähmen. »Die Domestikation von Hunden ist etwas fundamental anderes als die von Nutztieren wie Schaf, Ziege oder Rind«, sagt der Berliner Archäozoologe Norbert Benecke. »Bei Hunden spielt die Gefühlswelt eine entscheidende Rolle, ihre Domestikation hat ja nicht zu einem kulturellen Wandel geführt, die Lebensweise der Menschen blieb unverändert.« Ganz anders bei Schaf, Ziege, Rind oder Schwein: Hier hat der Mensch gleichzeitig seinen Lebensstil geändert, er ist sesshaft geworden.

Der Wolf kam einst in der gesamten nördlichen Hemisphäre vor, in Nordamerika bis Mexiko, in ganz Europa, auf der Arabischen Halbinsel, im nördlichen Indien, in China. Er besiedelte eine Fläche von rund 70 Millionen Quadratkilometern, also mehr als die Hälfte der Erdoberfläche. Nur in Südamerika, in Afrika und Australien gab es nie Wölfe. Damit hatte der Wolf das größte Verbreitungsgebiet aller Säugetiere, er war an alle Klimazonen angepasst, vom Polarkreis bis zum tropischen Regenwald, von der Küste bis zum Hochgebirge. Die kleinsten Exemplare lebten auf der Arabischen Halbinsel, die größten mit einem Gewicht von mehr als 80 Kilogramm in Alaska und Sibirien.

So verschieden wie ihr Lebensraum war auch die Nahrung der Wölfe. Manche jagten große Beutetiere wie Elche, andere lebten von Insekten, Wildobst und Feldfrüchten, Mäusen oder sogar Fischen, und dann gab es die ersten Exemplare, die vorwiegend den Abfall von Menschen fraßen. Nur der Mensch ist flexibler, wir sind wie die Wölfe Allesfresser. Und nur unsere Vorfahren besiedelten mehr Regionen der Erde. Es war also zwangsläufig, dass sich Wolf und Mensch begegneten. Und es ist offenbar kein Zufall, dass sie Vertrauen zueinander fassten, denn es bestehen sehr viele

Analogien im Sozialverhalten und im sozialen Leben zwischen Menschen und Wölfen. Die Geschichte führt uns in die Eiszeitlandschaft des heutigen Mähren in Tschechien, in eine Zeit vor rund 25 000 Jahren. Forscher haben in einem menschlichen Lager aus dieser Zeit Zähne und Unterkiefer von Wölfen gefunden, die offenbar eng mit Menschen zusammenlebten.

Als die Männer am Nachmittag von der Jagd auf Mammuts in den weiten, hügeligen Graslandschaften um Věstonice nach Hause kommen, fällt dem Jungen sofort das Bündel auf, das sein Vater bei sich trägt und das abwechselnd jämmerlich jault oder knurrt. In eine Art Fellsack eingewickelt, liegt ein kleines Tier, das sofort die winzigen Zähne fletscht und ihn anknurrt, als der Junge auf den Vater zustürmt. Kurz erschrickt er, aber dann muss er lachen. Zu süß sehen die hellgelben, fast bernsteinfarbenen, schräg sitzenden Knopfaugen und der buschige Schwanz aus. Dennoch ist das da im Fellsack, das erkennt er auf den ersten Blick, ein kleiner Wolf.

Der Vater erzählt, wie er den Wolfswelpen durch Zufall bei der Jagd auf ein Mammut entdeckt hat. Eine Wölfin aus dem Rudel, das die Sippe schon seit Monaten in gewissem Abstand begleitet, wäre beim Angriff vor ihren Augen von dem Mammut aufgeschlitzt worden. Beim Betrachten der toten Wölfin hätte der Vater gereizte Zitzen an ihrer Bauchunterseite gesehen. Sie musste also Junge haben. Deshalb hatte er gelauscht, ob nicht irgendwo aus einer Felsspalte oder Erdhöhle Laute der Jungen zu hören wären. Der Jäger wollte die Jungtiere nicht schutzlos im Wald zurücklassen. Und tatsächlich, als sie auf dem Rückweg durch das hohe Gras in Richtung Lager marschierten, hatten sie ein leises Fiepen vernommen, und als der Vater dem Geräusch nachging, entdeckte er in der Nähe der kleinen felsigen Anhöhe, versteckt hinter niedrigem Gestrüpp und ein paar knorrigen Bäumen, den Eingang zu einer kleinen Felsspalte. Drei Welpen hatten in der Vertiefung gelegen. Gott sei Dank gut genährt, beschließt der Vater seine Erzählung. Denn nur so gäbe es eine gute Chance, sie mit der Hand aufzuziehen. Der Junge ist glücklich, denn er hofft, vielleicht bald einen verlässlichen neuen Freund zu haben.

Menschen haben bereits in der Altsteinzeit Junge von Wölfen gehalten, darüber sind sich die Forscher einig. Dass sie dabei so geduldig waren, ein Tier zu zähmen, ist dem menschlichen Pflegetrieb zu verdanken, den wir seit jeher Jungtieren gegenüber verspüren. Strittig ist nur, wann genau der Übergang von einem losen Begleiter zum Haustier, das eng mit Menschen zusammenlebt, stattfand. Der Mensch profitiert dabei davon, dass er erstmals in seiner Geschichte einen ständigen nichtmenschlichen Begleiter bei sich hat, der ihn treu und verlässlich beschützt. Dafür kann sich der Hund fast ausschließlich von Futter ernähren, das ihm der Mensch gibt. Jeder Hund verlässt sich darauf und hat eigene Strategien, wie das feine Jaulen oder den eindringlichen Hundeblick, entwickelt, um die Bindung zu seinem Herrn zu stärken.

Mit dem Haustierdasein beginnt auch die Zucht. Alle Hunderassen heute haben mit dem Wolf äußerlich nur noch wenig gemein, was darauf hindeutet, dass sich ihre Entwicklung bereits vor langer Zeit getrennt hat. Bei den Überresten der Wolfshunde aus dem tschechischen Věstonice sieht man wie bei den Berliner Zoowölfen aus dem Naturkundemuseum erste Verschiebungen im Kiefer. Für Forscher ist das ein Indiz, dass die Domestikation des Wolfes hier begonnen haben könnte. Ob sie in mehreren Schritten erfolgt ist oder bereits beim ersten Versuch erfolgreich war, lässt sich aus den Kieferknochen nicht herauslesen.

»Lass mich den Welpen großziehen«, bittet der Junge inständig den Vater. Der Jäger weiß, dass er selbst dafür keine Zeit haben wird und holt das Bündel unter seinem Wolfsfellmantel hervor. Er greift den Welpen am Nacken und hält ihn seinem Sohn hin. »Sei streng, sonst tanzt er dir auf der Nase herum.« Der Junge drückt das Bündel an sich, er spürt die Wärme des Tieres – und gleich darauf seine kleinen spitzen Zähne. Er gibt ihm einen Klaps auf die Schnauze. Der Wolf fiept, ist aber dann ruhig.

Vielleicht ist es ja eine gute Idee, dem Jungen das Tier anzuvertrauen, denkt der Vater. Schließlich ist er schon fast ein Erwachsener mit seinen 14 Jahren, und sollte ihm die Zähmung gut gelingen, könnte sie der Wolf später auf den Beutezügen unterstützen. Es wäre das erste Mal in ihrer Sippe. Bislang ließ sich noch kein Tier so gut trainieren, dass es mit den Menschen zusammen auf Zurufe gezielt etwa ein Rentier jagen würde. Im Gegenteil: Schon öfter ist ein gezähmter Wolf einfach wieder abgehauen, als ein Rudel in der Nähe war. Aber verlockend wäre so eine Unterstützung bei der Jagd schon: Die Tiere sind ausdauernde Läufer, rund 25 Kilometer schaffen sie am Tag. Und Wölfe haben einen viel feineren Geruchssinn als Menschen, sie hören besser und finden Fährten schneller als die erfahrensten Jäger.

Das Rudel Wölfe, zu dem auch die Mutter des Welpen gehörte, bleibt auch in dieser Nacht in der Nähe des Lagers. Im Sommer hält sich die Sippe meist auf der anderen Seite des Flusses auf, den sie zu dieser Jahreszeit nur an einer seichten Stelle etwas weiter im Norden überqueren kann, dort, wo schon bald der große Eisschild beginnt. Die Wölfe kommen dann nachts oft herüber und holen sich die Fischabfälle und die nicht verwertbaren Reste, die die Sippe etwas abseits vom Lager, das sie mit Ästen gegen Tiere gesichert hat, in Richtung des nahen Moores entsorgt. In den Nächten tönt oft das schauerliche Wolfsgeheul zu ihnen herüber. Der Junge kuschelt sich dann tief in sein warmes Rentierfell und ist froh, dass sein Zelt genau in der Mitte des Lagers steht. In den fünf Zelten leben hier immerhin ein paar Dutzend Menschen zusammen. Das Feuer brennt die ganze Nacht hindurch, da trauen sich die Wölfe nicht nah heran. Etwas ängstlich schaut der Junge auf seinen kleinen neuen Freund, der eingerollt neben ihm liegt. Noch sieht er süß und tapsig aus. Aber könnte von ihm nicht doch eine Gefahr ausgehen? Immerhin ist es das erste Mal, dass ein Wolf mit im Zelt der Sippe schläft.

Es gibt Forscher wie Brian Hare von der Duke Institution for Brain Sciences, die vermuten, die Domestikation des Wolfs habe bereits zu Zeiten begonnen, als die Wolfsrudel den Jägersippen folgten, um deren Abfälle zu fressen. Das dürften dann nicht allzu scheue Wölfe gewesen sein, weil sie sich sonst nicht in die Nähe von Menschen gewagt hätten. Gleichzeitig waren sie wohl auch nicht zu aufdringlich, sonst wären sie von den Menschen getötet worden. Mit der Zeit sei dann die Nähe zwischen diesen zutraulicheren Wölfen und den Menschen gewachsen. Die an den Menschen gewöhnten Wölfe könnten später sogar bei der Jagd geholfen haben. Die Jäger ließen ihnen dafür einen Teil der Beute. Wie wahrscheinlich diese Version ist, lässt sich heute nicht mehr belegen. Klar aber ist, dass sich Mensch und Wolf wohl nach und nach aneinander gewöhnt haben. Und die besonders freundlichen Tiere eigneten sich dann vermutlich ideal für eine weitere Domestizierung.

Tierforscher meinen, gerade die Wölfe seien für das Zusammenleben mit Menschen prädestiniert. Wie wir teilen sie sich bestimmte Aufgaben, stimmen sich untereinander ab und haben sogar so etwas wie soziale Fürsorge entwickelt. Bei der Jagd auf größere Tiere sind sie aufeinander angewiesen, nur gemeinsam können sie einen Elch oder gar ein Mammut erlegen. Im Rudel gibt es dabei eine klare Rangordnung. Dies ist auch wichtig für das spätere Verhältnis zum Menschen. Wer einen Wolfswelpen aufzieht, muss seine Rolle klar definieren – als Chef. Bei einem Hund heute ist das nicht anders. Jeder Hundebesitzer wird das bestätigen. Und das sind in Deutschland nicht wenige, fast in jedem siebten Haushalt findet sich ein Hund. Rund 5,4 Millionen gibt es hierzulande. Meist leben die Hunde mit in der Familie, in Haushalten mit mehr als zwei Personen oder in Singlehaushalten, jeder vierte Single hat einen Hund. Hunden kommt diese enge Einbindung in häusliche und familiäre Strukturen entgegen, sie sind genetisch auf das Zusammenleben mit dem Menschen programmiert, sagen Hundeforscher wie Ádám Miklósi. Die Beziehung zwischen Hund und Mensch entspricht jener zwischen Kindern und Eltern. Und nur im Welpenalter kann man die Rollenverteilung wirklich gut einüben. Jeder Hund braucht Führung. Klappt es damit nicht, liegt das Problem immer am oberen Ende der Leine. Wir Menschen müssen also lernen, Herrchen zu sein. Der häufigste praktische Tipp lautet dabei nach wie vor: Nutzen Sie bei der Erziehung die Futterkontrolle! So erkennt der Hund, wer der Leitwolf ist. Auch im Rudel bestimmt das Leittier die Fressreihenfolge. Man darf davon ausgehen, dass es dem Jungen von Věstonice nicht anders ging. Auch er musste seinem Wolf erst einmal zeigen, dass er der Leitwolf ist.

In den kommenden Wochen verbringt der Junge viel Zeit mit seinem kleinen Gefährten. Geduldig spielt er mit ihm und hält ihn an, auf kleinen Wanderungen ganz nah bei ihm zu bleiben. Deshalb hat er immer etwas Futter in seiner Tasche. Sein bestes Mittel zur Abrichtung sind die abgenagten Wildschweinknochen, die er dem kleinen Wolf zur Belohnung zusteckt, wenn er seinen Rufen folgt. Aber die Disziplin bleibt ein mühsames Geschäft. Anfangs haben die anderen Clanmitglieder seine Erziehungsversuche oft spöttisch kommentiert, doch als der kleine Wolf nach einem Monat immer noch da ist, verstummen die Kommentare langsam. Kein Erwachsener hätte die Zeit gehabt, einen Wolf zu zähmen. Viel zu sehr sind sie mit dem täglichen Existenzkampf beschäftigt.

Der Junge ist glücklich, dass er jetzt für den Wolf sorgen kann. Dafür hat er auch seine andere Lieblingsbeschäftigung etwas vernachlässigt. Im Winter zuvor hatte der Junge angefangen, aus Lehm und geriebenem Tierknochen die Tiere zu formen, die sein Vater immer jagt: Mammuts, Pferde, Nashörner. Er will auch menschliche Figuren ausprobieren oder seinen kleinen Wolf nachbilden. Aber es gibt ein Problem: Die Figuren brechen so leicht auseinander, wenn man sie an der Luft trocknen lässt. Seit kurzem jedoch hat er den Dreh heraus, wie er das verhindern kann. Man muss sie im Feuer härten. Einmal hat er eine Mammutfigur in den Ofen seiner Mutter geschmuggelt. Nach einiger Zeit ist sie viel härter als die anderen gewesen. Belustigt hat er danach festgestellt, dass man auf der Rückseite vom Halten der Figur seinen Fingerabdruck sieht. Er hatte sich fest eingebrannt.

In den nächsten Wochen hat der Junge jedoch keine Zeit für seine Figuren, denn sein Wolfswelpe ist ihm wichtiger. Nachts, wenn sich alle im Zelt unter den Holzstangen und

Fellen zusammenfinden, legt er ihn an sein Fußende. Am nächsten Morgen hat sich das Tier dann meist dicht neben ihn auf das Fell gekuschelt. Der Junge mag das, der Welpe beruhigt und wärmt ihn.

Als die Forscher das Lager der Mammutjäger in Věstonice ausgruben, haben sie neben den menschlichen Überresten und dem Unterkiefer des Wolfshundes auch die Figur einer Art Venus aus einem gebrannten Lehm-Knochen-Gemisch gefunden, an dessen Rückseite der Fingerabdruck eines 14- oder 15-jährigen Jungen zu sehen ist.

Es gibt Berichte aus anderen Regionen der Erde, etwa aus Australien, wo die Aborigines gezähmte Dingos, eine verwilderte Hundeart, als Wärmespender gegen die kühlen Nächte nutzen. Auch südamerikanische Indianer aus der Terra del Fuego haben diese Gewohnheit. So könnte also auch unser Verhalten, die Tiere nachts zumindest im Bett zu dulden, diesem uralten Wärmebedürfnis geschuldet sein und ist offenbar keine neue zivilisatorische Fehlentwicklung, sondern ein tief in uns steckendes Bedürfnis. Dass daraus eine tiefe emotionale Verbindung entsteht, ist unbestritten. (Ob der Hund im Schlafzimmer für die partnerschaftliche Beziehung gut ist, sei allerdings dahingestellt.) In Israel fand man im Grab eines Menschen einen etwa fünf Monate alten Hunde- oder Wolfswelpen. Das Grab ist rund 12 000 Jahre alt. Die Hand des Toten lag auf dem Körper des Welpen. Ein unglaubliches Dokument früher Tierliebe. Und kein Einzelfall: In vielen Gräbern sind neben Menschen auch Hunde bestattet, in Deutschland liegt das weltweit älteste bekannte Grab eines Hundes. Vor etwa 14 000 Jahren fanden ein Paar und sein Hund nahe Bonn-Oberkassel ihre letzte Ruhestätte.

Jeden Morgen trainiert der Junge als Erstes mit seinem kleinen Wolf. Die anderen im Lager stört er dabei nicht, denn sein Wolf bellt fast nie. Die größte Angst des Jungen ist, dass sein Begleiter eines Tages einfach weglaufen könnte. Denn er guckt immer und stellt seine Ohren steil auf, wenn er hinter einem der Hügel das Heulen der anderen Wölfe aus dem Rudel hört. An manchen Tagen findet der Junge das Training ziemlich anstrengend. Der Wolf scheint seine Kommandos zu verstehen, aber er lässt sich auch ständig ablenken. Das leiseste Geräusch führt dazu, dass er den Kopf wegdreht. Aber es gibt auch kleine Erfolge: Wenn er ein kurzes Aststück in Richtung Moor wirft, läuft der kleine Wolf manchmal ein paar Meter hinterher. Das Stöckchen selbst hat er aber noch nie zurückgebracht. Dafür kann er gut Aas riechen. Einmal läuft der kleine Wolf nämlich plötzlich weg zum Fluss hin. Der Junge sieht ihn im hohen Gras verschwinden und rennt ihm schnell hinterher, verliert aber bald seine Spur. Bis er ihn nach einigen Minuten schließlich vor dem Rest eines verendeten Hasen entdeckt.

Menschen haben anfangs meist nur einzelne Tiere gezähmt. Und zwar immer wieder an ganz unterschiedlichen Orten in Europa, in Asien, in Amerika, und zu ganz unterschiedlichen Zeiten. Der Übergang zum Haustier war sicher fließend, aber wie er genau ablief, ist noch immer nicht sicher geklärt. Als richtiges Haustier kann man den Wolfshund wohl erst bezeichnen, als der Wolf beginnt, sich in der häuslichen Umgebung der Menschen über Generationen hin fortzupflanzen und dabei so zu verändern, dass er die wilden Merkmale nach und nach verliert. Wobei es heute trotz aller äußeren Unterschiede, die sich im Lauf der Jahrtausende vor allem durch Züchtung eingestellt haben, durchaus noch ein paar Ähnlichkeiten gibt: Wolf und Hund haben beide eine Tragzeit von 63 Tagen, die Welpen öffnen ihre Augen nach neun bzw. zwölf Tagen, hören nach fünfzehn bzw. zwanzig Tagen und werden in den ersten drei Wochen von ihrer Mutter ausschließlich gesäugt. Dann gibt sie ihnen vorverdaute Nahrung, die diese herauswürgt. Mit rund acht Wochen hört sie auf mit dem Säugen. Wolfswelpen bleiben bei ihrem Rudel, Hundewelpen kommen jedoch meist mit acht bis zehn Wochen in ein neues Zuhause. Der Mensch ersetzt dann die Hundemutter als Sozialpartner.

Wölfe haben zwar keine Sprache wie wir Menschen, aber sie nutzen Gesten, ihre Körperhaltung und ihre Gesichtsmimik, auch bestimmte Bewegungsmuster haben eine Bedeutung, die andere Wölfe lesen können. Die Haltung des Schwanzes kann sowohl Demut oder Angst anzeigen wie auch Angriffswillen. Letztlich verfügen sie über ein ähnliches Repertoire wie Hunde. Es sind Zeichen, die der Mensch verstehen kann, wenn er sich die Mühe macht. Auch Menschen haben sich über Gesten und Körpersprache miteinander verständigt, ehe sie sprechen konnten. Und noch immer hat diese nonverbale Kommunikation eine hohe Bedeutung.

Doch die Gemeinsamkeiten gehen noch weiter. Beispiel Erziehung: Kinder und Welpen lernen Grenzen und Tabubereiche ganz ähnlich kennen. Bei beiden gibt es als Ausgangspunkt in der Erziehung so etwas wie das freie Spiel, bei dem sie dann in soziale Strukturen eingewiesen werden. Wölfe erzeugen bewusst Situationen, in denen sie ihren Status vermitteln und den Welpen Tabuzonen erklären. Sie holen sich zum Beispiel einen Knochen und locken die Welpen heran, fordern sie sogar auf nahe zu kommen. Doch plötzlich stoßen sie knurrend vor und signalisieren so ein »Nein!«. Die Welpen lernen dabei, dass ihnen bestimmte Bereiche verwehrt sind, und sie begreifen auch die Art und Weise, wie dieses Nein kommuniziert wird. Wölfe machen das über Gesten und das Knurren, Menschen über Gesten und die Sprache.

Interessanterweise können Hunde sich noch heute mit Wölfen in freier Wildbahn fortpflanzen, auch in Gefangenschaft. So gab es vor einigen Jahren bei Hundeforschern in Kiel Wopus und Puwos, beides Mischungen aus Wolf und Pudel. Je ursprünglicher eine Hunderasse ist, umso mehr Mühe müssen wir aufbringen, um einen Hund abzurichten. Prinzipiell haben Hunde auch heute noch sehr viel Wolfsverhalten in sich, meist in veränderter oder abgeschwächter Form. Damit ist weniger die Tatsache gemeint, dass rund zwei Drittel aller chirurgisch versorgten Bisswunden in Deutschland von Hunden stammen. Dass Hunde beißen, überrascht nicht. Dass aber Hunde bei einem vermeintlich zivilisatorischen Spiel wie dem Apportieren von Stöckchen ein ganz altes Verhalten im Kopf haben, ist da schon verblüffender. Der Stock ist nichts anderes als ihre Beute, die sie gegenüber Artgenossen vehement verteidigen. Hunde bringen den Stock ihrem Herrchen, so als würden sie ihn als Fressen nach Hause bringen. Das alles sind uralte Verhaltensweisen.

Ein paar wilde Eigenschaften haben die Hunde auch abgelegt, vor allem solche, die gänzlich ihren Sinn verloren haben. Haustiere legen ihre natürliche Scheu ab, ebenso die Fluchtveranlagung, und sie vertragen wesentlich mehr Stress. Gleichzeitig ist das Gehirn eines Haushundes um ein Drittel kleiner als das eines Wolfs. Hunde verlieren auch einen Teil ihrer Sinneswahrnehmungen, riechen zum Beispiel weniger gut. Außerdem lernten sie, auf engem Raum zu leben, und akzeptieren auch die Rangordnung dauerhafter, als es etwa Wölfe tun.

Dem Wolf begegnen Menschen bis heute ambivalent. Wir wissen, dass er ein Raubtier ist, ein Konkurrent, der früher an ähnlichen Beutetieren interessiert war und heute unsere

Haustiere gefährdet. Gleichzeitig spüren wir, dass der Wolf uns nicht fremd ist, fühlen uns auch zu ihm hingezogen. Ich finde das immer seltsam berührend, wenn man so einen Wolf unruhig im Gehege eines Tierparks herumstreunen sieht.

Die Suche nach dem Übergang vom Wolf zum Hund, und damit dem ersten echten Haustier, führt nach China. Und mittlerweile kümmern sich nicht mehr nur Archäologen darum. Viele ahnen es schon. China heißt noch immer für viele Hunde: Kochtopf. Bis heute gilt der Hund in vielen Teilen Chinas und Vietnams als Delikatesse. Möglicherweise hat auch diese Vorliebe etwas mit einer jahrtausendealten Tradition zu tun. Mir fällt dabei eine kleine Anekdote ein. Ich habe vor Jahren die erste offizielle chinesische Reisegruppe begleitet, die nach Deutschland kam – eine Busreise in sieben Tagen. In München stieg die Gruppe kurz am Nymphenburger Schloss aus. Dort ist ein Kanal, der sich vor dem Schloss zu einem See verbreitert. Darauf schwammen Schwäne und Enten, ein paar Leute fütterten sie mit Brot. Die Chinesen sahen Schloss und Schwäne und waren erkennbar erstaunt. Ich dachte mir, das Schloss würde sie so begeistern. Reiseleiter Wu Ping erklärte mir dann: Nein, nein, die Leute sind nicht wegen des Schlosses erstaunt, sondern weil sie denken, die Deutschen würden Vögel in einer Schlossanlage mästen, um sie dann zu essen. Jede Kultur hat offenbar ihren eigenen Zugang zu Tieren. Möglicherweise ist auch das Kochen von Hunden kulturell bedingt.

Wir folgen hier der Spur von Peter Savolainen. Der Genetiker vom Royal Institute of Technology in Stockholm hat den Ursprung des Haushundes mittels Genanalyse untersucht. Dafür glich er das Erbgut von 40 weiblichen Wölfen aus Europa und Asien mit dem von 1576 Hunden unterschiedlicher Rassen weltweit ab. 350 anerkannte Hunderassen vom Chihuahua bis zum riesigen Wolfshund gibt es. Maßstab für solche Untersuchungen ist die regionale Verteilung von bestimmten Untergruppen im Erbgut. Vereinfacht gesagt, suchten die Forscher nach dem Ort, an dem es die größte Variabilität in einem bestimmten Erbgutabschnitt gibt. So konnte Savolainen den Ursprungsort zunächst im Jahr 2002 grob in Asien lokalisieren und dann zusammen mit dem chinesischen Genetiker Jun-Feng Pang im Jahr 2009 noch genauer auf die Provinz Yunnan südlich des Yangtse in China eingrenzen.

Hat Savolainen recht, sind die Hunde frühestens vor 16 300 Jahren aus einer Gruppe von einigen Hundert Wölfen entstanden – das würde darauf hinweisen, dass etwa zur gleichen Zeit einige Menschen Wölfe domestiziert haben. Der Zeitpunkt ist aber nur grob einzugrenzen. Savolainen merkt auch an, dass die Menschen vermutlich erst dann im größeren Stil Wölfe zähmten, als sie sesshaft wurden und begannen, Reis als Kulturpflanze anzubauen. Das aber geschah nach aktuellem Forschungsstand erst vor 10 000 Jahren.

Einige europäische Forscher zweifeln Savolainens zeitliche Einordnung an. Carles Vilà von der Estación Biológica de Doñana in Sevilla etwa gibt zu bedenken, dass andere Erbgutuntersuchungen die Domestizierung auf einen Zeitraum deutlich vor 20 000 Jahren verweisen. Zudem gebe es archäologische Funde mit ähnlichem Alter aus Europa.

Klar ist, dass Mensch und Hund eine lange gemeinsame Geschichte haben. Sogar das erste Tier im All war ein Hund. Mensch und Hund stimmten sich im Lauf der Jahrtausende immer besser aufeinander ein und profitieren nach wie vor voneinander – mal der eine mehr, mal der andere. Ich denke an jene anrührende Begebenheit um den Hund Hachiko, der seinen Besitzer, einen Universitätsprofessor aus einem

Vorort von Tokio, immer zum Bahnhof begleitete und ihn abends wieder abholte – bis dieser starb. Doch der Hund, ein Akita, blieb seinem Herrchen treu. Zehn Jahre lang kam er jeden Tag an diesen Ort zurück – bis zu seinem eigenen Tod. Sein Körper befindet sich heute präpariert im Nationalmuseum der Naturwissenschaften im Tokioter Bezirk Ueno. Eine Bronzestatue von Hachiko steht an der Westseite des Bahnhofs Shibuya.

Die ersten Mathematiker

Mitten in den Mountains of the Moon, in der Demokratischen Republik Kongo am Rutanzige-See, dort, wo der Nil seinen Ursprung hat, finden wir einen kleinen Knochen mit einer Kristallspitze, auf dem Primzahlen eingeritzt sind. Im Herzen des Schwarzen Kontinents, in der Gegend der großen afrikanischen Seen, haben Menschen vor 22 000 Jahren elementare Arithmetik beherrscht. Es sind die bisher ältesten Spuren eines komplexeren mathematischen Verständnisses. Afrika ist die Wiege der Mathematik.

Steil fallen die Ufer entlang des Flusses Semliki ab. Oben am Hang, nicht weit von der Mündung zum großen See, liegt das Dorf Ishango. Der Fluss macht unterhalb des Dorfs eine große Schleife nach links. Von den wenigen, verstreut herumstehenden Hütten aus sieht man, wie sich nach den großen Regenfällen die schlammigen Wassermassen zum See hinwälzen. Es ist kein schlechter Platz zum Leben. Fische und Muscheln gibt es ausreichend, nur vor den träge daliegenden Flusspferden, deren lautes Schnaufen bis ins Dorf hochdringt, muss man sich in Acht nehmen. Die tonnenschweren Tiere sind schneller, als man denkt. Hunderte von Flusspferden und Elefanten nehmen an diesem Tag ihr Nachmittagsbad im Fluss, einige Krokodile suhlen sich im Uferschlamm, Fischadler sitzen in den Bäumen.

Am Horizont türmt sich die Vulkankette Katwe-Kikorongo auf, doch Angst haben die Menschen nicht vor den Vulkanen in der Nähe, eher eine gewisse Ehrfurcht. Dass einer der manchmal dumpf grollenden Berge bald glühende Lavaströme in Richtung des Dorfs ausspucken, alles niederwalzen und auch die Hütten unter sich begraben wird, ahnen sie noch nicht. Auch der Mann mit dem kleinen Tierknochen in der Hand nicht, der zum Fluss hinunterschaut.

Die Regenfälle haben den Fluss anschwellen lassen, aber der große Regen scheint vorbei. Nachts ist es schon etwas kühler. Der Mann hat gute Laune, weil es ihm endlich gelungen ist, ein kleines Quarzplättchen so in das Knochenende zu pressen, dass es sich nicht mehr herausziehen lässt. Es muss fest sitzen, sonst kann er damit nichts ritzen. Der Knochen gefällt ihm. Er liegt gut in der Hand und ist etwas länger als seine geschlossene Faust. Durch die leichte Biegung kann er ihn gut halten. An der Quarzspitze ist er zudem etwas schmaler. Vor dem Einritzen der Kerben hatte er zuvor den Knochen ein wenig abgeflacht. So kann man sie besser erkennen.

Sehr viele Kerben sind es, die der Steinzeitmann in den Knochen eingearbeitet hat. Erst ritzte er die kleinere Anzahl von Strichen ein. Dann vier Gruppen zwischen 10 und 20.

Ohne das Drama, das einige Todesopfer im Dorf forderte, hätte die Nachwelt nichts von diesem 22 000 Jahre alten Knochen mit den besonderen Kerben erfahren, die dieser Mann hineingeschabt hat. Als ich zum ersten Mal von diesem kleinen Tierknochen hörte, dachte ich mir: Schon wieder einer dieser alten Knochen mit ein paar Mustern darauf, bei denen wir nie erfahren werden, ob da jemand nicht nur aus Langeweile ein paar Striche eingeritzt hat oder ob die Markierungen wirklich etwas bedeuten, vor allem für die Anfänge der Mathematik. Ich habe nichts gegen alte Knochen, im Gegenteil: Sie sind unsere wichtigsten Archive der Menschheitsgeschichte. Aber gern wird jede noch so kleine Veränderung an einem Gegenstand als besondere menschliche Leistung angesehen. Warum soll nicht ein Steinzeitmensch einfach so aus Langeweile, ohne besondere Absicht, herumgeschnitzt haben, und wir finden Jahrtausende später ausgerechnet diesen Knochen und zerbrechen uns wie wild den Kopf, obwohl er gar nichts bedeutet?

Als ich mir den Knochen jedoch anschaute, der sich als Teil der Dauerausstellung im Erdgeschoss des Brüsseler Naturkundemuseums befindet, direkt neben der Galerie der Dinosaurier, fiel mir zunächst nur die große Zahl von Einritzungen auf. Die Kerben sind zudem in drei Spalten geordnet, die in der ersten ein Muster erkennen lassen: 3 und 6, 4 und 8 und 5 und 10 folgen aufeinander, also jeweils eine Menge und das Doppelte. Was bedeutet das? Am Ende der Spalte sieht man weitere fünf und sieben Kerben.

Noch verblüffender liest sich die zweite Spalte: 11, 13, 17, 19. Das sind sämtliche Primzahlen zwischen 10 und 20. 5 und 7 aus der ersten Spalte sind ebenfalls Primzahlen. Was könnten die Menschen aus diesem Fischerdorf vor mehr als 20 Jahrtausenden damit angefangen haben? Gab es etwa schon einen praktischen Nutzen dafür?

In der dritten Spalte findet sich folgende Kerbenreihe: 11, 21, 19, 9. Es ist verführerisch, hier schnell selbst zu überlegen: 10 plus 1 ergibt 11, 10 minus 1 wären 9. Ebenso kann man bei 20 verfahren. Haben die Menschen mit Hilfe des Knochens Mengen verdoppelt, geteilt, addiert und subtrahiert? Ist der Knochen vielleicht eine prähistorische Rechenmaschine? Und warum ist die Summe der Kerben in zwei Spalten exakt 60, die in der mittleren 48? Für einen reinen Zufall sind es zu viele Indizien dafür, dass hier ein Mathematiker am Flussufer seine Kerben einritzte. Offenbar hat der Mensch mit dem Zählen angefangen, lange bevor er das Schreiben erfand, denn Schriftzeichen tauchten erst rund 17 000 Jahre später auf.

Es ist verblüffend, welche Auskünfte die Sprache darüber gibt, wie die Menschen einst das Zählen gelernt haben. Angehörige von Bantu-Stämmen aus der Region sagen in manchen Dialekten noch heute statt »sieben« einfach »fünf plus zwei«, andere »vier plus drei«, wohl wissend, dass sie die gleiche Zahl meinen. Als ob sie einst beim Ritzen oder später beim abstrakten Zählen so eine Art Rhythmus in die Zahlen gebracht hätten. Das gibt es noch heute auch in Europa, so ist im Französischen 80 gleich quatre-vingts, vier mal 20. Begreifbare Größen wie 4 oder 5 wären dann eine Art »Inseln«, von denen aus man weiterrechnete. Wir denken beim Rechnen heute ja auch in Zehner-, Hunderter- und Tausendereinheiten. Auch der Knochen von Ishango scheint ein System in sich zu bergen. Zählt man alle Zahlen in der ersten Spalte zusammen, kommt man auf 60, in der mittleren Spalte sind es 48, also 12 weniger, in der rechten Spalte sind es wieder 60.

Der versteinerte Knochen von Ishango ist heute im Königlichen Institut für Naturwissenschaften in Brüssel zu sehen, ein zehn Zentimeter langes, bräunlich schimmerndes Objekt. Er ist das älteste mathematische Fundstück der Menschheit, entdeckt in einer Art vorzeitlichem Pompeji. Der belgische Archäologe Jean de Heinzelin de Braucourt fand ihn 1950 in der damaligen Kolonie Belgisch-Kongo unter jahrtausendealten Vulkanablagerungen begraben. Nicht weit entfernt mündet der Semliki in den Rutanzige-See, der damals noch Eduardsee hieß. Das Gewässer von der Größe des Bodensees gehört zu den großen afrikanischen Seen, wie der Viktoriasee im Osten von Ishango und der langgezogene Tanganjika-See im Süden. Es ist die Gegend, in der auch der Nil einen seiner Ursprünge hat. Vulkane prägten einst das Land, im Untergrund drifteten gewaltige Kontinentalplatten auseinander, weiter oben in Äthiopien riss über Jahrmillionen der Kontinent entzwei. In Ishango leben an der Flussbiegung heute kaum noch Menschen. Die Nachfahren der Fischer von einst heißen Khoi-San. Das wärmere und trockene Klima machte ihnen zu schaffen, und Vulkanausbrüche haben immer wieder ihre Dörfer zerstört. Aber noch mehr setzten ihnen andere Völker Westafrikas durch Kriege zu. Die Überlebenden bilden heute die Völker der Kalahari-Wüste.

An dem Ort, an dem einst der Fischer aus Ishango die Quarzspitze einsetzte, liegt im heutigen Grenzgebiet zwischen der Demokratischen Republik Kongo und Uganda, rund 100 Kilometer von Bukima entfernt, ein Ausbildungscamp von Rangern.

Das also soll der Ort sein, an dem die Mathematik ihre Wurzeln hat? Und ausgerechnet ein kleiner Tierknochen den Anfang markieren, und nicht etwa berühmte Schriften griechischer Gelehrter aus der Antike! Oder wenigstens die Hinterlassenschaften einer anderen frühen Hochkultur, der Pharaonen oder der Babylonier aus dem Zweistromland. Mathematik ist in unseren Augen immer Höhere Mathematik, wir denken – zumindest wenn wir das Fach mögen – an große Namen wie Pythagoras, Euklid, Newton, Leibniz oder Gauß. Das nach der Bibel meistverbreitete Buch aller Zeiten war bis Ende des 19. Jahrhunderts Euklids 13-bändiges Werk *Die Elemente*. Mehr als 2000 Jahre war es ein zentrales Lehrbuch, und noch heute ist es das erfolgreichste Werk der mathematischen Weltliteratur. Euklid hat darin bereits bekanntes Wissen seiner Zeit systematisch zusammengefasst und geordnet.

Es ist kein Wunder, dass sich im Jahr 1950 gegen Ende der Kolonialära niemand wirklich mit einem Fund aus Afrika auseinandersetzen wollte, der einen solch entscheidenden Anfang in der Menschheitsgeschichte markiert. Sonst hätte man anerkennen müssen, dass Afrika die Wiege der Mathematik ist. Jahrhundertelang hatten die Europäer den afrikanischen Kontinent fast komplett unter sich aufgeteilt. Sie waren die Herren, und welcher Herr gibt schon gern zu, dass sein Untergebener auch etwas Großes geleistet hat. Dabei interessierten sich die Afrikaner offensichtlich schon weit vor der Kolonialisierung für Mathematik.

So lag der kleine Knochen lange in einer verstaubten Schublade eines Schranks im 19. Stock des Brüsseler Museums, zwischen gezackten Harpunenspitzen der Fischer aus dem Dorf, als wäre es ein ganz gewöhnlicher Fund. Erst der belgische Mathematiker Dirk Huylebrouck, der an der Hochschule für Kunst und Wissenschaft in Brüssel unterrichtet, entdeckte ihn Ende der 1990er Jahre wieder. Seit dieser Zeit kämpft er für seinen Knochen. Sein Credo: Schon vor mehr als 22 000 Jahren haben Menschen elementare Arithmetik betrieben. Der Knochen ist inzwischen mittels Kohlenstoffanalyse recht genau datiert. Mathematik könnte damals in einer immer komplexer werdenden Gesellschaft dazu gedient haben, zwischenmenschliche Beziehungen aufrechtzuerhalten und den Alltag besser zu organisieren, meint er und nennt den Knochen in »mehr als einer Hinsicht mysteriös ... Erstens sind Werkzeuge für den Handgebrauch bei den Bantu-Völkern, die damals die Gegend besiedelten, kaum zu finden. Zweitens macht der vom Stiel nicht zu trennende Quarz das Ganze zu einer Art Gravurwerkzeug – in einer Kultur, die nach dem damaligen Wissensstand keine Schrift kannte.«

Viele Forscher trauen den Fischern von Ishango eine solche Cleverness nicht zu. Vielleicht konnten sie zählen und haben auch die Analogie von drei Fischen und drei Strichen hinbekommen. Oft deutet man sie bei Steinzeitmenschen in Zusammenhang mit der Himmelsbeobachtung, was mir ein wenig einfallslos scheint. Sicher spielten die jahreszeitlichen Ereignisse eine zentrale Rolle. Aber man unterschätzt die Naturvölker oft. Sehr wahrscheinlich waren ihre Naturkenntnisse sehr viel differenzierter als das, was ihnen zum Beispiel der amerikanische Forscher Alexander Marshack aus Harvard zutraut. Dieser bietet 1972 in seinem Werk *The Roots of Civilization* die Ishango-Zahlen als Mondkalender an. Die Summe der linken und rechten Spalte sei 60, also gleich zwei Mondmonate. Die mittlere Spalte mit dem Wert 48 entspräche dann eineinhalb Monaten. Doch wozu soll man eineinhalb Monate zählen, weshalb soll jemand, der so feine Einteilungen wie 11, 13, 15, 17 kennt, ausgerechnet die Hälfte zwischen 60 und 30 bei 48 ansiedeln? Da war der Fischer von Ishango schon besser.

Der Knochen von Ishango hat definitiv eine gewisse Ausstrahlung, er ist eben mysteriös, wie Huylebrouck sagt. Das macht ja auch den Charme guter Mathematik aus. Grundlegende, einfache Formeln wie die von Pythagoras haben etwas Magisches. Auch Primzahlen sind immer noch mysteriös. Unternehmen geben Millionen aus für sogenannte asymmetrische Verfahren, die Primzahlen mit mehr als 100 Stellen berechnen können – das ist gut angelegtes Geld. In diese komplexen Verfahren investieren vor allem Firmen mit einem hohen Sicherheitsbedarf, oder sie werden auch als Forschungsziele mit Preisgeldern ausgelobt. Primzahlen sind eine der wichtigsten Verschlüsselungstechnologien im Internet und bei der Datenübertragung. Seit Jahren läuft im Internet das GIMPS-Programm, das gezielt nach besonders großen Primzahlen einer bestimmten Art sucht, den Mersenne-Primzahlen. Jeder kann hier mitmachen, solange er Kapazitäten auf seinem privaten Rechner für das Programm zur Verfügung stellt. Mit diesem Modell ist die bislang größte Primzahl am 23. August 2008 entdeckt worden, sie hat 12 978 189 Stellen. Woraus man in etwa den Aufwand ermessen kann, sie überhaupt zu finden.

Es ist die Aura des Geheimnisvollen, die uns an der Mathematik anzieht und nicht nur ihre kühle Perfektion. Es ist diese andere Welt, von der die meisten Menschen nur eine

Ahnung haben, die in ihrer Andersartigkeit aber auch unglaublich fasziniert. Wir verstehen sie nicht (jedenfalls die meisten tun das nicht), aber wir verstehen, dass sie etwas Besonderes ist. So wie wir auch dieses eigenwillige, kauzige Genie Grigori Perelman aus einem Dorf bei Moskau mit bestaunen, der es schaffte, ein Jahrhunderträtsel zu lösen: die sogenannte Poincaré-Vermutung. Eine Million Dollar war als Prämie ausgelobt, also etwa so viel, wie ein Nobelpreisträger bekommt. Und das für eine Aufgabe, bei der der Durchschnittsbürger noch nicht einmal die Aufgabenstellung begreift, von möglichen Anwendungen ganz zu schweigen. Perelman hat sie gelöst, die ausgelobte Prämie aber abgelehnt. Materielle Dinge bedeuten ihm nichts. Inzwischen hat er sich aus der Öffentlichkeit zurückgezogen und lebt mit seiner Mutter in einer Datsche fernab des Ruhms.

Heute haben wir in Bezug auf Mathematik oft das Gefühl, als ob da im Hintergrund eine Maschinerie ablaufen würde mit Algorithmen und geheimen Formeln, die unser Leben bestimmt, die wir aber gleichzeitig nicht mehr verstehen. Ich möchte an dieser Stelle einmal provokant fragen: Hing nicht gute Mathematik schon immer mit guten Geschichten zusammen? Nehmen wir den ersten Flug ins All. Ohne Mathematik hätten wir diesen Menschheitstraum nie verwirklicht. Treibstoffmenge, Flugbahn, Sauerstoffbedarf, alles war bis ins Kleinste vorausberechnet. Aber es steckte auch eine großartige Geschichte dahinter. Oder die Mondlandung. Die entscheidenden Manöver im Landeanflug, wenige Hundert Meter über der staubigen Mondoberfläche mit Sicht auf Krater und große Gesteinsbrocken, gehören zu den emotionalsten Momenten der Menschheitsgeschichte. Ist es nicht verblüffend, dass der Dialog zwischen dem Johnson Space Flight Center in Houston, Texas, und den Astronauten Neil Armstrong und Buzz Aldrin an Bord der Mondlandefähre *Eagle* in so einem Augenblick fast nur aus Zahlen bestand! Armstrong betete Zahlenkolonnen herunter: »35 Grad. 35 Grad. 750, jetzt herunter auf 23 700 Fuß, 21 herunter. 33 Grad. 600 Fuß, herunter auf 19.« Bis der Adler schließlich landete.

Als der Fischer aus Ishango oberhalb des Flussufers seine wertvolle Quarzspitze sicher eingepasst hat, ist er erleichtert. Stolz betrachtet er seine Kerben. Er rechnet gern, so wie andere gern Geschichten erzählen, malen oder musizieren. Im Dorf bewundert man ihn deswegen, weil er besonders gut mit Zahlen umgehen kann. Dass es ihm schwergefallen ist, die Spitze gut hinzubekommen, muss er ja keinem erzählen. Da ist rechnen schon einfacher: 1 Fisch gleich 1 Kerbe; 1 Korb gleich 1 Kerbe. Das kann man mit allen Dingen machen. Es sind leichte Übungen. Manchmal benutzt er auch seine Hände. 10 Finger minus 1 sind 9, plus eins 11, Hände und Füße zusammen sind 20, minus 1 ist 19, plus 1 ist 21. Aber stolz ist er auf die dritte Reihe. 3, 4 und 5 hat er verdoppelt. Dann ist ihm eingefallen, das Ganze zu kombinieren. 2 mal 6 minus 1 ist 11, 2 mal 6 plus 1 ergibt 13. 3 mal 6 minus 1 ist 17, plus 1 gleich 19. Intuitiv spürt er, dass es irgendwie besondere Zahlen sind, denn als er versucht, sie durch andere Zahlen zu teilen, geht das nicht, nur durch sich selbst oder die 1 ist das möglich. In seinen Gedanken verbindet er sie vermutlich mit Bildern aus seinem Dorf, mit den Krokodilen unten am Fluss, die manchmal wie Striche nebeneinanderliegen, oder die Nilpferde, die in Gruppe zusammen am Ufer dösen. Solche Zeichen und Bilder kann er nach Belieben hervorholen und umordnen. Manche seiner Freunde im Dorf finden ihn deshalb ein bisschen seltsam.

Vermutlich haben die Menschen von Ishango damals gespürt, dass sie auf ein besonderes System von Zahlen gestoßen sind. Ob sie Multiplikation und Faktorzerlegung bereits verstanden haben, lässt sich nicht rekonstruieren. Aber die Faszination für Primzahlen hält bis heute an, und ihre letzten Geheimnisse haben sie noch immer nicht preisgegeben. »Primzahlen sind die unzerlegbaren Atome der Arithmetik«, sagt Günter M. Ziegler von der FU Berlin, und es scheint, als hätten sie neben all ihren beschreibbaren Eigenschaften ein Eigenleben. Der berühmte amerikanische Psychiater Oliver Sacks beschreibt in seinem Buch *Der Mann, der seine Frau mit einem Hut verwechselte* den Fall autistischer Zwillinge, die sich abwechselnd sehr große Primzahlen zurufen. Er deutet das so: »Sie beschwören seltsame Zahlenszenen, in denen sie sich wie zu Hause fühlen; sie wandern ungezwungen durch riesige Zahlenlandschaften; sie erschaffen, wie Dramatiker, eine ganze Welt von Zahlen. Vermutlich verfügen sie über eine einzigartige Phantasie – zu deren Besonderheiten es gehört, dass sie sich ausschließlich in Zahlen entwickelt. Anscheinend handhaben sie Zahlen nicht wie ein Rechner, sondern sie sehen sie unmittelbar, ikonisch, wie eine gewaltige Naturszene.«

Die Erfindung der Zahlen ist vielleicht bis heute die größte Leistung der Mathematik. Wohlgemerkt, es geht nicht um das Zählen, sondern um das abstrakte Konzept einer Zahl und dass wir mit Zahlen rechnen können. Die Erkenntnis markiert den Anfang der Arithmetik, auch in seiner späteren Komplexität. Seitdem wissen wir: Mathematik kann die Welt beschreiben. Wir lernen sie als ein System aus Mustern und Strukturen zu begreifen, denn wir erkennen oft erst in der Abstraktion ihre wiederkehrenden, grundlegenden Eigenschaften.

Ihre Erfindung ist nicht nur ein gewaltiger Schritt, sondern auch eine überaus nützliche Erfindung. Mathematik erlaubt es, die Grenzen der Sinnesorgane zu überschreiten. Wir können große Mengen nicht unmittelbar voneinander unterscheiden, wissen nicht, ob im Korb neun oder vielleicht zehn Fische liegen. Zahlen verraten es, sie sind unbestechlich.

Das soll nicht ihre gegenwärtige rasante Entwicklung geringschätzen, im Gegenteil. Wir stehen auf den Schultern von Riesen, sagte Isaac Newton einmal, um anzudeuten, dass er ohne das Wissen anderer nicht viel hätte ausrichten können. Auch heute noch ist dies ein gültiger Satz. Der Fischer von Ishango hatte keinen Riesen unter sich. Das ist ein Unterschied. Dennoch haben die Menschen seit Jahrtausenden immer wieder Neues hinzugefügt. Seit 2500 Jahren gibt es Gleichungen und Beweise. Die Griechen erfanden das exakte Vermessen von Längen, für sie waren Zahlen in erster Linie geometrische Größen. Sie kamen darauf, dass es für bestimmte Längen keine ganzzahligen Größen gibt. Euklid bewies die Unendlichkeit von Primzahlen. Zwei Jahrtausende später entwickelten unabhängig voneinander im 17. Jahrhundert Isaac Newton in England und Gottfried Wilhelm Leibniz in Deutschland die Differentialrechnung. Dann begann man, die Struktur von Veränderungen und Bewegungen zu enträtseln und versuchte, mathematisch auszudrücken, wie ein Apfel vom Baum fällt, wie sich die Erde um die Sonne bewegt, wie Wasser fließt und sich Gase ausdehnen, wie Vögel fliegen und Bäume wachsen oder auch, wie sich Viren ausbreiten. Negative Zahlen waren ab dem 18. Jahrhundert gebräuchlich, und die moderne abstrakte Algebra, bei der Symbole wie x, y oder z beliebige Größen bezeichnen, ist nur 150 Jahre alt.

Die Möglichkeiten der modernen Mathematik sind immens, allerdings wird sie auch mit gigantischem Aufwand betrieben. Zehntausende Mathematiker in der Wirtschaft arbeiten an Algorithmen für komplexe Verfahren, die leistungsfähigsten Computer stehen zur Verfügung. Es gibt Kongresse und Kommunikationsmöglichkeiten über das Internet, die einen intensiven Austausch über mathematische Ideen und Lösungsansätze zulassen. Wir können heute auf das gespeicherte Wissen von Generationen zurückgreifen. Die ersten Mathematiker hingegen waren ganz auf sich allein gestellt, konnten in keinem Buch nachschlagen, hatten keinen Taschenrechner oder Computer und kein Internet. Es wäre interessant zu erfahren, was der Mathematiker von Ishango heute leisten würde, wenn ihm alle diese modernen Möglichkeiten zur Verfügung stünden. Derselbe Mensch, nur 22 000 Jahre später. Oder was heutige, ausgebildete Mathematiker zustande brächten, wenn man sie aller Hilfsmittel beraubte, sie weder Bücher, Computer noch Internet nutzen könnten? Was würde eine Gruppe von hochbegabten Mathematikern auf einer einsamen Insel tun?

Seit einiger Zeit drängen die Leute von Ishango den Fischer, er solle doch Medizinmann werden, dann bekäme er das größte Haus. Aber der Mann will diesen Einfluss, den er dann im Dorf hätte, gar nicht. Er überlegt eher, wie er den Mitgliedern der Sippe besser den Umgang mit den Zahlen beibringen kann. Die Kinder scheinen ihm dafür am empfänglichsten. Wenn er ihnen erzählt, sie sollen zunächst die Finger zum Zählen benutzen, lachen sie, und fangen an, umständlich der Reihe nach die Finger hochzuklappen. Heute will er ihnen ein paar Sachen mit Hilfe des Knochens erklären. Sie haben ihn noch nicht mit der Quarzspitze gesehen.

Zuvor hatte er immer mit einem Stock in die Erde gezeichnet, um Zahlen anzudeuten. Jetzt kann er mit der glatten Spitze Striche in feuchten Lehm ritzen, das hält länger. Und wenn sich eines der Kinder dafür interessiert, kann es den Lehm mit nach Hause nehmen. Drei Kerben zum Beispiel geben die Zahl 3 wieder, diese drei einfachen Striche haben zudem einen großen Vorteil: Sie entsprechen exakt und dauerhaft einer Menge von Dingen, Tieren, Menschen oder Vollmonden.

Noch heute macht die Bedienung in der Kneipe Striche auf dem Bierdeckel für die Biere, die wir an einem Abend getrunken haben. Vielleicht mussten wir Menschen zwangsläufig irgendwann rechnen lernen, ist uns doch die erste Rechenmaschine quasi angeboren: unsere eigene Hand. Nur mit den Fingern lassen sich alle Zahlen von 1 bis 10 000 darstellen. Das System dazu nutzten schon die Ägypter, die Römer oder die Perser. Es entspricht interessanterweise auch dem Zahlensystem der Taubstummensprache.

Einen starken Hinweis, dass das Zählen unter Zuhilfenahme unserer Finger begann, liefert unser Dezimalsystem, das Rechensystem auf der Basis der Zahl 10. Im Lateinischen bedeutet das Wort *digitus* sowohl Finger wie auch Zahl.

Viele afrikanische Völker verwenden noch heute Zahlensysteme, die nicht die Zahl 10, sondern 12 oder eine andere Zahl wie 4 oder 24 als Basis haben. 17 zum Beispiel heißt dann 5 plus 12; 15 schlicht 3 plus 12. So wie wir mit unseren Fingern von 1 bis 10 zählen, nutzen und nutzten Menschen in Afrika ihre Hände ebenso trickreich. Der Daumen der rechten Hand diente zudem als Zählwerkzeug. Die drei Fingerglieder des kleinen Fingers sind die Zahlen 1 bis 3, die des Ringfingers 4 bis 6. Ich habe das selbst ausprobiert, es ist verblüffend, wie schnell man sich umstellen kann. Mit der Daumenkuppe lässt sich jedes Fingerglied erreichen. So kommt man genau bis zur Zahl 12. Dann kommt die linke Hand ins Spiel: Klappt man einen Finger nach unten zur Handfläche hinein, merkt man sich quasi 12 und kann weiterzählen. 12 plus 1, also 13, 14 usw. bis 24.

Die Summen auf dem Knochen von Ishango ergeben 48 und 60, das sind 4 bzw. 5 mal 12. Schon vor 22 000 Jahren könnten die Menschen von Ishango genau diese Basis 12 verwendet und möglicherweise sogar hoch den Nil entlang in den Norden Richtung Ägypten exportiert haben. Bestimmte Pfeilspitzen, die aus Ishango stammen, tauchen auch in nördlicheren Regionen Afrikas auf. Dies deutet auf einen kulturellen Austausch hin.

Wenn man einmal angefangen hat, über so einfache Dinge wie das Zählsystem auf der Basis 10 oder 12 nachzudenken, fallen einem im Alltag einige Dinge auf. Denn obwohl wir im Westen und mittlerweile auf der ganzen Welt das Dezimalsystem haben, ist die Zwölferbasis nicht aus unserem Leben verschwunden. Wir kaufen Güter im Dutzend (oder in Teilen davon), man muss nur mal durch den Supermarkt oder durchs Kaufhaus gehen und die Packungen anschauen: Eier gibt es meist im 6er-Pack, Dr. Oetker-Paradiescreme im 12er-Pack, Batterien im 4er- oder auch im 12er-Pack, Rasierklingen im 4er- oder 12er-Pack, Kuchengabeln oder generell Besteck in 6er-Einheiten. Schon die Babylonier hantierten mit dem Zwölfersystem. So ist die Stundeneinteilung in 24 Stunden à 60 Minuten à 60 Sekunden dem Zwölfersystem zu verdanken, ebenfalls die 360-Gradeinteilung beim Kreis. Auch hier verwenden wir Winkelminuten und -sekunden als kleinere Einheiten. Das Zwölfersystem ist im Prinzip sogar sinnvoller als das Zehnersystem, denn die 12 hat viel mehr Teiler als die 10, im

Zwölfersystem sind Hälften, Drittel und Viertel leicht zu berechnen. Trotzdem finde ich bei meinem Rundgang im Kaufhaus auch Packungen im 10er Format: Socken, Kondome, Glühbirnen, Streichholzschachteln, Wickelunterlagen.

Die heutige Größe des Gehirns besitzt der Vormensch schon seit rund einer halben Million Jahre. Die prinzipiellen physiologischen Voraussetzungen für mathematisches Denken jedoch haben unsere Vorfahren vor 200 000 bis 75 000 Jahren erworben. Die Großhirnrinde, zuständig für Lernbereitschaft, Leistung und komplexe Fähigkeiten, dehnte sich aus. Der Neocortex ist der stammesgeschichtlich jüngste Teil des Gehirns, dessen Volumen zwar gleichblieb, doch die Evolution schaffte es über einen Trick, die Leistungsfähigkeit unseres Denkorgans zu steigern. Damit diese Nervenzellenschichten in den Schädel passten, falteten sich die Hirnwindungen auf. Das Gehirn bekam beim *Homo sapiens* sein walnussartiges Aussehen. Seither hat es sich in der Grundstruktur kaum verändert. Die meisten Gehirne haben ein Volumen von 1400 bis 1500 Kubikzentimetern, einige auch nur 1000 oder gar 2000.

Das menschliche Gehirn ist etwa neunmal so groß wie das eines Säugetiers mit ähnlichen Körpermaßen. Das Verhältnis zwischen Gehirnvolumen und Körpergewicht der Delphine und Tümmler kommt dem des Menschen am nächsten, danach folgen Schimpansen und andere Menschenaffen, weitere Tiere erst mit großem Abstand. Bei den wirbellosen Tieren stehen übrigens Kraken in Bezug auf die Intelligenz an der Spitze. Ihre Fähigkeiten können leicht mit denen von Hunden mithalten.

Die Größe des Gehirns ist also nicht der allein entscheidende Faktor: Der Neandertaler, der vor etwa 28 000 Jahren ausstarb, hatte ein größeres Gehirn.

Das komplexer gewordene Gehirn mit seiner intelligenten Architektur und den effizienteren Verschaltungsmustern war demnach die Basis für das komplexere abstraktere Denken. Ein Beweis dafür ist auch, dass sich in ganz unterschiedlichen Regionen der Welt zu unterschiedlichen Zeiten unabhängig voneinander Zählsysteme entwickelt haben.

Was aber ist jenseits der physiologischen Voraussetzungen der eigentliche Grund für die Erfindung der Mathematik? Wollten die Menschen Dinge ordnen und in Gruppen einteilen, Strukturen und Eigenschaften der sie umgebenden Welt entdecken und erforschen, weil diese komplexer geworden war? Wir forschen diesmal in Europa nach.

Der Jäger, der vor fast 30 000 Jahren in den Wäldern nahe Věstonice im heutigen Tschechien lebte und immer eine Kerbe in seinen Wolfsknochen machte, wenn er ein Tier erlegt hatte, schnitzte die Kerben in zwei Reihen, immer fünf nahe beieinander, so viele also, wie seine Hand Finger hatte. Dann gab es eine kleine Lücke, und wieder ritzte er fünfmal. 57 Kerben finden sich im Knochen. Jede Kerbe war mit einem konkreten Tier verbunden. Und wer weiß, vielleicht hatte er für andere Tiere auch noch weitere Knochen, einen für Wölfe, einen für Bären, einen für Büffel. Wer seinen Wolfsknochen sah, den er immer bei sich hatte, wusste, dass er ein großer Jäger war. Das Wolfsfell, das er trug, verstärkte die Wirkung noch. Die Kerben auf dem Knochen wirken wie ein Statussymbol. Je mehr Kerben er vorweisen kann, umso mächtiger kann sich der Wolfsmann in der Sippe präsentieren. Das ist auch nichts anderes, als wenn Menschen heute mit ihrem Kontostand protzen.

Einkerbungen tauchen auch neben den Silhouetten von Tieren an Felswänden in vorzeitlichen Grotten auf, denn sie sind eine Möglichkeit, sich etwas zu merken: abstrakte Zeichen, die mit Objekten verbunden sind, die man wahrnehmen kann. Mit diesem simplen Zählen ordnen wir unseren Alltag von Kindesbeinen an. Ich denke an meinen Sohn, als er mit dreieinhalb Jahren anfing, seine Gummibärchen zu zählen: Drei gab es immer. Er zählte sie nach: »Eins und eins und eins …«

Können nur Menschen zählen? Babys können bereits wenige Tage nach der Geburt zwischen zwei und drei Punkten unterscheiden. Für Babys ist im ersten Lebensjahr die Anzahl von Objekten eine wichtigere Konstante als Farbe, Form oder Aussehen. Offenbar schaffen das auch Tiere, sie können zumindest bis zu drei oder vier Gegenstände erkennen.

Die afrikanischen Graupapageien der amerikanischen Forscherin Irene Pepperberg sind berühmt, sie konnten akustisch mitteilen, wie viele Gegenstände sie vor sich auf dem Tisch sahen. Raben schaffen es zum Beispiel bis vier. Aber möglicherweise ist das nur eine Form der Wahrnehmung von Unterschieden. Offenbar machen aber bei Tieren alle Zahlen jenseits der Drei Probleme. Vögel jedenfalls haben so etwas wie einen Zahlensinn, sie wiederholen in ihrem Gesang einzelne Töne in einer bestimmten Häufigkeit. Vögel der gleichen Art, die in unterschiedlichen Regionen aufwachsen, haben lokale Dialekte. Dabei unterscheidet sich die Anzahl der Wiederholungen bestimmter Laute voneinander. Vogellieder sind prinzipiell in vielen Aspekten genetisch festgelegt, doch die Häufigkeit der Wiederholung lernen die Tiere. Da diese bei jedem einzelnen Tier konstant bleibt, gehen Ornithologen davon aus, dass ein Vogel die Zahl der Wiederholungen erkennen kann. Das könnte man als Zahlensinn verstehen.

Löwinnen wiederum können offenbar am Gebrüll anderer, angreifender Löwen erkennen, wie viele Löwen da genau brüllen. Wenn also so viele verschiedene Tiere einen Zahlensinn haben, bedeutet das auch, dass das einfache Zählen vielleicht sogar überlebenswichtig ist, mehr als nur eine Spielerei, es also möglicherweise schon die Frühmenschen beherrscht haben könnten.

Es gibt Hinweise in der Sprache, dass es in der Wahrnehmung der Menschen ebenfalls eine Grenze gibt. Wir können offenbar auch nicht mehr als vier Dinge auf einen Blick erkennen, ohne sie zu zählen. Interessanterweise gibt es noch heute Kulturen, die nicht weiter als bis vier zählen, danach folgt einfach »viele«. Oft verwenden diese Völker, etwa Buschmänner und Pygmäen Afrikas oder Eingeborene der Murray-Inseln in der Torres-Straße, nur zwei Zahlwörter, nämlich eins und zwei. Drei ist dann zwei-eins und vier ist zwei-zwei. Offenbar war die Vier lange eine Grenze. Ein Beispiel aus dem alten Rom: Die Römer gaben den ersten vier Kindern ganz normale, individuelle Vornamen, vom fünften Kind aber wurde gezählt: Quintus, Sextus, Oktavius, Decimus.

In vielen Sprachen gibt es ein interessantes Phänomen. Wir haben eigene Begriffe für überschaubare Einheiten: Single für eine Einzelperson, ein Paar für zwei, manche Sprachen haben Formen für Mengen mit drei Elementen, aber oft steht die Zahl 3 schon für nahezu überirdische Dinge (die heilige Dreifaltigkeit). Vor allem die Wörter für die Zahl 3 deuten an, dass es sich einst um die größte verfügbare Zahl handelte. Die Wurzel der Wörter *three* und drei ist mit der lateinischen Vorsilbe *trans* (darüber hinaus) verwandt, sowie mit dem französischen *très* (sehr), dem italienischen *troppo* (zu viel). Keine Sprache hat jemals besondere grammatikalische Formen für Zahlen größer als 3 entwickelt. Bemerkenswert ist auch, dass in allen Sprachen die Häufigkeit gesprochener und geschriebener Zahlwörter mit der Größe der Zahlen abnimmt. Zahlen wie 10, 12 oder runde Zahlen sind davon ausgenommen. Wir lesen oder hören das Wort zwei etwa zehnmal so oft wie das Wort neun.

Die Häufigkeit von Zahlen spiegelt auch die Bedeutung im Leben wider. Die Zahl 13 kommt in allen westlichen Gesellschaften weniger häufig vor als die 12 oder 14. Der Grund: reiner Aberglaube. In Flugzeugen gibt es meist keine Reihe 13, in amerikanischen Wolkenkratzern kein 13. Stockwerk, in vielen Hotels kein Zimmer mit dieser Nummer. In Indien, wo dieser Aberglaube unbekannt ist, findet sich die Zahl 13 genauso häufig wie 12 und 14.

Zahlen scheinen also selbst im 21. Jahrhundert noch etwas von ihrem Geheimnis bewahrt zu haben. Wir können uns heute in den Hirnscanner legen und nachschauen, wie unser Gehirn arbeitet, wenn wir Mathematik machen. Dann gibt es bestimmte Aktivitätsmuster. Je nach Tätigkeit ist eine Gehirnregion beschäftigt, oft wirken verschiedene Bereiche zusammen. Denken wir über mathematische Probleme nach, sind große Teile unseres Gehirns aktiviert.

Ich begebe mich nach Nimwegen in Holland, wo einer der leistungsstärksten Hirnscanner der Welt steht, um darin Brain Pong zu spielen. Das ist ein einfaches Spiel, bei dem man eine Art Schläger nach oben und unten bewegt und einen ankommenden Ball zurückschlägt, ausschließlich mit Gedankenkraft. Der Trick dabei ist, dass wir die Gehirnaktivität in bestimmten Regionen trainieren können. Ist es ein Zufall, dass der Teil des Gehirns, der fürs Zählen zuständig ist, auch gleichzeitig für die Kontrolle unserer Finger sorgt? Gehirnforscher sehen eine Verbindung zwischen der Kontrolle der Fingerbewegungen und der Rechenfähigkeit. Ist nämlich bei einem Menschen der linke Seitenlappen geschädigt, fehlt das Gefühl für die Finger. Die Menschen wissen dann zwar, dass man einen ihrer Finger berührt hat, aber nicht mehr welchen. Normalerweise tritt beim Rechnen die stärkste Hirnaktivität im linken Schläfenlappen auf. Dieser Teil ist auch für die Koordinierung der Fingerbewegungen zuständig.

Der Mensch hat also im Lauf seiner Geschichte zwei Fähigkeiten entwickelt, die über den angeborenen Zahlensinn hinausgehen: Er hat mit Fingern zählen gelernt und es später dann auch geschafft, Zahlen symbolisch darzustellen. Das konnte unser Fischer aus Ishango nämlich nicht abstrakt. Er nutzte Kerben, keine Symbole. Dafür brauchte die Menschheit noch rund 10 000 Jahre mehr. Diese Geschichte hängt eng mit einer anderen menschlichen Sehnsucht zusammen, nämlich der, Dinge zu ordnen und systematisch zu erfassen. Kieselsteine, kleine Knochen, Muscheln, harte Früchte, getrocknete Tierexkremente, Stäbchen, Kerben standen am Anfang des Zählens, es waren identische, sich wiederholende Einheiten. Die Zahl war mit dem zu zählenden Ding verknüpft. Erst als sich Wörter für Zahlen und Ziffern fanden und Zahlensysteme entstanden, wird die Zahl abstrakter, sie bekommt ein von den Dingen losgelöstes Eigenleben.

Zahlen entstanden bei den Sumerern im heutigen Irak, aus einfachen Markierungen wurden abstrakte Symbole. Das lateinische Wort *calculus* bedeutet »kleiner Kieselstein«, und genau mit diesen kleinen Steinchen lernten die Menschen das Rechnen. Rechentafeln oder der Abakus sind nur eine Weiterentwicklung. Doch noch lange kamen wir ohne die Null aus, die erst im fünften Jahrhundert nach Christus die Inder erfanden. Bei Eingeborenen in Paraguay bedeutet das Wort Hand gleichzeitig die Zahl 5, in einigen Maya-Dialekten und bei den grönländischen Eskimos sind die Zahl 20 und ein Mensch dasselbe Wort.

Das erste Glücksspiel gab es vermutlich bereits im frühen dritten Jahrtausend vor Christus, ein Spiel mit sechsseitigen Würfeln. Verbürgt ist es auf jeden Fall für das alte Ägypten. Als Archäologen die Pyramiden ausgruben, fanden sie auch Astragali, Würfel aus der Pharaonenzeit, gefertigt aus den Sprungbeinen von Schafen oder Ziegen. Die Astragali können nach einem Wurf nur auf einer von vier Seiten mit den Werten 1, 3, 4, 6 zum Liegen kommen. Meist spielten die Menschen mit vier Würfeln. Der Wurf 1, 1, 1, 1 war der Schlechteste, man nannte ihn Hund. Daher soll auch die Redensart »auf den Hund kommen« herrühren. Das wollte natürlich niemand, so waren manche Würfel schon im alten Ägypten gezinkt. Die Wahrscheinlichkeitsrechnung, mit der sich Würfe und Konstellationen ehrlich berechnen lassen, war damals noch nicht erfunden, sie hat aber ihre Wurzeln dem Glücksspiel zu verdanken.

»Jede hinreichend fortgeschrittene Technologie ist von Zauberei nicht zu unterscheiden.« So lautet das »Dritte Clarkesche Gesetz« des englischen Autors Arthur C. Clarke. Von ihm stammt etwa *2001 – Odyssee im Weltraum*, aber auch die Idee der geostationären Kommunikationssatelliten, ohne die es kein GPS gäbe. Clarke versteht also etwas von Technik, und auch deshalb wird unter Mathematikern sein von Stanley Kubrick verfilmtes Werk sehr geschätzt. So ist es kein Zufall, dass der belgische Mathematiker Dirk Huylebrouck schon mehrmals vorgeschlagen hat, den Ishango-Knochen (oder eine Kopie davon) in den Weltraum zu transportieren, zuletzt wollte er ihn im Jahr 2009 seinem Landsmann, dem ESA-Astronauten Frank De Winne mit an Bord der ISS geben. Huylebrouck will den Ishango-Knochen gern im All schweben sehen – als Hommage an eine berühmte Szene aus dem Film *2001*, in der Vormenschen ebenfalls einen Knochen, ihr erstes Werkzeug, Richtung Himmel werfen und er auf dem Umkehrpunkt für einen Moment zu schweben scheint. Der Knochen von Ishango hat dieses allegorische Potential. Nähme ihn tatsächlich ein Astronaut an Bord, was Huylebrouck immer noch hofft, würde dieses Bild des schwerelosen Knochens den Bogen spannen von den Anfängen der menschlichen Kultur zur modernen Zivilisation, die ihre fernere Zukunft in den Weiten des Alls vermutet.

Die ersten Tempel

Der Vatikan mit dem gewaltigen Petersdom ist heute das Zentrum der christlichen Welt, Mekka als Geburtsort des Propheten Mohammed gilt als heiligster Ort im Islam. Jede Weltreligion hat solche heiligen Plätze, neben der religiösen Bedeutung sind es auch Orte der Macht. Die ersten von Menschen gebauten Tempel stehen auf einem knapp 800 Meter hohen Berg in Südanatolien. Dort finden wir die ältesten Götterstatuen der Menschheit, das Stonehenge der Steinzeit.

Nur aus der Ferne sieht der Berg unscheinbar aus. Wer über die steinige Piste fährt, die sich zwischen Getreidefeldern und Basaltbrocken nach oben schlängelt, spürt eine überwältigende Ruhe. Manchmal frischt der Wind vom Tal auf und faucht leise, wenn er über das Gras an den Flanken der Hänge streift, über die Baumwollfelder, die abgeernteten Äcker und einen Hain mit jungen Olivenbäumen. Und doch spüren die Menschen der Gegend, dass dieser Ort am Gipfel des Göbekli Tepe etwas Besonderes hat. Warum sollten die Bauern sonst bunte Wunschbänder an einen einsam stehenden Maulbeerbaum binden?

Als der Berliner Archäologe Klaus Schmidt vor 16 Jahren zum ersten Mal zum Göbekli Tepe fuhr, erfasste er mit einem Blick, welch großartige Stätte hier wenige Kilometer vor den Toren der türkischen Großstadt Sanliurfa liegt. Heute weiß man: Die Anlage besteht aus 20 gewaltigen Steinkreisen mit insgesamt rund 200 kunstvoll behauenen Pfeilern und meterhohen, tonnenschweren Skulpturen und ist nicht nur größer als Stonehenge in Südengland, sondern auch 7000 Jahre älter.

Was wollten die Jäger oben auf diesem Berg, wo es kein Wild, kaum Nahrung und Wasser gab? Warum errichteten sie keine Wohnbauten, sondern klopften tonnenschwere Steinblöcke aus dem Fels und wuchteten die Kolosse einen Hügel hoch, den sie im Lauf der Jahrtausende immer höher türmten?

Vor 12 000 Jahren war der Berg das Zentrum einer heute längst vergessenen Welt, jetzt beginnt er langsam seine Geheimnisse zu verraten. Göbekli Tepe ist einer der Urorte der Zivilisation. Hier haben die Menschen die ersten Tempel errichtet, möglicherweise die ersten Götterstatuen. Auf jeden Fall sind es die ältesten Monumente der Menschheit.

Der ganze Berg ist eine einzigartige Tempelanlage, die im Lauf von zwei Jahrtausenden immer wieder umgestaltet worden ist, gebaut von Menschen, die noch nicht sesshaft lebten, die gerade erst dabei waren, Ackerbau und Viehzucht zu erfinden. Gruppen, die das ganze Jahr verstreut in einem Gebiet von einigen Tausend Quadratkilometern umherzogen, haben sich hier eigens zu einer religiösen Zeremonie verabredet. Anlass könnte zum Beispiel der Tod eines wichtigen Clanchefs gewesen sein. In einigen Kreisanlagen sind nämlich Steinplatten aufgetaucht, unter denen möglicherweise Menschenknochen liegen. Noch haben die Forscher sie nicht untersuchen können, denn erst ein Bruchteil der Anlage wurde bisher geöffnet.

Sanft fallen die Hänge ab hinunter ins Tal. Hinter den Hügelketten im Westen liegen die Täler des mächtigen Flusses. Riesige Herden von Kropfgazellen fressen sich in den endlosen Savannenlandschaften satt, im Schatten der Bäume lauern Leoparden. Die große Eiszeit scheint endgültig vorbei. Die großen, knorrigen Pistazienbäume, die vereinzelt aus dem Gras hervorragen, tragen in diesem Jahr wieder üppig Früchte. Der Mann steckt sich eine Handvoll in einen großen Beutel, den er immer an einem Gürtel um die Hüfte trägt. Er mag die hellgrünen Samen, wenn sie noch frisch sind. Dann bricht er zu seinem Arbeitsplatz oben auf dem Kalksteinfelsen auf. Der Mann ist für die beiden großen Stelen drüben auf dem Göbekli Tepe verantwortlich, eine Anlage aus Steinpfeilern, wie sie noch keine Sippe für eine so wichtige Zeremonie größer gebaut hat. Die Stelen sind das Herzstück der Anlage, sie sollen Wesen aus einer anderen Welt darstellen, doch dabei eine Gestalt haben wie Menschen, mächtig, stolz und klug. Ein mit Zeichen geschmückter Gürtel ist reliefartig in der Mitte des Pfeilers aus dem Stein gemeißelt. An der Vorderseite hängt das Fell eines Fuchses aus dem Gürtel, alles in Stein gemeißelt. Das wird ein gewaltiges Erlebnis sein, später den Raum mit den beiden Pfeilergestalten in der Mitte zu betreten, sich umzublicken und auf die anderen, kleineren Pfeiler zu schauen, die ihn kreisförmig umschließen – wie auf ihnen im Schein der Fackeln die wilden, sich aus dem Stein hervorwölbenden Tiere aufleuchten. Die Menschen werden sich klein vorkommen.

Es ist Spätsommer, die ersten Menschen aus anderen Clans treffen am Berg ein. Wenn die Kraniche zu ziehen beginnen, werden alle Sippen am Göbekli Tepe zusammenkommen, hatte der Clanchef des Steinmetzen vor einigen Monden verkündet. Hoch am Himmel fliegen nun fast täglich Schwärme Richtung Süden in die Ebenen. Schwerelos gleiten sie auf ihren mächtigen, am Ende gespreizten Schwingen durch die Luft. Der Zug der Kraniche ist das vereinbarte Zeichen für das große Treffen der Stämme aus Tell Abr, Nevali Cori, Mureybet, Jerf el-Ahmar und Cayönü.

Die umherziehenden Clans können sich in der Steinzeit deshalb so zielgenau verabreden, weil sie wie einige noch heute lebenden Nomadenstämme der Sahara in der Lage sind, sich in der Natur mit hoher Präzision zu orientieren. Sie kennen den Kreislauf der Jahreszeiten, den Lauf des Mondes, wann bestimmte Pflanzen auszutreiben beginnen oder Vögel in die Winterquartiere fliegen. Kraniche zum Beispiel kommen in Obermesopotamien Anfang Oktober aus dem Norden. Die Kommunikation ist sicher nicht so exakt möglich gewesen wie heute mit E-Mails und Mobiltelefon, doch die Menschen der Steinzeit zwischen Euphrat und Tigris kannten ihr Land sehr viel besser als wir heute und fanden sich mühelos in einem Territorium von mehreren Tausend Quadratkilometern zurecht. Sie kennen die Wege durch die weiten Savannenlandschaften bis zur Mittelmeerküste genauso gut wie die ins Gebirge. Nur so ist es möglich, umherziehende Sippen zu religiösen Zeremonien am Göbekli Tepe zu versammeln, wo die Steinzeitjäger mit einer anderen, jenseitigen Welt in Kontakt treten können.

Zufrieden schaut der Mann hinüber zum Steinbruch am Hang. Der erste riesige Pfeiler ist fast fertig. Sechs große Schritte ist er lang, ein gewaltiger Block aus Kalkstein. Noch liegt er etwa 200 Meter von seinem Bestimmungsort im Tempel an der höchsten Stelle des Berges entfernt. Und der Weg ist uneben und führt leicht bergauf durch felsiges Terrain. Es wird mehr als 100 kräftige Männer brauchen, um den Koloss überhaupt zu bewegen. Vielleicht hilft es, wenn sie Baumstämme unterlegen und ihn zumindest an den Stellen rollen, wo das Gelände es erlaubt. Noch weiß der Mann auch nicht, wie sie den Pfeiler aufrichten sollen, so schwer ist er. Noch nie hat jemand eine größere Stele gebaut.

Zwei seiner besten Steinmetze arbeiten im Heiligtum daran, den Felsboden zu glätten und an zwei Stellen zuerst eine Art Podest mit einer Aussparung für die Pfeiler zu bauen, damit sie etwas erhabener wirken. Eine Heidenarbeit für die Steinmetze, sie müssen viel Fels abtragen dafür. Aber der

Mann lässt keine Diskussion darüber zu. Denn hier geht es um die Geschichten ihres Stammes zur Entstehung der Welt und um den Kontakt ins Reich der Toten. Obwohl er als Ingenieur ziemlich praktisch denkt, spürt er, wie sehr der gemeinsame Glaube an die Reise ins Jenseits die Gesellschaft zusammenhält. Es ist immer eine gewaltige Zeremonie, wenn einer ihrer Clanchefs stirbt und der Leichnam aufgebahrt wird, damit ihn die mächtigen Geier heimholen ins Totenreich.

Die aufwendigen Tierreliefs auf den T-Pfeilern zeigen »Wesen aus einer anderen Welt«, erzählt Klaus Schmidt, »sie bilden die mythologische Welt ab, erzählen eine Schöpfungsgeschichte«. Die Pfeiler aufzurichten war eine Aufgabe, die so kompliziert war wie die Errichtung der Obelisken im Ägypten der Pharaonen oder der Steinmonolithe von Stonehenge. Nur war die Technik in Ägypten schon einige Tausend Jahre weiterentwickelt – umso großartiger ist das Werk der Jäger und Sammler einzuschätzen.

Die üppigen Lebensbedingungen damals erlaubten es den Menschen, sich mit neuen Dingen zu beschäftigen. Sie teilten sich die Arbeit, lernten, Nahrung zu lagern, möglicherweise brauten sie Bier. Sie begannen über sich hinaus zu denken und elementare Fragen zu stellen: Woher kommen wir, wohin gehen wir, warum sind wir überhaupt da? »Göbekli Tepe ist ein heiliger Ort«, sagt Schmidt. Der künstlich aufgeschüttete Berg mit seinen Steinkreisanlagen sei das spirituelle Zentrum dieser steinzeitlichen Gesellschaft gewesen.

Jegliche Siedlungsspuren, wie Gruben, Feuerstellen oder Wohnhäuser, fehlen, die Kreisanlagen wurden offensichtlich immer nur für kurze Zeit benutzt und dann wieder zugeschüttet. Den neuen Tempel errichteten die Menschen dann über dem Tempel der Ahnen. Ein gigantischer künstlicher Hügel ist so entstanden, innerhalb von 2000 Jahren 15 Meter in die Höhe und 300 Meter im Durchmesser gewachsen. Zwei Zentralpfeiler und ein Ring aus kleineren Pfeilern bilden jeweils eine Anlage, im Berg sind mindestens 20 solcher Tempel, nur vier davon sind bisher vollständig ausgegraben.

Die Bauten am Göbekli Tepe haben kein Vorbild, die größten Pfeiler in den Kreisanlagen sind gleichzeitig nach heutigem Kenntnisstand auch die ältesten. Der Berg war das rituelle Zentrum eines Territoriums von rund 200 Kilometern Durchmesser. Alle Menschen aus den heute bekannten Siedlungen der Jungsteinzeit haben ähnliche Symbole und Zeichen verwendet, die auf den großen Pfeilern am Göbekli Tepe in monumentaler Form vorliegen.

Während die Ringanlage in Stonehenge aus vergleichsweise simplen, unbehauenen Menhiren besteht, waren in Göbekli Tepe die ersten Ingenieure im Einsatz. Mit ihrem Masterplan instruierten sie die Steinmetze, die mit Feuersteinmeißeln kunstvolle Pfeiler aus dem Kalkstein schlugen. Auf dem geglätteten Stein finden sich Reliefs wilder Tiere, Schlangen, Füchse, Löwen, Wildschweine und Kraniche von großer künstlerischer Qualität. Sogar ein jagender Hund ist zu sehen – der älteste Bildbeleg für ein gezähmtes Tier; dazwischen Symbole wie ein Kreis, ein C, ein gestürztes H oder etwas, das wie der stilisierte Schädel eines Auerochsen wirkt. »Die Zeichen sind Symbole, deren Bedeutung wir noch nicht kennen«, erklärt Schmidt. Möglicherweise sind sie der Beleg für die weltweit erste Schrift.

Diesen Ort will ich unbedingt sehen. Ich fliege nach Gaziantep, einer Millionenstadt so groß wie München, deren Namen ich zuvor noch nie gehört habe, obwohl aus der Gegend um Gaziantep die weltbesten Pistazien stammen. Die neue Autobahn Richtung Irak bringt mich schnell nach Sanliurfa, der Stadt der Propheten. In der Altstadt hat der Berliner Klaus Schmidt in einem von der engen Gasse aus unscheinbar wirkenden Gebäude sein Grabungshaus eingerichtet. In dem schönen, quadratischen Innenhof liegen einige Funde: Tierskulpturen, Feuersteinwerkzeuge, Knochenreste und seit neuestem, unter einer Stoffplane versteckt, auch eine überaus wertvolle Statue mit einem Raubtierkopf an der Spitze, eine zwei Meter hohe Säule, die erst zwei Tage vor meinem Besuch am Göbekli Tepe außerhalb der zentralen Anlagen geborgen wurde. »Eine Weltsensation«, nennt der in Franken gebürtige Schmidt das aus einem Stück gefertigte Meisterwerk und hat es aus Sicherheitsgründen ins Grabungshaus bringen lassen. Die Pranken des Raubtiers halten einen Menschen, dessen Gesicht abgeschlagen ist. Darunter tauchen zwei weitere Gesichter auf. »Offenbar dominiert das Tier den Menschen«, sagt Schmidt. Um die Säule schlängeln sich Schlangen mit dreieckigen Köpfen, die hochgiftigen Levante-Ottern. Aus dieser Zeit gibt es weltweit nichts Vergleichbares.

Die Tempel am Göbekli Tepe liegen rund 15 Kilometer entfernt von Sanliurfa Richtung Osten. Morgens kurz vor halb sechs fährt der Kleinbus mit Schmidts Mitarbeitern immer los und folgt seinem dunkelgrauen Renault Symbol. Draußen ist es stockdunkel. Die meisten der Studenten im Bus schlafen noch ein bisschen, auf der holprigen Strecke werden sie dabei ordentlich durchgeschüttelt. Nur an einer Stelle auf der neuen Brücke über die Autobahn in Richtung Irak ist die Straße glatt, und der Bus fährt für Sekunden ruhig dahin. Die kurze Pause ist für die dösenden Studenten das Zeichen, dass sie gleich am heiligen Berg sind.

Oben am Eingang zum Göbekli Tepe wartet ein bärtiger Mann mit Kalaschnikow, es ist einer der beiden Wächter. Er wirkt wie ein Bild aus einer anderen Zeit, als Männer ihr Dorf noch mit Waffengewalt beschützen mussten. Den Mann mit der Kalaschnikow und auch seine kurdischen Mitarbeiter hat Schmidt übrigens vor 16 Jahren kennengelernt, als er bei anbrechender Dunkelheit von seinem ersten Besuch vom Göbekli Tepe zurückkehrte. Der finster dreinblickende Wächter aus dem Dorf stand damals an einer Straßensperre und holte den verschüchterten Forscher aus seinem Auto. Schmidt brauchte an diesem Abend ein bisschen, um ihm zu erklären, dass er Forscher und überaus harmlos sei. Heute lacht Schmidt über den Anfang der Beziehung zu seinen Mitarbeitern. Aber seit der nächtlichen Kontrolle an der Straßensperre sind die Männer mit im Geschäft, nie hat ein Arbeiter aus einem anderen Dorf am Göbekli Tepe gearbeitet.

Oben an der höchsten Stelle des Göbekli Tepe, wo der schöngewachsene Maulbeerbaum mit den Wunschbändern steht, hat man einen phantastischen Blick. Im Norden und Osten erstreckt sich weit in der Ferne das Taurus-Gebirge, im Süden öffnet sich bis hin nach Syrien die Harran-Ebene, im Westen liegt hinter kargen Höhenzügen das fruchtbare Tal des Euphrats.

Klaus Schmidt hat auf dem Kopf ein helles Tuch locker zu einem Turban gebunden, um sich vor der immer noch heißen Herbstsonne zu schützen. So läuft er den ganzen Tag über den Berg, treibt die kurdischen Helfer an, berät sich mit seinen Studenten, dokumentiert im Bauwagen wichtige Funde, beantwortet an seinem Laptop E-Mails und hält Besucher bei Laune. Nie verliert er das große Ganze aus den Augen. »Hier ist noch Arbeit für 50 Jahre«, sagt er. Der Wahlberliner ist gutgelaunt, hat er doch gemeinsam mit dem Präsidenten des Deutschen Archäologischen Instituts 113 000 Euro aufgetrieben, mit denen der türkische Staat das anliegende Land erworben hat. Nun dürfen die Bauern aus dem Lehmziegeldorf Örencik die Hänge nicht länger mit ihren Traktoren beackern und die Anlage gefährden.

Gut investiertes Geld, auch für Schmidt, denn im Gegenzug darf er weitergraben am Berg seines Lebens.

Wer auf dem Kalksteinplateau westlich der höchsten Erhebung mit dem Wunschbaum steht, dem Steinbruch für die Pfeiler, die im Inneren des Berges liegen, ahnt, welche Leistungen die Menschen damals nur mit Hilfe von Feuerstein- und Jadebeilen vollbracht haben. Zwischen blankem Fels wächst spärlich Gras. Nahe einer Kante, die steil ins Tal abfällt, liegt ein riesenhafter, T-förmiger Steinkoloss. Rund um das zerbrochene Felsstück haben die Erbauer der Säule einen Graben ausgehöhlt, um Steinkeile unter den Pfeiler treiben zu können.

Der gewaltige Block, 50 Tonnen schwer, sieben Meter hoch, war wohl zu groß, um ihn zu transportieren. Offensichtlich ist er dabei zerbrochen und liegen gelassen worden. Niemand weiß, ob der Klotz überhaupt zu bewegen gewesen wäre. Kein geebneter Weg führte zu den Kreisanlagen hinüber, kein Pferd oder Esel war damals gezähmt, kein Metall stand zur Verfügung, um den Pfeiler aus dem Fels herauszuschlagen. Wie lange die Produktion einer solchen Stele gedauert hat, sollen Experimente klären.

Archäologen um Claudia Beuger von der Universität Halle versuchen, sie nachzubauen und testen dabei Feuersteinwerkzeuge. Zunächst müssen sie einen Kalkstein finden, der in etwa so hart ist wie der Stein am Göbekli Tepe. Auch wollen die Archäologen klären, wie viele Menschen wohl nötig waren, um die Kolosse über das felsige, unebene Plateau zu ziehen und dann in der Anlage aufzurichten. Genau diese beiden Schritte müssen für die Erbauer vor 12 000 Jahren eine unglaubliche logistische Leistung gewesen sein. Die Anlage beeindruckt umso mehr, wenn man bedenkt, dass die Wildbeuter am Ende der Eiszeit noch keinerlei andere Bauten errichtet hatten, abgesehen von ein paar

Hütten aus Mammutknochen, Holz und Fellen. Der Göbekli Tepe entstand wie aus dem Nichts, und Klaus Schmidt glaubt, dass die Menschen viele Fertigkeiten erst hier entwickelt haben.

Der schwierigste Moment im Steinbruch ist überstanden. Die T-Form haben sie in tagelanger Arbeit geschlagen, eine Art Kanal um die eigentliche Stele, einen halben Meter breit. Tags zuvor hatten die Steinmetze mit ihren Jadebeilen Steinkeile in den Fels getrieben, genau an einer Stelle, wo eine Linie im Gestein erkennbar ist. Entscheidend war, dass der gewaltige T-förmige Stein nicht zerbrochen ist, als seine Mitarbeiter die Keile langsam immer tiefer ins Gestein trieben. Denn das ist oft genug vorgekommen.

Das Aufstellen des großen Pfeilers ist allein seine Verantwortung, das weiß der Ingenieur, und mehr als eine große Herausforderung für ihn, ihn so stabil aufzustellen, dass er nicht ins Wanken kommt oder gar umstürzt. Eine Rampe von oben mit einer Kante, die halb so hoch ist wie der Pfeiler, ist vielleicht die Lösung, denkt er. Dann könnten die Arbeiter den Pfeiler von oben langsam über die Rampe schieben. Sobald die Mitte des Pfeilers erreicht ist – dann wäre der Schwerpunkt genau an der Kante –, müsste der Pfeiler eigentlich langsam nach unten kippen. Ein Köcher im Fels würde die Stele unten stabilisieren.

Der Ingenieur, der für die beiden Hauptpfeiler zuständig ist und die Arbeiten leitet, erklärt das Prinzip seinem Clanchef, als der vorbeischaut. Er nimmt einen flachen Stein als Modell und schiebt ihn über eine Kante, bis er kippt.

Der Ingenieur ist von seinem Clan bestimmt worden, die beiden Hauptpfeiler zu bauen. Früher hatten die Mitglieder der Sippe für alle Arten von Arbeit die gleiche Verantwortung. Seit sie hier oben am Göbekli Tepe zugange sind, ist er vom Clan dazu bestimmt worden. Vorher gab es diese Arbeitsteilung nicht. Aber sonst wäre eine solch gewaltige Aufgabe auch nicht zu bewerkstelligen. Der Ingenieur ist damit nun der wichtigste Mann nach dem Clanchef. Dann kommen die Steinmetze – wunderbare Handwerker, einige sind richtige Künstler –, die Facharbeiter, die gerade Formen schaffen können, und am Ende die einfachen Arbeiter, die Hilfsdienste erledigen und zum Beispiel die Pfeiler ziehen müssen. Monate werden vergehen, bis die Anlage fertig sein wird. Monate, in denen die Steinmetze nicht jagen können, in denen der Rest der Sippe sie versorgt, ein enormer Aufwand, den ein Stamm sich erst einmal leisten können muss. Der Mann weiß, dass dieses unglaubliche Unterfangen nicht zu meistern wäre, würden sie ihr Leben nicht einem höheren Zweck unterordnen. Aber wenn beim Bau etwas schiefgeht, ist es seine Schuld. So ist das mit der Arbeitsteilung und der Verantwortung.

Die Menschen, die am Göbekli Tepe (und auch in den Höhlen Europas) Tiere dargestellt haben, sind Jäger und Sammler, also Menschen, die Tiere töten. Im blutenden, sterbenden Tier blickt der Jäger dem Tod ins Auge und erschrickt. Der Schrecken schlägt in Freude um, wenn das Tier verzehrt wird – aber ein ungutes Gefühl bleibt, das ist heute nicht anders. Wir Menschen müssen dieses Gefühl bekämpfen, einen Ausgleich schaffen und tun dies, indem wir Mythen schaffen und Opferriten zelebrieren. Religion sei unter anderem aus genau diesem Grund entstanden – um diese Doppelmoral zu legitimieren, vermuten Religionsforscher wie Walter Burkert. Wir verehren, was wir mit Schrecken töten, und töten weiter, weil wir Freude am Jagen verspüren und das nahrhafte Fleisch wollen.

Über die genauen Inhalte der Religion am Göbekli Tepe

kann man nur spekulieren. »Der Göbekli Tepe ist ein Ort des Todes«, vermutet Schmidt. Kein einziges Fruchtbarkeitssymbol findet sich hier, keine Frauenfigur. »Frauen stehen für Fruchtbarkeit und damit für das Leben«, sagt Schmidt. »Ihr Ausbleiben verweist auf das elementare Pendant, den Tod. An diesem Berg geht es um den Übergang ins Jenseits.« Ob tatsächlich Menschen hier bestattet wurden, ist wie gesagt noch nicht klar. Deren Überreste könnten sich unter Terrazzoböden und Steinplatten verbergen, die Schmidt bislang noch nicht geöffnet hat. Aber in den Tempelanlagen hat der Archäologe Skelettreste von Geiern und Krähen gefunden. Vielleicht dienten die Toten den Vögeln als Nahrung.

Ein allzu düsterer Ort scheint die Tempelanlage dennoch nicht gewesen sein. Der Göbekli Tepe war groß genug, um die weit verstreuten Sippen eines immensen Einzugsgebiets zusammenzuhalten. In aufwendigen Zeremonien feierten die Menschen wohl zu Tausenden und aßen neben Getreidegerichten auch viel Fleisch, darauf deuten 150 000 Knochenfragmente von Tieren in der Umgebung der Tempel hin. Es waren die ersten Massenveranstaltungen der Menschheit. Klaus Schmidt stellt sich diese Zeremonien wie ein rauschhaftes Gelage vor, wie einen Markt, der Monate dauerte, bei dem die Sippen mit Obsidian oder Fellen handelten, wo sie Salz tauschten und Frauen. Woher weiß er das alles? »Wir wissen es nicht, alles, was wir haben, sind die Funde«, sagt Schmidt. »Wir müssen uns diese Welt neu erarbeiten.«

Zwei der größten Anlagen sind mittlerweile vollständig ausgegraben. Die Architektin Katja Piesker vom DAI untersucht gerade die Raumstruktur. »Die ganze Aufmerksamkeit ist nach innen gerichtet«, sagt sie. Jeweils zwei Pfeiler stehen frei in der Mitte, sie sehen mit dem T-förmigen Kopf, zwei angedeuteten Händen an den Seiten und einem Gürtel in der Mitte wie menschliche Wesen aus. Alle Tiere auf den umgebenden Pfeilern schauen zur Mitte des Raums. Ein idealer Raum für Zeremonien.

Offenbar ist das Zentrum der Anlage aber nur für wenige Menschen zugänglich. Ist das schon ein Symbol dafür, dass auch der Zugang zu einer jenseitigen Welt nur wenigen Menschen vorbehalten ist? Gleichzeitig geht von der Struktur der Tempel auch noch eine zweite Botschaft aus: Höhere, jenseitige Mächte sind von Anfang an Wesen, mit denen man kommunizieren kann. Die besondere Beziehung zur jenseitigen Welt zeichnet den Menschen aus. Wer ihr wie Heiler, Schamanen und Priester näher kommt und sie begreifbar macht, wird selbst einflussreicher und mächtiger.

Der große Moment ist gekommen. Der Ingenieur hat so eine Zeremonie noch nie erlebt. Zum ersten Mal darf er zusammen mit den fünf Clanchefs und deren Zeremonienmeistern das Heiligtum betreten. Monatelang hat er hart für diesen Moment gearbeitet. Seine beiden Zentralpfeiler stehen, auch die ovale Mauer mit den 12 Pfeilern ringsherum ist rechtzeitig fertig geworden, das Dach geschlossen. Der Zugang zum Innenraum ist eng, sie müssen in leicht gebückter Haltung den zehn Meter langen Gang durchschreiten. Jeder von ihnen hat eine Fettlampe in Löffelform dabei. Der Lärm des großen Festes rund um den Tempelberg dringt nur noch gedämpft in den Gang. Stumm schiebt sich die Prozession weiter, bis sich zwischen zwei in Stein gehauenen Keilern an einem Durchgang plötzlich der Raum weitet. Auf diesen Moment hat er gewartet. Er ist beeindruckt. So gewaltig hat er sich die Wirkung seiner Pfeiler nicht vorgestellt.

Der Clanchef bedeutet ihnen, sich zwischen den zwei Pfeilern zu versammeln und weitere mitgebrachte Lampen auf den Steinbänken im Oval zu entzünden. Zwei Männer stellen links vom Eingang eine Holzkiste ab. Darin befinden sich die Knochen des alten Clanchefs. Wochenlang war er oben auf dem höchsten Punkt des Bergs im Freien aufgebahrt gewesen, so dass sich die Geier das Fleisch holen konnten. Die Kiste mit den Knochen soll nun in einer gemauerten Nische versenkt werden, über die sie dann gemeinsam am Ende der Zeremonie die schwere Steinplatte schieben. Der Clanchef schlägt mit einem Holzstock zweimal kurz auf einen der zentralen Pfeiler. Ein tiefer, weihevoller Ton erfüllt den Raum. Dann beginnen die Anwesenden, einer nach dem anderen, die Wesen aus der anderen Welt anzusprechen, ruhig und ernst.

Wie die Zeremonie genau aussah, wissen wir heute nicht. Die große Frage ist auch, ob es sich wirklich um ein Begräbnisritual handelte. Der Beweis am Göbekli Tepe steht noch aus, sobald die Steinplatten gehoben sind, wissen wir hier mehr.

Doch welch gewaltige Energie hinter den Bauten steckt, ist auch ohne dieses Wissen klar. Und es ist mehr als erstaunlich, dass die Menschen zu dieser Zeit noch nicht sesshaft waren, es noch keine stadtähnlichen Anlagen gab.

»Zuerst kommt der Tempel, dann die Stadt«, sagt Klaus Schmidt. Viele seiner Kollegen haben ihn vor Jahren wegen der Aussage kritisiert. »Ein paar haben gedacht: Jetzt dreht der Schmidt total durch«, sagt er und lacht. »Aber bis heute hat mich niemand widerlegt.« Allgemein glaubt man, dass Dörfer langsam zu Städten angewachsen sind. »Das ist falsch«, ist der Archäologe überzeugt. Menschen im Dorf wollen unter sich bleiben, das sei eine hermetische Welt. Eine Stadt habe von Anfang an einen anderen Geist. Hat er recht, waren die religiösen Anlagen und die mit ihnen verbundenen Rituale die Keimzelle der Zivilisation.

Somit hat sich die Menschheit am Göbekli Tepe erstmals

erlaubt, ihre Rolle in der Welt aktiv festzulegen. Indem der Mensch sich aus den Zwängen der Natur weitestgehend befreite, wurde er selbstbestimmter und war in der Lage, spirituelle Vorstellungen nicht nur in Form von Bildern und Skulpturen, sondern auch baulich umzusetzen. Er brauchte keine naturgegebenen Höhlen mehr für seine religiösen Zeremonien, er baute sich nun selbst seine Tempel. Er wird zum Meister der Natur. Und auch die Skulpturen werden immer monumentaler. Nie zuvor hat der Mensch höhere Wesen nach seinem Vorbild so riesig dargestellt. Wenn man zu Füßen der 5,50 Meter hohen T-Pfeiler steht, kommt man sich klein und unbedeutend vor.

Sie sind auch ein Zeichen für die Hierarchisierung, die sich in der Gesellschaft herausbildet und sich in der Darstellung der spirituellen Welt niederschlägt. Die Menschen haben sich nun einer höheren Macht zu unterwerfen.

Interessanterweise ist auch heute noch eine große Glaubensgemeinschaft wie die Katholische Kirche streng hierarchisch organisiert. Und auch hier dienen die gewaltigen Kathedralen dazu, den Menschen Ehrfurcht vor der Größe Gottes zu vermitteln, bei Moscheen im Islam ist es ebenso. Es gibt noch eine weitere Parallele: Um solche monumentalen Bauwerke zu errichten, bedarf es einer hierarchischen Struktur. Derjenige in der Gesellschaft, der als Baumeister und Initiator hinter den Monumenten steckt, musste sich die Arbeiter auch leisten können. Das konnte nur jemand, der in der Lage war, zumindest deren Grundversorgung zu gewährleisten. Oben auf dem Göbekli Tepe gab es weder Wasser noch Nahrungsmittel. Alles musste auf den Berg gebracht werden, für Hunderte von Menschen.

Heute würde man fragen: Wie haben die Menschen das Großprojekt finanziert? Diese Frage stellt sich auch bei späteren religiösen Großprojekten, beim Kölner Dom etwa war die Basis der Ablasshandel im Mittelalter, die bis heute unvollendete katalanische Sühnekirche Sagrada Familia in Barcelona wurde und wird mit Spenden- und Eintrittsgeldern finanziert. In jedem Fall haben diese Bauwerke nicht nur eine religiöse Funktion, sondern sind damals wie heute Ausdruck von Macht und einer großen Selbstgewissheit.

Über die tatsächliche Macht von Magier- und Priestergestalten vor 12 000 Jahren kann man nur spekulieren. Gern wird in Deutungen früher Gesellschaften als einende spirituelle Leitfigur ein Medizinmann oder Schamane eingeführt. Er rücke die höheren Mächte in den Mittelpunkt einer Heilung. Glaube und Heilung seien so eng gekoppelt. Auch wenn wir am Göbekli Tepe über solche spirituellen Leitfiguren nur Mutmaßungen anstellen können, denn von den Ritualen am Göbekli Tepe finden sich bis auf steinerne Opferschalen keine Spuren, so bietet die Anlage selbst jedoch den idealen Rahmen für ihre Zeremonien. Nur wenigen Menschen ist der Zutritt zum Heiligtum erlaubt, der innerste Kreis ist nicht für Massen ausgelegt. Alles im Tempel ist auf eine Mitte hin konzentriert, auf den Ort zwischen den Pfeilergottheiten. Opferschalen in den Steinfassungen der Pfeiler deuten kultische Handlungen an. Gleichzeitig ist das Überirdische für den Menschen erreichbar. Die jenseitigen Wesen haben Menschengestalt. An sie kann man Bitten, Hoffnungen, Wünsche und Ängste adressieren. Aber sie etablieren auch eine Hierarchie. Es ist ein gewaltiger Aufwand, höhere Mächte anzusprechen. Auch hier verbinden sich wieder zwei zutiefst menschliche Eigenschaften: die Fähigkeit zur Kommunikation und der Wille zur Macht.

Viele der Tierreliefs geben Hinweise darauf, was bei den Zeremonien wichtig war. Einige Tiere – die Schlange oder der Stier – tauchen öfter auf, hinter den Darstellungen stecken sicher mythologische Geschichten. Einzelne Tiere stehen sich auch frontal gegenüber, als würden sie sich gegenseitig Überlegenheit und Stärke beweisen wollen. Wir finden zähnefletschende Raubtiere, einen Wildesel in Gesellschaft von Schlangen und tanzende Kraniche mit auffallend dicken Beinen und einem Knie, wie es für Menschenbeine typisch ist. Sind auch das Mischwesen, als Kraniche verkleidete Menschen?

Bis in die europäischen Mythen und Religionen hinein haben sich Rituale mit Bezug zur Tierwelt erhalten. Beim Abendmahl ist vom Lamm Gottes die Rede, an einem der höchsten Feiertage, an Pfingsten, tritt ein geschmückter Ochse auf. Auch im Islam ist das Opferfest das wichtigste Fest des Jahres.

Der Göbekli Tepe gibt noch viele Rätsel auf. Was etwa verbirgt sich in den älteren Schichten im Inneren des Bergs? Vielleicht bis zu 17 000 Jahre alte Monumente? So alt sind die Malereien von Lascaux. »Der Berg hat schon so viele Überraschungen gebracht«, sagt Schmidt und zuckt die Schultern. Er hat Zeit. Jetzt versucht er erst einmal zu klären, was die Zeichen und Bilder bedeuten. Dann findet er vielleicht auch heraus, warum der Göbekli Tepe vor 10 000 Jahren plötzlich verlassen wurde. Die Menschen brauchten ihren Berg nicht mehr. Sie zogen in Häuser, brachen mit den Ideen ihrer Ahnen – und schütteten den Berg endgültig zu. Bis ihn die örtlichen Bauern vor einigen Jahrzehnten mit Pflügen bearbeiteten und so an der Oberfläche des Heiligtums kratzten – und eine neue Geschichte begann.

Die ersten Siedler

Vor rund 11 000 Jahren beschließen in der Gegend des fruchtbaren Halbmonds im heutigen Nahen Osten die ersten Menschen, dauerhaft an einem Ort zu bleiben. Ein dramatischer Umbruch zeichnet sich ab, die Menschen bauen Häuser, gründen die ersten Städte, und etwas komplett Neues entsteht: Eigentum.

Es ist eine dieser Geschichten, die zeigen, wie sehr wir Menschen die Natur brauchen, wie gut wir daran tun, sie genau zu beobachten, ihre Möglichkeiten zu erkennen und für uns fruchtbar zu machen. Als vor 11 500 Jahren das Angebot an Pflanzenkost zunimmt, die Tierherden anschwellen und der Mensch erkennt, dass es wilde Gräser mit großen Körnern gibt, die sich lagern lassen, wagt er eine Revolution: Er erfindet den Landbau. Bis zu diesem Zeitpunkt wandert er noch als Wildbeuter durch die Gegend und durchquert einen Lebensraum von mehreren Hundert Quadratkilometern. Die plötzliche Ressourcenvielfalt nutzt er, um einen kompletten Systemwechsel zu vollziehen.

Ohne die allmähliche globale Erwärmung damals hätte diese dramatische Veränderung nicht stattfinden können, so wie die Vormenschen ohne die Klimaänderung vor rund acht Millionen Jahren in Afrika auch nicht aufrecht zu gehen gelernt hätten. Damals wich der Regenwald langsam zurück und das Nahrungsangebot änderte sich. In den Randzonen entstanden größere Freiräume zwischen den weiter auseinanderstehenden Bäumen, und die Vormenschen mussten neue Strategien entwickeln, um sicher Nahrung zu finden.

Was aber ist genau passiert? Als sich in Mitteleuropa der riesige Eispanzer allmählich zurückzieht, hinterlässt er gewaltige Geröllmassen, die Gletscher jahrtausendelang mitgeschleift hatten, und tiefe Seen. Die Gletscher haben das Gestein unter sich zermahlen, dabei die Landschaft zerfurcht und an manchen Stellen tief aufgeschürft. In Mitteleuropa weicht die Tundra der Eiszeit schnell ausgedehnten Waldgebieten. Doch hier wächst damals noch kein Urgetreide, hier kann kein Ackerbau erfunden werden.

Gleichzeitig lassen die Wasser der Gletscher den Meeresspiegel weltweit um mehr als 100 Meter ansteigen, die Küsten verändern sich dramatisch und nehmen teils einen ganz neuen Verlauf. Menschen und Tiere, die einst am Meer ihren Lebensraum hatten, müssen sich ins Landesinnere zurückziehen. Zwischen Asien und Amerika etwa versinkt die sie verbindende Landbrücke Beringia in den Fluten, auch in Vorderasien verschwinden ganze Landstriche. Andere Meere, die wir heute kennen, finden ihre Form, der Persische Golf zum Beispiel. Denn westlich der heute zum Iran gehörenden Felseninsel Hormus liegende Gebiete waren noch im Pleistozän trocken. Im Vorderen Orient nehmen die Niederschläge zu, vor allem weiter nördlich im Quellland der Flüsse Euphrat und Tigris, an den ansteigenden Bergflanken der heutigen Südtürkei. Karge Steppen verwandeln sich in blühende Landschaften. Diese Region, die sich sichelartig vom Mittelmeer bis zum Persischen Golf erstreckt, ist bereits während der letzten Eiszeit dichter besiedelt als Mitteleuropa. Hier werden in der Folge die Bevölkerungszahlen explodieren, denn Jäger und Sammler haben mit durchschnittlich maximal vier bis fünf Kindern eine niedrigere Geburtenrate als die ersten Bauern. Das stabilere Klima ist wie ein Startschuss für ein beachtliches Wagnis, das die Menschen hier vor rund 11 000 Jahren eingehen: Sie lassen sich nieder. Denn sie erkennen, dass trotz aller Mühen im Alltag – Feldarbeit und Hausbau sind keine leichte Sache, und ein paar Dinge wie Lehmziegel müssen auch noch erfunden werden – dieses Umdenken in Bezug auf ihre Lebensweise ihnen Stabilität verleiht, die sie in dem sich verändernden Klima dringend gebrauchen können. Der Mensch lernt vorzusorgen.

An den Südflanken des Taurus-Gebirges, dort, wo Euphrat und Tigris entspringen, hat seit einigen Jahren der Regen deutlich zugenommen. Vor allem im Frühjahr kommen bisweilen heftige Güsse herunter, und mit der Schneeschmelze treten hin und wieder regelrechte Sturzfluten auf. Das ist für die Menschen nicht ungefährlich, wo man doch früher mit der Sippe im Sommer auf der Wanderung nach Westen zum Mittelmeer hin den Euphrat an flachen Stellen gut durchqueren konnte. Aber was waren das für dürre Jahre gewesen! Die Väter hatten oft von den Wüsten erzählt und dass es auf der südlichen Halbinsel noch schwieriger sei mit dem Überleben.

Die Trockengebiete werden schon weniger. An den Ausläufern vom Zagros- und Taurus-Gebirge breitet sich allmählich eine savannenartige Landschaft mit vielen Bäumen zwischendrin aus. Das feuchtere Klima tut allen gut, der Vegetation, den Tieren und auch dem Menschen. Das Land wirkt plötzlich saftiger, üppiger, grüner. In den Flusstälern entstehen dichte Auenwälder. Immer öfter sehen die Jäger Auerochsen, Hirsche und sogar Wildschweine. Sie sind nicht ungefährlich, vor allem, wenn sie Junge haben. Auch die Gazellenherden in den Ebenen wachsen an, und die Wildesel werden zahlreicher. Für die Jäger ist die Arbeit dadurch leichter, ebenso für die Frauen. Sie entdecken beim Sammeln immer mehr Bäume, Sträucher und Pflanzen mit essbaren und teilweise viel nahrhafteren Früchten: Mandeln, Pistazien, Nüsse, auch Linsen, Erbsen oder Kichererbsen. Die besonders guten Fundorte merken sie sich dabei fürs nächste

Jahr. Von Jahr zu Jahr wird die Ernte ergiebiger. Deshalb haben die Frauen begonnen, Vorräte anzulegen.

Noch im letzten heißen Sommer und auch noch im nicht minder warmen Herbst war die ganze Sippe wie seit Jahrhunderten mit den Tierherden gewandert. Die Männer hatten gejagt, die Frauen gesammelt. Doch seit das Angebot üppiger geworden ist, brauchen sie viel weniger Stunden am Tag dafür, was ihr Leben sehr vereinfacht hat. Da sind sich alle in der Sippe einig. Der Fluss trocknet nicht mehr aus, sie müssen längst kein brackiges Wasser mehr trinken und sind daher auch weniger oft krank.

In der Sippe gibt es deshalb verstärkt Diskussionen darüber, ob und wann die Zelte abgebrochen und weitergezogen werden soll. Vor allem die Frauen beschweren sich. Sie haben ohnehin schon genug zu tun, sammeln Früchte und Getreide, halten die Kinder bei Laune und dürfen dann auch noch das Hab und Gut und die wertvollen Vorräte verpacken. Wenigstens können sie für den Transport Wildesel nehmen, die von den Männern eingefangen wurden. Die Gazellenfelle für die Zelte sind besonders schwer. Aber sie brauchen sie in den oft kühlen Nächten, und auch wegen gefährlicher Wildtiere ist es angenehmer, ein Fell über dem Kopf zu haben. In den Ebenen gibt es fast keine Höhlen. Für die Frauen ist es jedenfalls immer ein ziemlicher Aufwand weiterzuziehen. Die Männer tun sich da leichter, ohnehin sind sie die meiste Zeit unterwegs und überlassen das Einpacken ihnen.

Diesmal geben die Frauen nicht so einfach nach und haben ein wirklich gutes Argument, länger an einem Ort zu bleiben. Die Vorratshütten sind voll mit Getreidekörnern. Vor allem der Emmer, ein in der Nähe an den Hängen des erloschenen Vulkans Karacadağ wild wachsendes Getreide, ist großartig. Endlose Flächen ziehen sich die flachen Bergflanken hoch. Wenn man die Kropfgazellen, die Wildschweine und Esel in Schach hält und diese nicht alles kahlfressen, könnten sie riesige Hangflächen bewirtschaften.

Manche der Gräser, die so zahlreich wachsen, enthalten nahrhafte Samenkörner. Zum Kauen eignen sie sich nicht so gut. Doch wenn man sie lang genug im Mund behält oder kurz in Wasser einweicht, schmecken sie fast ein bisschen süß. Draußen dürfen die Körner allerdings nicht feucht werden, sonst fangen sie schnell zu keimen an. Aber das wissen die Frauen. Das Problem ist eher, wie man die Vorräte trocken hält. Hier fanden sie mittlerweile eine ganz gute Lösung und bauten runde Hütten aus Lehm und Pflanzenfasern, auch das Dach war aus Lehm. Das hält zum einen größere Tiere wie Wildschweine oder Wildesel ab. Zum anderen haben sie dazu ein gutes System entwickelt, die Körner von unten zu belüften, indem sie auf den Lehmboden der Hütte Steinblöcke und darauf ein Holzgerüst legten und es mit Lehm zu einer Fläche verstrichen. Das Getreide bleibt so trocken und verdirbt nicht mehr so schnell. Mit dieser neuen Methode haben sie für den Winter, wenn es keine Früchte mehr gibt und auch die Tiere weg sind, wirklich genügend Vorräte zur Verfügung. Weshalb sollten sie also weiterziehen?

Genetiker vom Max-Planck-Institut für Züchtungsforschung in Köln haben den Ursprungsort des ersten kultivierten Getreides der Menschheitsgeschichte mittels DNS-Analyse exakt lokalisiert. Die Region um den Vulkan Karacadağ im Südosten der Türkei ist die Urheimat des Einkorns, einer Art Urweizen mit großem Samenkorn. Genau hier ist Getreide weltweit zum ersten Mal domestiziert worden, und zwar vor rund 11 000 Jahren. Anfangs haben die Menschen allerdings für den Anbau des Wildgetreides keine Felder angelegt. Stattdessen kontrollierten sie einfach nur die sich über mehrere Quadratkilometer hinziehenden Savannenflächen, indem sie das Gebiet mit Mauern umgaben. Die hielten nicht nur Wildtiere von den Feldern fern. Die Menschen nutzten das System auch, um sie in die Enge zu treiben und zu jagen. Nicht der private Garten steht demnach am Anfang der Landwirtschaft, sondern eine natürliche Fläche. Vermutlich wurde auch erst danach begonnen, aktiv große Getreidekörner auszusäen und so eine Art Zuchtauswahl zu treffen.

Zuerst mussten demnach die wichtigsten Nahrungskonkurrenten, also vor allem Gazellen und Wildesel, vertrieben werden. »Und wer konnte das besser als Jäger und Sammler«, meint der Archäologe Klaus Schmidt, der in dieser Region am Göbekli Tepe die ältesten Tempel der Menschheitsgeschichte ausgräbt. Die Revolution, die den Menschen aus der Urzeit in die Moderne führt, hat ihre Wurzeln bei den Jäger-Gesellschaften der Steinzeit. Sie haben begonnen, das Land zu managen, *bevor* sie sesshaft wurden.

Der Jäger ist also gleichzeitig der erste Bauer. Er sorgt dafür, dass das Wildgetreide kräftig wächst, so dass er es ernten kann. So nutzt er es zunächst intensiv und beginnt erst im Lauf der Zeit, absichtlich die größten gesammelten Körner wieder auszusäen. In diesem Moment erfinden die Menschen den Ackerbau, teilen sich die Arbeit, lernen, Nahrung zu lagern und brauen möglicherweise schon damals das erste Bier.

Interessanterweise fallen genau in diese Übergangszeit auch die ältesten Hinweise auf große Feste. In einer Höhle in der Galiläa-Region im heutigen Israel verspeisten 35 Mitglieder verschiedener Clans zwei Rinder und 71 Schildkröten. Das Treffen war Teil eines Begräbnisrituals. Mit dem Sesshaftwerden der Menschen wurden solche Feste immer wichtiger, um Konflikte zu klären und den Zusammenhalt zu festigen.

Lange dachten Forscher, dass der Ackerbau sofort eine Erfolgsgeschichte war. Aber Samuel Bowles vom amerikanischen Santa Fe Institute hat nun die Effizienz der ersten Bauern mit der der Wildbeuter verglichen: Wie viel Kalorien pro Arbeitsstunde konnten beide erwirtschaften? Das verblüffende Ergebnis: Die Bauern mussten vermutlich mehr Arbeit in ihren Lebensunterhalt investieren, weniger jedenfalls auf keinen Fall. Ein Grund dafür ist der zusätzliche Aufwand, den es bedeutet, Nahrung gut zu lagern. Gleichzeitig gab es bei der Feldarbeit anfangs keine effiziente Technik. Zunächst haben die Bauern nur ein oder zwei Getreidearten angebaut, was ein weiterer Nachteil und ein hohes Risiko bei Ernteausfällen durch trockenes Wetter oder Schädlinge ist.

So ergänzten die ersten Bauern möglicherweise ihre Vorräte durch das Erlegen von Wild und das Sammeln von Früchten, Knollen und Kräutern, so wie sie es von ihren Vorfahren kannten. Allein ihr Radius – zuvor einige Hundert Kilometer – dürfte erheblich kleiner geworden sein. Dennoch finden sich in Knochen von Bauern aus der damaligen Zeit Spuren von Mangelerscheinungen.

Warum aber hat sich der neue Lebensstil trotz einer harten Übergangsphase durchgesetzt? Bowles führt hier soziale Gründe an: Wenn die Sippen größer werden, lässt sich der Alltag besser organisieren, man kann sich die Arbeit teilen. Vor allem die Kinderbetreuung wird erheblich einfacher – gewissermaßen ein enormer Standortfaktor. Studien sagen, dass Jäger-und-Sammler-Frauen rund vier bis fünf Jahre nach der Geburt eines Kindes verstreichen lassen mussten, ehe sie in der Lage waren, ein weiteres Kind zu bekommen, denn ein einziges Kleinkind hält die gesamte Gruppe auf. Es muss anfangs ständig getragen werden. Erst mit rund fünf

Jahren kann das Kind dem Tempo der Wanderbewegung auf eigenen Füßen folgen. An einem festen Wohnort hingegen lässt sich der Nachwuchs einfach besser betreuen, die Frauen bekommen häufiger Kinder und die Sippe kann so schneller wachsen. Hieraus ergab sich ein weiterer Vorteil für die Gruppe: Wenn sie größer war, wurde sie bei Auseinandersetzungen mit anderen Sippen auch wehrhafter.

Doch es zeigt sich auch, dass die Vorfahren der Bauern gar nicht so schlecht auf die sogenannte Neolithische Revolution, den Übergang von der Lebensweise als umherziehende Jäger und Sammler zur Sesshaftigkeit von Ackerbauern und Viehzüchtern in der Jungsteinzeit, vorbereitet waren. Wildgetreide hatte in der gesamten Region des fruchtbaren Halbmonds schon länger eine hohe Bedeutung innerhalb der Sippen. Dies zeigen zahlreiche Funde. Am südlichen Ufer des Sees Genezareth im heutigen Israel haben Forscher durch Zufall im Jahr 1989 eine 20 000 Jahre alte Fischersiedlung mit zahlreichen ovalen Hütten entdeckt, sie waren einst aus Zweigen innerhalb weniger Stunden gebaut worden, der Boden mit Gras oder Blättern bedeckt. Jahrtausendelang hatte die Siedlung Ohalo Seewasser überschwemmt und erst als der Pegel langsam sank, kam sie ans Tageslicht. Überall im Bereich der Siedlung fanden sich zahlreiche Reste von gesammelten Früchten, vor allem Wildgetreide, Eicheln und Nüsse. In einer der Hütten lag noch ein großer Stein, auf dem die Menschen damals offenbar Wildgetreide mahlten. Es sind die bislang ältesten Spuren weiterverarbeiteter Lebensmittel weltweit.

Rund um den Stein horteten die Bewohner neben Getreide in Häufchen auch Samen verschiedener medizinischer Pflanzen wie Mariendistel oder Malve. So helfen bestimmte Inhaltsstoffe aus den Früchten der Mariendistel zum Beispiel gegen Leberentzündungen oder Vergiftungen.

Übrigens scheint dieser Bereich in der Hütte eher Frauen vorbehalten gewesen zu sein, schließen die Forscher um den Israeli Ehud Weiss aus den Funden. Die Männer arbeiteten direkt daneben und fertigten kunstvolle, handwerklich ausgereifte Faustkeile. Die Arbeitsbereiche scheinen strikt getrennt. Ob diese Arbeitsteilung zwischen Mann und Frau immer so streng eingehalten wurde, sei dahingestellt. In den meisten Gesellschaften kümmerten sich die Frauen um die Nahrung, und die Männer stellten Werkzeuge her.

Wenige Meter von der Mahl- und Lagerhütte entfernt liegt eine Art Backofen, aufgeschichtet aus 13 großen Steinen. Waren die Steine erhitzt, ließ sich in ihrer Mitte wunderbar Fleisch oder Gemüse braten oder Teigfladen rösten, die Asche- und Essensspuren belegen dies. Dieser Urofen ist ebenfalls der älteste seiner Art, in Ohalo lebten vielleicht die ersten Bäcker.

Immer wieder bekommen wir solche faszinierenden Einblicke in das Leben der Jungsteinzeit. Stück für Stück wird klar, dass die Menschen damals also schon den Wert des Wildgetreides erkannt hatten, dass sie wussten, wie wertvoll der Nährstoffgehalt ist, dass es besser ist, Getreide zu bearbeiten und daraus Brot zu backen. Dieses Wissen ist der Nährboden der Neolithischen Revolution. Alles in allem hatten die Menschen damals bereits erstaunliche Kenntnisse über das Essen. Denn das Backen macht manche Inhaltsstoffe erst für den menschlichen Körper verwertbar. Man muss bedenken: Sie waren noch nicht sesshaft, sie waren noch keine Bauern, sie waren lediglich dabei, nicht mehr nur natürliche Ressourcen zu verwalten, sondern sich etwas mehr von der Natur unabhängig zu machen und eigene Lebensmittel zu produzieren. Und offenbar taten sie das für eine größere Gemeinschaft, denn sowohl die erste Mahlhütte am See Genezareth wie auch spätere Getreidelager waren zunächst für die ganze Gruppe bestimmt. Die Menschen arbeiteten zusammen. Dadurch ändert sich das Verhältnis zu den Lebensmitteln. Wer mehr Ertrag produziert, als er unmittelbar verbraucht, kann überlegen, was er mit dem Rest macht. Er kann sich Vorräte für harte Zeiten anlegen.

Wir beobachten diese Reflexe noch heute. Kaum droht uns Gefahr, beginnen wir, Sachen zu hamstern. Wir kennen das ganz plastisch aus der Generation unserer Großeltern, die aufgrund ihrer Erfahrungen aus dem Zweiten Weltkrieg auch noch in den üppigen Nachkriegswunderjahren – zumindest im Westen des Landes – reichlich Vorräte im Keller lagerten, Konserven zum Beispiel. Für sie war die Gewissheit wichtig, dass immer etwas da war, auch wenn gar kein Unheil drohte. Es ist eine Strategie, die allen Lebewesen eigen ist: Sie wollen ihr Leben, ihre eigene Art erhalten. Wir können es bei Hurrikans beobachten – wie »Katrina« 2005 in den USA, als sich auch die Menschen im Inland, wo solche Monsterstürme nur noch Unwetterqualität haben, mit Lebensmitteln und Wasser für Wochen eindeckten. Oder 2011 im japanischen Fukushima, als nach dem Tsunami und dem darauffolgenden Atom-GAU in diesem hochindustrialisierten Konsumland innerhalb von Tagen die Lebensmittelläden und Supermärkte komplett leergekauft waren. »Im Notfall schaltet der Mensch auf Survival-Modus«, sagt der Angstforscher Borwin Bandelow. Man versucht, die primären Bedürfnisse wie Essen und Trinken zu befriedigen. Wir Menschen sind Überlebenskünstler. Gleichzeitig bildet sich in solchen existentiellen Situationen oft spontan eine Gemeinschaft, in der jeder jedem hilft. Der gemeinsame Vorrat wird geteilt. Auch das sind alte Muster, die gerade in der Krise zutage treten. Es ist erstaunlich, wie tief solche alten Eigenschaften in uns stecken. So als würde der ganze Wohlstand diese tief verankerten Muster nur wie eine dünne

Lackschicht überdecken, die dann im ersten Moment der Krise abblättert und darunter reflexartig verloren geglaubte Verhaltensweisen zum Vorschein kommen. Wohl und sicher fühlen wir uns dann nur, wenn wir das Lebensnotwendige sichtbar um uns haben – in der eigenen Vorratskammer.

Die erste Vorratskammer für Lebensmittel ist somit eine sehr wichtige Erfindung und zudem die eigentliche Vorstufe zum ersten festen Haus, und damit zur Sesshaftigkeit. Wenn wir unsere Lebensmittel schützen, sorgen wir auch für das Überleben in schwierigen Zeiten.

Das Thema der richtigen Lagerhaltung kannten schon die Jäger und Sammler. Getreide, das sie so mühsam gesammelt hatten, war feucht geworden und hatte in den Schilfkörben zu schimmeln begonnen. Eine Katastrophe. Also überlegten sich die Menschen, wie sie das Problem lösen können.

In Dhra' im heutigen Jordanien, nicht weit vom Toten Meer, fanden Archäologen um Ian Kuijt 11 000 Jahre alte kreisrunde Getreidespeicher mit etwa drei Metern Durchmesser. Die Menschen verwendeten Lehm und Steine für die Wand, das flache Dach bestand aus lehmverputztem Flechtwerk. Besonders raffiniert war das Innere des Speichers gestaltet: Die Dorfbewohner zogen – wie bereits oben beschrieben – eine Art zusätzlichen Zwischenboden ein, ein auf Steinen liegendes Holzgerüst. Es sollte, so Kuijt, Nagetieren den Zugang erschweren und Luft besser um das Getreide strömen lassen.

Die ersten Speicher enthielten übrigens ausschließlich Wildpflanzen wie wilde Gerste oder Hafer, sie waren zunächst Gemeinschaftseinrichtungen außerhalb der Wohnhäuser. Erst als die Menschen bereits sesshaft waren, wanderten die Getreidelager aus den Gemeinschaftsflächen einer Ansiedlung ins Innere größerer Häuser. Und damit entwickelte sich etwas fundamental Neues: Eigentum. Kuijt sagt, Nahrung zu beschaffen sei in der Anfangszeit noch eine gemeinschaftliche Aufgabe gewesen, erst später seien dafür die einzelnen Haushalte zuständig gewesen.

An vielen Orten des fruchtbaren Halbmonds bauen die Menschen nun um diese Zeit herum Getreide an. Sie fangen an, Saatgut nach Körnergröße auszuwählen, merken, dass es gut ist, wenn die Ähren dichter werden. Bei der Züchtung spielt sicher auch der Zufall eine Rolle, doch die menschliche Leistung ist es, den Vorteil einer festeren Ähre mit größeren Körnern zu erkennen und dann damit zu beginnen, diese absichtlich auszusäen. Das tiefere Verständnis wächst im Lauf von Jahrhunderten. Damit verändert sich auch das Verständnis von Natur: Wir können die Natur gezielt verändern – und das ist ein völlig neues Bewusstsein. Die Menschen müssen voraussehen lernen, die Zukunft zu planen, müssen klug ihren Standort wählen, zum Beispiel in der Nähe eines Flusses oder Sees, um sich, die Pflanzen und auch die Tiere mit Wasser zu versorgen. Am besten auf einem ertragreichen Boden, der eine üppigere Ernte verspricht.

Die ersten Bauern sind fleißig. Im Gebiet des fruchtbaren Halbmonds wachsen mehr als 30 Arten nährstoffreicher Wildgräser, die sie zu kultivieren beginnen. Von hier stammen auch die meisten Wildformen unserer Haustiere: Schafe, Ziegen und Rinder. Die Bewohner der ersten Siedlungen aßen anfangs noch wilde Gazellen, die sie weiterhin jagten, gingen aber im Laufe von einigen Jahrhunderten zu Schafen und Rindern über, die sie dann gezielt züchteten. Die ersten domestizierten Tiere waren vor rund 11 000 Jahren Schafe und Ziegen, von ihnen konnten sie neben dem Fleisch auch Wolle und später Milch nutzen. Vor rund 10 000 Jahren folgten dann Schwein und Rind. Gezähmte Wölfe wurden in dieser Zeit bereits als Wachhunde eingesetzt.

Wie archäologische Befunde zeigen, dauerte es einige Jahrhunderte, in denen die Menschen die ersten für ihre neue Lebensweise notwendigen Techniken entwickelten und verfeinerten: Geräte für die Feldarbeit und für die Verarbeitung des Getreides etwa, Sicheln, Mörser und flache Steinmühlen, mit deren Hilfe sie Samenkörner zerstoßen und mahlen. Das Getreide lässt sich so gut zu Mehl und dann zu Brot weiterverarbeiten. Es gibt Schüsseln aus Gips, Stein und gebranntem Kalk, später dann aus gebranntem Ton. Die ersten Bauern flechten Körbe aus Pflanzenfasern, bauen Behälter aus Holz und sogar aus Tierhäuten. Erste Werkzeuge und Waffen aus Obsidian tauchen auf, einem schwarzen vulkanischen Gestein aus dem heutigen Anatolien. Funde von Ahlen und Nadeln zeigen, dass die Menschen Leder verarbeiteten.

Es ist ein tiefer Einschnitt in der Menschheitsgeschichte. Wer Essen gezielt produzieren und lagern kann, schafft die Basis für die weitere Entwicklung der Zivilisation. Wir schaffen es im 21. Jahrhundert sogar, 35-Millionen-Einwohner-Städte zu versorgen, obwohl in Städten selbst kaum mehr landwirtschaftliche Produkte hergestellt werden. Das ist nur durch Arbeitsteilung zwischen Agrar- und Industrieländern möglich. Heute werden die gigantischen, globalen Nahrungsströme von Börsen wie der für Weizen in Chicago gesteuert. Nur noch selten bekommen wir in der westlichen Welt unmittelbar mit, dass wir dabei wie unsere Vorfahren immer noch natürlichen Prozessen ausgeliefert sind. Wenn in Russland die Wälder brennen, wie im Sommer 2010, und die Weizenernte drastisch zurückgeht, spürt das die ganze Welt.

Die Themen von heute sind nicht anders als damals. Der moderne Mensch des Industriezeitalters agiert nur mit seinen Mitteln, mit einem hohen technischen Einsatz und enorm vielen Chemikalien. Damit wollten wir die jahrtausendelange Abhängigkeit von den klimatischen Gegebenheiten der Natur brechen. Doch das System ist fragiler geworden. Die Grenzen des Wachstums sind möglicherweise schon erreicht. Deshalb setzt der Mensch auf die nächste Stufe, die genetische Revolution.

All diese Themen hängen unmittelbar mit der Erfindung des Ackerbaus und der Viehzucht zusammen, Massentierhaltung und Monokulturen beeinflussen sogar die Klimaproblematik. Fast genauso elementar sind die Folgen des Sesshaftwerdens: Wenn die Menschen ihre Nahrungsmittelvorräte in den eigenen vier Wänden verwahren, wird das eigene Haus äußeres Zeichen der gesellschaftlichen Stellung. Wer sich dank gewachsener Vorräte ein größeres leisten kann, steigt im Ansehen, und wer dadurch vielleicht auch mehr Nachkommen beherbergen und ernähren kann, ebenfalls. Das Haus bekommt dadurch neben dem Schutz auch eine ästhetische Funktion, innen wie außen.

Möglicherweise beginnt sich genau in dieser Zeit auch im Menschen das Heimatgefühl zu entwickeln, eine tiefere Verbundenheit mit einem Ort, ein Gefühl, das einem gerade in einer komplexer werdenden Welt Halt gibt – heute genauso wie vor Jahrtausenden. Ernsthafte wissenschaftliche Forschung jenseits ideologischer Vorbehalte zu diesem Thema gäbe es kaum, wie der deutsche Historiker Peter Blickle anmerkt. Selbst unter Wissenschaftlern verspüre er einen eigenartigen Widerwillen, wenn er versuche, den Begriff Heimat zu erklären: »Es ist, als verstoße man gegen ein stillschweigendes Einverständnis: dass Heimat letztlich nicht mit dem Verstand zu begreifen ist, sondern sich nur dem erschließt, der sich emotional mit ihr identifiziert.«

In den ältesten Städten der Menschheitsgeschichte, in Jericho im heutigen Israel und in Çatal Hüyük in Anatolien, spüren wir diese emotionale Identifikation so stark wie nie zuvor in der Geschichte. Wir finden nämlich neben immer raffinierteren Bautechniken mittels standardisierter, etwa acht Zentimeter dicker und rechteckiger Lehmziegel auch eine immer üppigere Ausstattung. Das Zeitalter der Inneneinrichtung beginnt: Schilfmatten bedecken den Boden, der in der Regel gestampft oder mit Gips versiegelt ist. Manche Häuser haben sogar einen bunten Terrazzobelag. Darauf stehen zahlreiche geflochtene Körbe und Schalen aus Holz und Stein, in denen die Menschen Kleidung und Nahrungsmittel aufbewahren. An den Wänden finden sich dekorative Wandbilder und vereinzelt auch Spiegel aus Obsidian, einem glasartigen, vulkanischen Gestein. Auf einer Art Plattform in Wandnähe liegen leicht erhöht die Schlafplätze. Viele Häuser haben eine abgetrennte, kleine Vorratskammer. Öfen spenden Wärme in kalten Nächten, Leitern aus Holz verbinden die verschiedenen Ebenen der Häuser und führen auch hoch zum Dach, eine Luke in der Decke bildet die Haustür. Es gab keine Straßen zwischen den Häusern. Die Stadt war ein verschachteltes Gebilde aus ineinander übergehenden, verbundenen Dächern.

Die ersten festen Gebäude überhaupt werden in der Gegend des biblischen Jericho, oder Tell es-Sultan, wie der Ort heute genau heißt, errichtet. Das größte Bauwerk ist ein etwa 11 000 Jahre alter, fast neun Meter hoher Turm mit einer langgezogenen Mauer. Im Inneren findet sich die älteste Steintreppe der Menschheit. Der Turm hatte wohl eher symbolische Bedeutung. Als Festungsturm taugt der Bau nämlich nicht. Der israelische Archäologe Ran Barkei spricht davon, dass der Turm der erste konkrete Nachweis dafür sei, wie einzelne Führer sich gezielt Einfluss in der Gesellschaft verschaffen wollten. Nicht jeder kann so einen Steinturm errichten, immerhin dauerte allein die Bauphase fast zehn

Jahre. »In dieser Zeit begann die Hierarchie in der Gesellschaft«, sagt Barkei. Architektur diente erstmals dazu, Einfluss und Macht zu repräsentieren.

Repräsentative Elemente finden sich auch in der rund 9000 Jahre alten Stadt Çatal Hüyük, zum Beispiel Wandmalereien, auf denen sich zwei Leoparden gegenüberstehen, oder aus Ton oder Gips übermodellierte und bemalte Stierschädel. Weder in Jericho noch in Çatal Hüyük gab es bisher jedoch zentrale Einrichtungen wie Verwaltungsbauten, Tempelanlagen oder andere öffentliche Gebäude. Die ersten richtigen Städte tauchten wohl erst vor etwa 5500 Jahren auf, mit der beginnenden Arbeitsteilung. Einige Mitglieder der Gemeinschaft stellten nun kaum noch Nahrungsmittel her. Dafür kümmerten sie sich häufiger um religiöse, militärische oder politische Belange. Eine Elite bildete sich heraus und allmählich verfestigte sich die Aufteilung der Arbeitsbereiche. Handwerker lebten nun in anderen Vierteln als Priester oder erste Beamte. Die Stadt wurde zum Zentrum einer ganzen Region, hier bildeten sich auch Verwaltungseinheiten heraus.

Der Handel intensivierte sich und die Aufgaben wurden spezieller. Auf dem inzwischen domestizierten Esel ließen sich Rohstoffe wie Feuerstein, Obsidian, Kupfererz oder Holz über lange Strecken viel besser und schneller transportieren. Mit der Ausbreitung des Handels musste der Mensch gleichzeitig lernen, die Kontrolle darüber zu beherrschen, die Ergebnisse des Austauschs fixieren können: Die Schrift entstand. Erste Belege hierfür sind 5300 Jahre alte Warenlisten und Rechnungen.

Es war also das stabilere Klima, das es dem Menschen der Jungsteinzeit gestattete, aus Ackerbau und Viehzucht das sesshafte Lebensmodell zu entwickeln, das sich dann über den gesamten Planeten verbreitete. Dieser Prozess vollzog sich unabhängig voneinander dreimal: wie beschrieben in der Gegend des fruchtbaren Halbmonds, aber auch in Südchina und in Südamerika. Mit diesem Schritt hatte sich der Mensch jeweils auch für eine andere soziale Struktur entschieden, für ein komplexeres Zusammenleben. 11 000 Jahre lang hat uns diese Ortsgebundenheit relative Stabilität beschert. Doch nun scheint es so, als würde uns ausgerechnet die globaler werdende Welt und vielleicht bald noch viel mehr der Klimawandel wieder in die Mobilität treiben. Und wieder sind es in erster Linie Völker Afrikas, die sich, wie schon so oft in der Geschichte, auf den Weg nach Europa machen. Vermutlich hat damit der vierte Exodus begonnen.

Die ersten Beamten

Vor 5000 Jahren ist im Süden Mesopotamiens, im heutigen Irak, die Bürokratie erfunden worden. Manch einer würde sich wünschen, die Menschheit hätte diese Idee nicht weiterverfolgt. Doch das Beamtentum war einst der Motor einer überaus wichtigen Entwicklung: der Schrift.

DICHTGEDRÄNGT stehen die Schafe und Ziegen im Gatter. Gutgenährt sehen die Tiere aus, nur ein wenig unruhig sind sie. Da steht also meine Beschäftigung für das nächste Jahr, denkt sich Ziquarru. Puhisenni, der Besitzer der Herde, sagt ihm noch in seiner gewohnt monotonen Art, dass er auf die Wölfe aufpassen solle, dass die besten Weiden im Osten auf der anderen Seite des Euphrats lägen und er nicht zu lange am selben Ort bleiben solle. Ziquarru hört nicht richtig zu: Wer ist hier der Hirte: er oder dieser Puhisenni? Aus seinem Umhang holt Puhisenni einen tönernen Behälter, das Ding sieht eiförmig aus. Ziquarru hat von anderen Hirten gehört, dass auch deren Herren solche Börsen haben. Ziquarru nimmt das Tongefäß. Für jedes Schaf und jede Ziege habe er eine Tonmarke hineingelegt, sagt Puhisenni.

Kürzlich in der Schänke hatten sie darüber geschimpft, dass die reichen Herdenbesitzer sie nun vollends kontrollieren wollten. Nach ein paar Krügen Bier lachten sie über den Blödsinn: Wozu braucht man ein Stück Ton mit einem Zeichen für ein Schaf darin, wenn das echte Schaf gleich danebensteht?

Sein Chef Puhisenni sagt, er solle auf die Börse gut aufpassen. Die Herde umfasst diesmal 49 Schafe und Ziegen, eine ganz ordentliche Menge, die soll er im nächsten Frühjahr in die Stadt zurückbringen, beim Verkauf von Tieren bekomme er dann seinen Lohn. Puhisennis Schreiber hatte auf die Außenfläche der Tonbörse sogar notiert, welche Tiere genau Ziquarru erhält. »Gegenstände, Hammel und Ziegen betreffend«, ist da in gestelztem Beamtensumerisch eingeritzt. Dann folgt, ebenfalls außen drauf, die Liste: »21 Mutterschafe, 6 weibliche Lämmer, 8 erwachsene Hammel, 4 männliche Lämmer, 6 Mutterziegen, 1 Ziegenbock, 3 junge Ziegen«. Die Börse ist mit einem einfachen Siegel verschlossen, darauf ist ein Wesen mit Stoßzähnen zu sehen. Das sollen wohl syrische Elefanten sein, denkt Ziquarru und steckt wortlos die tönerne Börse in seinen grobgewebten Hirtenumhang. Er klopft sich dabei ein wenig Staub vom Stoff. Dass er nicht lesen kann, sagt er nicht. Stumm packt er noch zwei Krüge Bier und ein Gerstenbrot für den Tag in seine Tasche und geht los.

Vor 3500 Jahren schickt ein sumerischer Viehbesitzer einen Hirten mit seiner Herde los. Der Viehbesitzer will sichergehen, dass ihn der Hirte nicht übers Ohr haut und später behauptet, er habe viel weniger Tiere von ihm bekommen, sondern ihm am Ende genauso viele Tiere zurückbringt, wie er ihm anvertraut hat. Das Prinzip, das sich die Menschen damals ausgedacht haben, ist schlüssig: Für jede Ziege, die ein Hirte bekommt, landet eine Kugel aus Ton in einem hohlen Tonbehälter, für jedes Schaf eine Scheibe. Diese Tonbörse, eine Art eiförmiger Umschlag, existiert noch einmal als Kopie, Besitzer und Dienstleister schließen eine Art Vertrag, das übergebene Gut ist symbolisch repräsentiert. Die Geschichte von Ziquarru, dem Hirten, und Puhisenni, dem Sohn eines gewissen Mapu, aus dem damaligen Mesopotamien, ist in archäologischen Funden dokumentiert, die Namen sind echt.

Die Sumerer haben sich sogar ein Echtheitszertifikat

überlegt. Ein Siegel mit einer persönlichen Signatur, einer Art Unterschrift, verschließt die Börse. Solange der Hirte mit der Herde unterwegs ist, bleibt die rund fünf Zentimeter große Börse mit dem Siegel verschlossen. Die Börse gibt der Hirte wieder zusammen mit den Tieren ab. Prinzipiell lässt sie sich auch verwenden, um Teile der Herde zu verkaufen. Das System funktioniert dann wie ein Bankkonto mit einem Guthaben. Man entnimmt einfach die entsprechende Zahl von Symbolen und versiegelt den Rest erneut.

Die Sumerer verwendeten dafür tönerne Rollsiegel als eine Art Stempel und Visitenkarte. Sie drückten ihr persönliches Siegel in noch feuchte Tonklumpen und verschlossen damit Warenbehälter oder auch die Türen zu privaten oder geheimen Gemächern. Die Siegel selbst sind unglaublich kunstvoll, in einer Präzision und Schönheit gearbeitet, wie man sie sich kaum vorstellen kann, wenn man nicht selbst eines in Händen gehalten hat.

Bei einer Ausgrabung im syrischen Qatna habe ich sogar selbst einmal eins gefunden, einen kleinen Tonklumpen mit feinen Erhebungen darauf. Die Sonne brannte schon am Vormittag auf den alten Königspalast. Oberhalb des Eingangs zu einer Grabkammer durfte ich einem arabischen Ausgräber helfen und vorsichtig mit einem Spatel die Erde lockern. 3300 Jahre lang war der Zugang verschlossen, wir sollten helfen, ihn freizulegen. In den kleinen Raum haben die Palastbewohner wohl von oben, möglicherweise aus der Küche, Abfälle, Knochenreste und kaputte Tonbehälter geleert. An einem dieser Tonkrüge, der einst mit Bier oder Weizen gefüllt war, klebte das einfache Siegel. Es war in der Mitte zerbrochen, aber wenn man wie ich kein versierter Ausgräber ist, sind solche Dinge schon etwas Besonderes. Klar, es war nicht zu vergleichen mit den feinen Exemplaren, die mir am Abend die Grabungsleiterin Heike

Dohmann-Pfälzner zeigte, grandiose Miniaturen in Ton, die oft erst unter der Lupe erkennbar sind: kleine Jagdszenen mit Hirschen und Menschen, feine Muster, wie sie aus dem minoischen Kreta bekannt sind, vereinzelt Keilschriftzeichen. Alles in Millimetergröße. »Die Leute damals hatten keine Lupe. Es ist einfach unglaublich, wie sie solche feinen Siegel machen konnten«, sagt Heike Dohmann-Pfälzner, als sie unter einer Speziallampe die Originale anschaut.

Die kunstvollen Siegel zeigen, wie wichtig dieses System für die Gesellschaft war. Das Leben in den Städten wurde komplexer, die Menschen spezialisierten sich und teilten sich die Arbeit. Sie wollten den zunehmenden Handel vereinfachen, den Überblick über ihre Warenlager oder eben ihre Tiere behalten. Und so erfanden sie ein kluges System. Ein Tier oder ein Gegenstand wurde durch ein simples, dreidimensionales Objekt ersetzt, in einem zweiten Schritt reduzierte man das Objekt dann zu einem zweidimensionalen Gebilde. Die ersten Tongegenstände und Abbildungen dieser Art fand die amerikanische Archäologin Denise Schmandt-Besserat von der University of Texas im heutigen Irak und in Syrien. Es waren unterschiedliche geometrische Formen, wie Kugeln, Scheiben, Kegel, Tetraeder und Zylinder oder Ellipsen, Dreiecke und Rechtecke.

Bauern aus einem syrischen Dorf haben wohl diese großartige Erfindung gemacht. Es ist das erste gegenständliche System, das allein zu dem Zweck geschaffen wurde, Informationen auszutauschen. Kunst kann sehr tiefgreifende, aber auch unbestimmte Ideen vermitteln, aber diese geometrischen Formen geben ganz konkrete, für sich stehende Informationen über gehandelte Waren wie Getreide weiter.

Die ältesten sind fast 10 000 Jahre alt und recht einfach, die jüngeren haben komplexe Formen. Damit ließ sich etwa das Hab und Gut eines Dorfbewohners auflisten. Zwei raffinierte Verfahren gab es: Entweder fädelte man die Objekte wie Perlen auf eine Schnur, oder man legte sie in eine Art Umschlag aus feuchtem Lehm, der dann gebrannt wurde. Beide Methoden waren voll funktionsfähige Vorläufer unserer heutigen Bankkonten. Nachteil der Methode: Wollte der Besitzer mit einem seiner Güter handeln oder sich nur einen Überblick über seinen Besitz verschaffen, musste er den Umschlag aufbrechen und einen neuen machen.

Der nächste Entwicklungsschritt war, die Objekte in den feuchten Lehm der Hülle abzudrücken. Dadurch entstand eine Art Inhaltsverzeichnis. Danach begann man nur noch die Hülle zu verwenden. Sie wandelte sich zu einer flachen Lehmtafel mit Einprägungen. Dies ist der erste bekannte Versuch, Zahlen durch abstrakte Markierungen darzustellen. Auch das ist ein gewaltiger Fortschritt. Zuvor haben die Menschen die Objekte sozusagen eins zu eins ersetzt. Nun fassen sie gleichwertige Waren zu einer Einheit zusammen, und das ist ein völlig neues Konzept. Sie sagen also nicht mehr: Ich verkaufe dir einen Krug Bier und noch einen und noch einen, bis sie bei zehn Krügen Bier angelangt sind, sondern präzisieren nun die Wareneinheit »Krug Bier« mit dem Zusatz zehnmal. Zeichen genügen als Botschaft für diese Einheiten. Damit werden die ersten Symbole für Zahlen erfunden. Ein Keil stand für die Einer, eine Kugel für die Zehner, eine flache Scheibe für die Hunderter. Sumerische Tafeln mit diesen Zeichen sind das älteste Schriftsystem der Welt.

Vor gut 5500 Jahren sehen die Lehmformulare schon sehr einheitlich aus. Sie haben etwa die Größe einer Kreditkarte, Verwaltungsfachkräfte ritzen darauf Zeichen für

Bier (ein symbolischer Krug) und Schafe (Kreise mit einem Kreuz darin) ein, an der Kante des Täfelchens vermerken sie mit Kerben die Anzahl der Waren. Eines der ältesten Täfelchen zeigt: 4 Bier, 4 Schafe und ein Symbol für den Verwalter selbst, ein Rechteck. Ihr Zeichen – unser Zeichen, das Prinzip findet sich heute noch auf Briefköpfen.

Die Sumerer waren geniale Verwalter. Sie verzeichneten akribisch jeden Wareneingang und -ausgang. Die Mehrzahl der ältesten Schriftstücke sind Listen. Um den Überblick über die Bestände zu behalten, waren die Symbole extrem wichtig. Noch die kleinsten Vorgänge im staatlichen Wirtschaftsleben haben die Sumerer pedantisch festgehalten. Heute können wir auf ihren Schreibtäfelchen allerlei über Getreideanbau, Viehzucht, den ausgedehnten Handelsverkehr mit fremden Ländern und die Bierbrauerei nachlesen. Wir erfahren, dass alle Äcker Gemeinschaftsbesitz waren, dass die Ernte in staatlichen Vorratshäusern gelagert und von dort an Bäckereien und Brauereien ausgegeben wurde. Sogar Bescheinigungen der Brauereichefs über empfangenes Getreide liegen vor – und die Berichte der Braumeister, welche Biersorten sie daraus hergestellt haben.

Lange haben Forscher geglaubt, die Schriftzeichen auf den Tontafeln seien erfunden worden, um die gesprochene Sprache zu konservieren. Doch mittlerweile ist klar, dass es nicht darum ging, die Schöpfungsgeschichte oder religiöse Texte aufzuschreiben. Die Menschen wollten also nicht ihre Einstellung zu den großen Fragen des Daseins festhalten, ihre Sicht vom Werden und Vergehen der Welt, sondern die Banalitäten des Alltags beherrschen. Es ging um die Ordnung der Dinge. Wir erfinden ein so mächtiges, phantastisches System wie die Schrift, weil wir ein paar Krüge Bier gerecht verteilen oder Schafe und Ziegen tauschen wollen. Welch umwerfende Erkenntnis!

Auch eine Systematik haben die ersten Beamten bereits entwickelt. Elemente wie Bierkrüge oder die Sorte eines Getreides wiederholen sich. Es gibt Leerzeichen in den Täfelchen, wo man die Zahl der Objekte eintragen kann. Letztlich diente das System auch dazu, das Eigentum von dem des Nachbarn zu unterscheiden. Was gehört wem? Die Schrift, das ist die klare Botschaft, ist erfunden worden, um die Macht der herrschenden Elite zu festigen und zu vergrößern. In Mesopotamien war es der Schlüssel, um den so wichtigen Strom an Waren und Lebensmitteln zu kontrollieren.

Papier gab es damals nicht, also verwendeten die Menschen das am besten verfügbare Material, das sie auch zum Hausbau nahmen: Lehm, auch in gebranntem Zustand als Ton. In der einst mächtigen Stadt Uruk arbeiteten die ersten Beamten der Menschheit, aus dem Lehm des Zweistromlandes im Süden des heutigen Irak stammt also das älteste bekannte Formular.

Dass wir es dabei mit einer Triebfeder der menschlichen Zivilisation zu tun haben, ahnt kaum jemand, der seine Steuererklärung ausfüllt, einen Paketschein abgibt oder mit dem Elterngeldantrag kämpft. Dabei hat kaum etwas die Menschheit mehr beeinflusst als Formulare – diese nüchternen, oft faden bürokratischen Erzeugnisse der Menschheit, welche einst die Schrift lediglich erfand, um zu verwalten. Nur um Formulare zu schreiben, sind symbolische Zeichen erfunden worden.

Die Keilschrift zu erlernen war für die Menschen damals keine leichte Aufgabe. Es dauerte wohl bis zu 15 Jahre, so berichten zumindest sumerische Tafeln über Schulbildung. Diese beeindruckende Zahl steht symbolisch für die gewaltige Leistung der Menschheit. Außer uns Menschen hat keine andere Art gesprochene oder geschriebene Symbole erfunden. Letztlich ist immer noch ungeklärt, warum unsere Spezies als Einzige unter den Primaten diese Fähigkeit entwickeln konnte. Forscher gehen derzeit davon aus, dass es mit der Empathie zusammenhängt: Nur wir Menschen haben ein Vorstellungsvermögen und können uns in Artgenossen hineinversetzen.

Wir wissen aber immer noch nicht, was genau die ersten Beamten befähigt hat, ein Symbol zu entwickeln. Ein Symbol steht sinnbildlich für einen Gegenstand, es hat sich oft aus dem puren Bild davon entwickelt. Das Schriftzeichen für Bier ist zum Beispiel aus dem Bild eines spitz zulaufenden Bierkrugs entstanden, dem typischen Trinkgefäß der Sumerer. Warum nehmen sie dieses Zeichen und nicht ein anderes? Gibt es vielleicht sogar Regeln für die Gestaltung von Zeichen, die tief in uns Menschen stecken?

Der amerikanische Hirnforscher Marc Changizi hat mehr als hundert alte und moderne Schriftsysteme untersucht und dabei etwas Verblüffendes entdeckt. Obwohl sie sich vom Erscheinungsbild her stark unterscheiden, sind sie sich in grundlegenden Eigenschaften extrem ähnlich. Praktisch alle Schriften greifen auf einen kleinen Fundus von Zug-Konfigurationen zurück, etwa Striche, geschwungene oder sich kreuzende Linien. In allen Kulturen der Welt haben sich Zeichen mit Formen durchgesetzt, wie sie ähnlich auch in der Natur auftauchen. Der Grund: Unser Gehirn kennt diese Grundformen schon. Forscher sprechen hier vom neuronalen Recycling. Das Gehirn muss die Formen nicht mehr »lesen« lernen. »Unser Primatengehirn akzeptiert nur einen kleinen Satz schriftlicher Formen«, sagt der Kognitionswissenschaftler Stanislas Dehaene.

Auch für die Häufigkeit, in der die Zeichen auftreten, gibt es ein universelles Muster. Je öfter eine Buchstabenform in der Natur auftaucht, umso häufiger ist auch der

Buchstabe. Die Sehrinde im Gehirn hat sich in den Jahrmillionen der Evolution an die Häufigkeiten der Bilder, Formen, Umrisse und Profile in der Natur angepasst. Unsere Neuronen haben diese sehen gelernt. Die Schrift, so die Idee, folgt später dem gleichen Weg. Jedes Zeichen verändert sich so lange, bis wir es seitens unseres Gehirns leicht lesen können.

Noch zwei weitere verblüffende Gemeinsamkeiten aller Schriften gibt es: Zum einen bestehen die Zeichen im Mittel aus drei Strichen oder Kurven, die man ohne Anhalten oder Absetzen des Stiftes zeichnen kann – und zwar unabhängig von der Zahl der Schriftzeichen in einer Sprache, also egal, ob ein Alphabet 26 oder 120 Zeichen besitzt. Häufig sind zudem noch Zeichen aus zwei oder vier Zügen. Unser T oder P bestehen aus zwei Zügen, das F oder das H aus drei Zügen, M und W aus vier Zügen. Drei Züge plus oder minus eins ist also so etwas wie der Goldene Schnitt der Schrift. Der Grund: Zeichen dieser Art können von einem einzigen Neuron der Schläfensehrinde leicht erkannt werden. In Zahlensystemen liegt die durchschnittliche Anzahl übrigens bei zwei Strichen pro Zeichen.

Zum anderen sind Schriftzeichen etwa zur Hälfte redundant, das heißt vereinfacht, wir können sie immer noch erkennen, wenn wir nur die Hälfte der Zeichen sehen. Das ist ein ähnliches Phänomen wie bei Worten, denen die Vokale fehlen. Auch hier ergänzt unser Gehirn die fehlenden Buchstaben. Beides zeigt: Offenbar ist es wichtig, dass wir Zeichen gut erkennen und leicht unterscheiden und sie damit auch schnell schreiben können.

Woher kommt nun der Drang, Gegenstände zu Zeichen zu abstrahieren? Unsere Vorfahren haben schon vor mehr als 30 000 Jahren entdeckt, dass sie auf der Wand einer Höhle oder im Lehm des Bodens ein Abbild eines Tieres oder eines Gegenstands erzeugen konnten. Und zwar mit relativ einfachen Mitteln: Ein paar Striche genügten, um einen Stier oder ein Pferd zu malen. Das Tier musste nicht leibhaftig, also dreidimensional erscheinen, das zweidimensionale Bild genügte. Was aber steckt abstrakt dahinter? Die Antwort ist einfach: der Strich. Er definiert Flächen. Striche – es können auch Vertiefungen im Felsen sein – genügen, um im Gehirn des Menschen den Stier auferstehen zu lassen. Strichmuster finden sich auch auf Knochen, man denke nur an das älteste mathematische Relikt, den 22 000 Jahre alten Knochen von Ishango mit seinen Primzahlen. Interessanterweise tauchen in sehr vielen Höhlen weltweit parallel zu den Strichzeichnungen der Tierwelt auch abstrakte Formen auf: Punkte, parallele Striche, Muster, Punkthaufen, Ovale oder Hand-Negative. Letztere entstehen, wenn die Künstler ihre Hände als Schablone verwenden und die aufgesprühte Farbe deren Umrisse nachzeichnet.

Gerade die abstrakten Formen und die Hand-Negative könnten symbolische Codes darstellen. Bis heute sind die Zeichen nicht verstanden. Lange hat die Wissenschaft sie auch nicht beachtet, verständlich angesichts der wunderbaren künstlerischen Qualität von Zeichnungen etwa in den Höhlen von Chauvet oder Lascaux. Ich selbst habe mir, als ich vor Jahren in der Dordogne unterwegs war, die Höhlen von Lascaux und Pech Merle angeschaut und hatte auch nur Augen für die stürmenden Stiere oder die jagenden Pferde. Den Umriss einer Hand entdeckte ich erst später. Solche Hände gibt es auch mit weniger als fünf Fingern. Anfangs dachte man, es seien Verstümmelungen, mittlerweile scheint klar: Es sind Codes, die gelesen werden konnten, die ersten Symbole. Meist finden sich die Fingerformen auf denselben Wänden wie bestimmte Tiere. Es gibt noch heute Stämme, die solche Zeichen verwenden, um sich stumm zu verständigen. Auch im Sport tauchen ähnliche Gesten auf. Volleyballspieler machen mit der Hand auf dem Rücken Fingerzeichen, um bestimmte Botschaften auszutauschen.

Symbolische Form und reales Abbild tauchen gemeinsam auf. Spannend dabei ist, dass sich die Kombination von Bild und Symbol in unterschiedlichen Kulturen findet, nicht nur in den Steinzeithöhlen Frankreichs oder Spaniens, sondern auch bei den Jägern und Sammlern Vorderasiens. Auch am Göbekli Tepe in der heutigen Osttürkei, wo die ältesten Tempel der Menschheit stehen, kann man neben den Tierreliefs Symbole erkennen, acht verschiedene Zeichen bislang. Die Bedeutung ist unklar, doch eindeutig haben die Zeichen einen Bezug zu den Skulpturen, die sie zieren. Die Verbindung von Bild und Symbol ist der Schlüssel zur Entwicklung der Schrift. Von hier ist der Weg zu den Beamten in Mesopotamien und zu den ersten Schriftzeichen nicht weit. Vier Bier, vier Schafe.

Die Sumerer sind vor rund 5300 Jahren die Ersten, die ein Repertoire an Grundformen aufbauen und zu einem System formen. Das erste Alphabet entsteht vor 3800 Jahren im nördlichen Teil des heutigen Syrien, vermutlich in der Gegend um die Stadt Ebla. Zu dieser Zeit gibt es dort bereits zahlreiche Schreibschulen, kleinere in Privathäusern und größere in Tempelbezirken, darunter auch die in Ebla, in der Studenten aus ganz Mesopotamien das Schreiben lernen oder auch Mathematik studieren. Die Studenten lernen meist Keilschrift und Hieroglyphenschrift, wie sie in Ägypten gebräuchlich ist. Der Sinn: Auch hier geht es darum, den Warenaustausch zwischen den Herrschern Ägyptens und Babyloniens zu organisieren. Im Studium kopieren sie dabei Wortlisten, Gesetzes- und Wirtschaftstexte und erste literarische Werke. Vieles von dem, was wir heute über das Leben dieser Zeit wissen, stammt aus solchen Schulkopien, auch zweisprachige Wortlisten, die heute das Verständnis von den alten Sprachen oft erst ermöglichen. Allein aus Ebla sind 20 000 Keilschrifttafeln erhalten geblieben.

Die Schreiber stehen im Dienst mächtiger Menschen und haben damit auch selbst großen Einfluss – allein schon, weil sie im Gegensatz zu manchen Herrschern lesen und schreiben können. Auch das erste gedruckte Schriftstück ist ein Formular – und nicht etwa so etwas Wichtiges wie die Bibel – , und zwar ein Ablassbrief, den Johannes Gutenberg 1455 mit beweglichen Lettern druckte. Der Medienrevolutionär nutzte also seine Technik, um einen standardisierten Text zu vervielfältigen. Erst die Möglichkeit, Formulare rasch in großer Stückzahl zu produzieren, machte seine Technik so wertvoll. Der erste auflagenstarke Ablassbrief half übrigens, einen Kreuzzug gegen die Türken zu finanzieren.

Interessanterweise hat es auch dann noch Jahrhunderte gedauert, bis wir Durchschnittsbürger Formulare in die Hand bekamen, um sie selbst auszufüllen. Das tut der Bürger nämlich erst seit etwa 50 Jahren eigenhändig. Lange Zeit war es üblich, dass nur wenige ausgebildete Beamte die Vordrucke für die Bürger bearbeiteten. Die Flut der Formulare erstickte jedoch irgendwann sogar die Institutionen. Einen Teil der Erfassung dürfen die Bürger jetzt selbst übernehmen. Dieser Trend verstärkt sich gerade im digitalen Zeitalter, wo wir inzwischen nahezu alle Angaben eigenhändig eintragen – bei der Online-Überweisung, bei der Amazon-Bestellung oder bei der elektronischen Steuererklärung.

Aber wer weiß, vielleicht ist auch das nur eine Etappe. Denn möglicherweise steht uns eine Welt ohne Lesen und Schreiben bevor. Zumindest, so meint der Informatiker Marti Hearst, werden die Aufzeichnung und Verbreitung von Videoaufnahmen sehr schnell einfacher und auch immer beliebter. Dann kehren wir zurück zum Bild und irgendwann könnten Texte und das geschriebene Wort wieder zu einer Domäne von Spezialisten werden, so wie früher in den Klöstern oder noch früher in den Amtsstuben der sumerischen Verwalter nur wenige Menschen die Schrift beherrschten.

Die ersten blauen Augen

Alle Menschen mit blauen Augen gehen auf einen einzigen Vorfahren zurück. Er lebte vor etwa 6000 bis 10 000 Jahren nahe dem Schwarzen Meer. Nicht auszudenken, welche unvergesslichen Dichtungen und Songs es nicht gäbe ohne diesen einen Menschen.

Es muss ein eigenartiges Gefühl sein, einen indischen Tempel zu besuchen und plötzlich Kinder auf einen zukommen zu sehen, die nur eines wollen: die eigene kleine Tochter berühren. Nur kurz streifen sie ihr über den Arm und sind schnell wieder weg. Doch schon kommen weitere, und im Hintergrund reden Mütter auf ihre Kinder ein und schicken diese nur für eine kleine Berührung los. Der Grund: Das kleine Mädchen hat strahlend blaue Augen. In Indien heißt es, es bringe Glück, ein blauäugiges Kind zu berühren.

Wer wirklich etwas über blaue Augen lernen möchte, sollte also nach Indien fahren. Vielleicht kann man dort am besten erleben, wie sich die ersten Menschen mit blauen Augen gefühlt haben, als sie die Donau entlang Richtung Mitteleuropa kamen. Wie kleine Götter vielleicht.

Das mag zwar ein wenig übertrieben sein, doch die Geschichte mit dem kleinen Mädchen ist wahr. Es ist die Tochter eines Freundes, der vor ein paar Wochen mit ihr und der Familie nach Indien gefahren ist, um die Asche seines Vaters in den Ganges zu streuen. Jeden Abend sei der Ärmel verfärbt gewesen von den vielen Händen. Vermutlich treibt die indischen Kinder der gleiche Wunsch an, ein Stück vom Glück der blauäugigen Kinder zu erhaschen, wie jene München-Besucher, die vor der Residenz einem Bronzelöwen die Schnauze blank reiben.

Blau ist also offenbar eine besondere Farbe. Goethe hat in seiner Farbenlehre über die Wirkung von Blau geschrieben: »Wir sehen das Blau gern an, nicht weil es auf uns dringt, sondern weil es uns nach sich zieht.« Studien belegen das: Blau ist weltweit über alle Kulturgrenzen hinweg die beliebteste Farbe. Auch in Deutschland steht Blau bei Umfragen nach der Lieblingsfarbe ganz oben. Fast alle Buddhas und viele Götterfiguren in Indien und China haben blaue Augen, auch einige Helden in japanischen Comics. In Ägypten ist Blau die Farbe des Göttlichen, sie spiegelt das Tiefgründige des Wassers und das Unendliche des Himmels wider. So werden auch die schlammigen Fluten des Nils, obwohl in keiner Weise blau, grundsätzlich in diesem Farbton gemalt. In westlichen Gesellschaften gelten strahlend blaue Augen ebenfalls als etwas Besonderes. Im ersten Roman der amerikanischen Literaturnobelpreisträgerin Toni Morrison mit dem Titel »Sehr blaue Augen« (The Bluest Eye) taucht ein Mädchen auf, die dunkelhäutige Pecola, die nichts lieber hätte als blaue Augen und eine helle Haut. Denn blauäugige Mädchen mit blonden Haaren finden alle schön, so denkt Pecola. Alles in ihrem Leben würde gut werden, wenn sie nur blaue Augen hätte. Sogar historisch ist die Strahlkraft blauer Augen belegt: Fünf der sieben ersten römischen Kaiser hatten blaue Augen, obwohl diese Augenfarbe im Süden sonst kaum zu finden ist.

Noch vor 10 000 Jahren wären solche Geschichten undenkbar gewesen, denn kein Mensch war damals blauäugig. Die Frühmenschen aus Afrika hatten dunkle Augen, eher dunkle Haut und dunkles Haar, ähnlich den heutigen Südeuropäern. Es war die optimale Anpassung an die Klimabedingungen. Doch wann hat die »blaue Periode« in der Menschheitsgeschichte begonnen? Und warum? Wer das herauszufinden versucht, kommt an Hans Eiberg nicht vorbei. Er ist Genetiker in Kopenhagen und ein ziemlich ruhiger Mann. Nur die Genetik kann helfen, das Rätsel um die ersten blauen Augen zu lösen. Vor kurzem hat seine Arbeit beträchtlichen Wirbel ausgelöst. Denn Eiberg hat bewiesen, dass alle Menschen mit blauen Augen, die heute leben, von einem einzigen Vorfahren abstammen. Blaue Augen hat die Natur also nur einmal erfunden. Ob dieser Blauäugige wohl damals schon als Glücksbringer galt?

Seit 1971 arbeitet Hans Eiberg daran, das menschliche Genom zu entziffern. Der Professor mit dem silbergrauen Bart und den kurzen, weißen Haaren macht auf den ersten Blick nicht viel Aufhebens um seine Arbeit zum Ursprung der blauen Augen. 300 wissenschaftliche Artikel habe er in seiner Karriere schon veröffentlicht, sagt der 66-jährige Genetiker. Das klingt so, als wolle er damit ausdrücken: Was macht da schon einer mehr oder weniger!

Doch dass auch für einen Genetiker wie ihn das Thema blaue Augen eine emotionale Seite hat, offenbart ein Detail. Eiberg hat nämlich in seinen Fachartikel über die blauen Augen ein Foto geschmuggelt, das man eher in seinem Familienalbum vermuten würde. Das Foto 1b aus der Veröffentlichung zeigt das linke Auge seiner Mutter, ein blaues Auge in Nahaufnahme. Sonst ist unter Forschern eigentlich jegliche persönliche Note verpönt. »Meine Mutter hatte einige braune Stellen im Auge«, sagt Eiberg. Das erkläre auch seine braune Augenfarbe, obwohl sein Vater ebenfalls blaue Augen hatte.

Auf den ersten Blick klingt das einfach, doch tatsächlich ist die Vererbung der Augenfarbe und -schattierung eine ziemlich komplexe Angelegenheit, die bislang auch noch nicht völlig verstanden ist. Doch allmählich filtern die Forscher Gene heraus, die am Augenpuzzle beteiligt sein könnten. Mehr als zehn Gene haben sie bislang identifiziert. Es scheint Hauptakteure im Spiel der Gene zu geben wie das »OCA2« und wichtige Mitspieler wie die Gene »bey 2« (»brown eye 2«), das Allele, also genetische Merkmale für braune und blaue Augen besitzt, und »gey« (»green eye«) mit den Allelen für grüne und blaue Augen. Jedes dieser Gene liegt in zwei Kopien vor, einer von der Mutter und einer vom Vater. Das macht die Sache wieder komplexer, denn daraus ergibt sich eine Vielzahl von Kombinationen, die schließlich die Augenfarbe bestimmen. Die Arbeit der Forscher gleicht einer intensiven Spurensuche, bei der zwar einerseits immer mehr Mechanismen klarwerden, allerdings auch zahlreiche neue Fragen entstehen. Noch ist es den Genetikern nicht gelungen, exakte Vorhersagen darüber zu treffen, welche Augenfarbe ein Kind haben wird. So ist es durchaus möglich, dass blauäugige Eltern ein braunäugiges Kind bekommen. Gleichzeitig können Kinder genetische Merkmale erben, die bei ihnen äußerlich keine Spuren hinterlassen, die aber dennoch weitervererbt und nach Generationen wieder sichtbar werden.

Das Mysterium Augenfarbe wird uns trotz aller Forschung noch eine Weile erhalten bleiben. Zumal, wenn wir auch noch all die möglichen Schattierungen und Farbmuster einbeziehen, denn diese steuern wohl wieder andere Gene. Im Internet können werdende Eltern mit einem Augenfarben-Rechner schauen, wie sich ihr Nachwuchs präsentieren wird, natürlich nur mit einer gewissen Wahrscheinlichkeit: http://museum.thetech.org/ugenetics/eyeCalc/eyecalculator.html.

Als weißer Mitteleuropäer oder Amerikaner kann man sich aber zumindest bei der Geburt relativ sicher sein, in blaue Augen zu schauen. Denn wenn Babys auf die Welt kommen, ist das Auge noch nicht voll entwickelt. Die Pigmente in der Iris braucht das Kind nicht zum Sehen, sie sollen die Augen nur gegen intensives Licht schützen. Das ist erst nach der Geburt notwendig. Babys in südlichen Ländern haben auch deshalb im Mittel dunklere Augen, weil dort die Sonneneinstrahlung intensiver ist. Die Augenfarbe hängt von der Konzentration des braunen Farbstoffs Melanin in der Iris ab – und die Zellen, die Melanin herstellen, sind erst im Lauf des ersten Lebensjahres voll einsatzbereit. Bei der Geburt ist fast noch kein Melanin vorhanden. Wer jemanden »blauäugig« nennt, bezieht sich übrigens auf die Unerfahrenheit von Babys, er hält sein Gegenüber also noch für unwissend und naiv.

Blaue Augen hatten auch schon die Steinzeitbabys. Wie aber kommt man dem Vorfahren mit den ersten blauen Augen auf die Spur, also dem ersten Menschen, bei dem das Blau nicht verschwunden ist? Eiberg und sein Kollege Jan Mohr haben bereits in den 1970er Jahren begonnen, Erbgutproben von Familien in Kopenhagen zu sammeln. Doch für ihre Spurensuche brauchen sie ganz spezielle Voraussetzungen. Sie müssen wissen, wo sie im Erbgut nach Veränderungen forschen sollen und sie brauchen das richtige Material, also Erbgutinformationen aus großen Familien über mehrere Generationen. Erst damit sind sie in der Lage, den Verlauf von Veränderungen in der Augenfarbe zu verfolgen. Eiberg kann auf die Gendaten aus der Copenhagen Family Bank zugreifen, dort lagern mittlerweile Geninformationen von 6000 Personen aus 850 Familien, in vielen Fällen hat er die Daten aus drei Generationen. Um die Analyse möglichst stichhaltig zu machen, wählt Eiberg Familien mit mindestens vier Kindern.

Die tatsächliche Forschung ist dann ein geduldiges Puzzlespiel, das sich manchmal über Jahrzehnte hinzieht. Den Ort, an dem das Gen für blaue oder braune Augen sitzt, hat Eiberg 1998 entdeckt, in einer bestimmten Region auf dem Chromosom 15. Doch dann das tatsächlich beteiligte Gen zu finden kann schon mal zehn Jahre dauern. Genetiker müssen also geduldig sein, auch wenn es um so ein schönes Thema wie blaue Augen geht.

Einen ersten Hinweis, wo sie suchen mussten, hatte der Australier David Duffy gegeben. Ein Gen namens »OCA2« – eine Abkürzung des fast unaussprechlichen Namens »Okulokutaner Albinismus vom Typ 2« – sei entscheidend im Genpuzzle um die Augenfarbe. Das Gen liefert im Prinzip eine Art Bauplan für ein Eiweiß, das wiederum regelt, wie viel Melanin hergestellt wird. Es steuert also die Augenfarbe mit. Ist es defekt, löst es bei manchen Menschen Albinismus aus.

Das ist die letzte Bestätigung für Hans Eiberg, sich die Region um dieses Gen genauer anzuschauen. Dass es mit der Farbe der Augen etwas zu tun hat, war ihm schon länger klar, nur nach einer Mutation hatte er bis dahin noch nicht gesucht. Findet Eiberg eine Mutation in diesem Gen, die bewirkt, dass weniger Melanin in der Iris entsteht, hätte er eine mögliche, wenn nicht die alleinige Ursache dafür gefunden, dass unter lauter Braunäugigen plötzlich ein einziger Mensch mit blauen Augen gelebt haben könnte. Unter sterilen Bedingungen macht er sich in seinem Hightech-Genlabor auf die Suche.

Den Forschern hilft bei ihrer Detektivarbeit vor allem die dänische Familie mit der Registernummer CFB 694 – eine Großfamilie mit 17 (!) Kindern. Der Grund: Vererbte Merkmale lassen sich in großen Familien gut verfolgen. Eiberg erklärt der Familie sein Projekt, denn nur mit ihrer Hilfe kann er das Rätsel der blauen Augen aufklären. Der Familie sei die Bedeutung der Arbeit durchaus bewusst gewesen, erzählt der Genforscher. So antworten sie geduldig auf alle Fragen, die Eibergs Mitarbeiter stellen. Die Familienmitglieder sollten dabei unter anderem auch ihre Augen exakt beschreiben.

Die Eltern hatten blaue Augen beziehungsweise braune mit einem schmalen, helleren, teilweise grünlichen Rand. Bei den Kindern sind sie strahlend blau oder blau mit braunen Pünktchen, haselnussbraun mit grünem Ring außenherum oder dunkelbraun. Die Forscher notieren jedes Detail, photographieren zudem jedes Auge der Kopenhagener Familie, es gibt sowohl Kinder mit rein braunen sowie welche mit rein blauen Augen. Für Hans Eiberg und seine Kollegen vom Panum-Institut, einem nüchternen Bau im Zentrum von Kopenhagen, ist die Familie ein Glücksfall.

Eibergs Ergebnisse sind erstaunlich: Er findet eine einzige Mutation im Gen »HERC2«, das direkt neben dem »OCA2«-Gen liegt. Offenbar beeinflussen sie sich gegenseitig. Die Mutation im einen Gen wirkt sich auch auf das »OCA2«-Gen aus, es wird praktisch in seiner Funktion eingeschränkt. Alle blauäugigen Familienmitglieder der dänischen Großfamilie haben exakt diese Mutation.

Und nicht nur sie: Auch Hunderte weiterer Dänen aus der Datenbank mit blauen Augen haben diese Mutation im Gen. Doch damit nicht genug: All diese blauäugigen Menschen haben außerdem noch den gleichen Haplotyp. Diese von der mütterlichen oder väterlichen Seite vererbte Abfolge von spezifischen, genetischen Merkmalen schauen sich Forscher an, um gemeinsame Vorfahren zu belegen. Das Ergebnis ist perfekt. Zur Kontrolle untersuchen die Forscher auch noch das Erbgut von blauäugigen Menschen aus der Türkei und Jordanien. Auch hier entdecken sie die exakt gleiche Mutation und den gleichen Haplotyp. Damit ist endgültig klar: Offensichtlich ist die Mutation von demselben Menschen vererbt worden.

Eiberg weiß nun, dass es tatsächlich nur einen Adam oder eine Eva mit blauen Augen gegeben hat. Bei ihm oder ihr musste also zufällig ein Hebel im Gen »HERC2« umgekippt sein, der auch das Gen »OCA2« stilllegte. Das Gen produzierte kein Melanin mehr in der Netzhaut des Auges. Als Folge dieses Gendefekts fehlte der braune Farbstoff. Die Iris erschien dadurch blau, weil es kein Braun mehr gab. Hans Eiberg findet dafür ein schönes Bild: Die braunen Augen wurden sozusagen zu blauen Augen verdünnt.

Doch wann und wo könnte dieser erste Blauäugige gelebt haben? Hier helfen wiederum genetische Untersuchungen. Wir wollen verfolgen, in welchen Etappen die Menschen sich ausgebreitet haben. Forscher der Universität Mainz haben im Jahr 2010 mit Hilfe genetischer Analysen nachgewiesen, dass Siedler von der Mittelelbe ihre Wurzeln im Nahen Osten haben. Nach der letzten Eiszeit haben sich die ersten Ackerbauern und Viehzüchter von dort aus entlang der Küste des Schwarzen Meeres auf den Weg Richtung Mitteleuropa gemacht. Sie sind dann über Südosteuropa und das Karpatenbecken eingewandert, zogen schließlich die Donau hoch bis nach Mitteleuropa. Statistische Analysen sagen, dass diese Migrationsbewegungen und die damit verbundene Wanderung der Gene rund 6000 bis 10 000 Jahre gedauert hat. Auch unser Vorfahr mit blauen Augen war unter ihnen. Er muss irgendwann wie aus dem Nichts aufgetaucht sein, ein Baby, das sicher inmitten von Menschen mit sehr dunklen Augen Aufsehen erregt hat.

Fassen wir die bisherigen Erkenntnisse unserer Spurensuche zusammen: Es gibt einen einzigen Vorfahr mit blauen Augen, er lebte vor rund 8000 Jahren in Südosteuropa. Eine genaue räumliche Auflösung liefert die Genetik nicht. Doch Hans Eiberg will auch das genauer wissen. Er holt sich Hilfe bei dem italienischen Forscher Luigi Cavalli-Sforza. Der bringt eine weitere spannende menschliche Eigenschaft ins Spiel: die Sprache. Seine Idee: Wenn Menschen wandern, nehmen sie ihre Sprache mit. Cavalli-Sforzas Analysen basieren auf der Überlegung, dass es eine Parallele gibt zwischen dem genetischen Verwandtschaftsgrad von Volksgruppen und deren Sprachen. Das Thema ist ziemlich komplex und auch nicht unumstritten. Er habe Cavalli-Sforzas Veröffentlichungen ausgewertet, erzählt Hans Eiberg. Dieser hat eine Art genetischen Stammbaum der Sprachen erstellt, insbesondere interessieren hier die indogermanischen Sprachen. Die meisten Forscher gehen mittlerweile davon aus, dass sich die Sprache entsprechend der Migrationsbewegungen der Menschen ausbreitet. So wie Genetiker die Verbreitung von Genen verfolgen, suchen die Linguisten nach der Häufigkeit von Wörtern mit gemeinsamem Ursprung. Rund 200 Wörter und ihre Veränderungen spiegeln wider, wie Sprachen sich ausbreiten und wie sie miteinander verwandt sind. Nach aktuellem Forschungsstand liegen die Wurzeln der indogermanischen Sprachen nordwestlich des Schwarzen Meeres. Damit ist auch Eiberg am Ziel: Der Mensch mit den ersten blauen Augen stammt aus der Gegend am Schwarzen Meer.

Doch damit ist erst der Anfang geklärt. Wir müssen einen kurzen Blick in die Region werfen, in die der Blauäugige bald einwandern wird. Mitteleuropa ist vor rund 10 000 Jahren nicht besonders dicht besiedelt, die Neandertaler leben schon geraume Zeit nicht mehr. Nur Jäger- und Sammlersippen durchstreifen die tundraartigen Landschaften, die von den letzten Gletschern freigegeben wurden. Das Leben ist für die Menschen nicht einfach, sie müssen zum Beispiel entscheiden, ob sie mit den Mammuts und Rentierherden in die kälteren Regionen des Nordens ziehen oder der Klimaerwärmung trauen und in den sich stetig ausbreitenden Wäldern heimisch bleiben.

In dieser Situation kommen irgendwann vor rund 7500 Jahren fremdsprachige Einwanderer aus dem Nahen Osten an, darunter auch schon vereinzelt Menschen mit blauen Augen, sie führen Hausrinder und Schweine mit sich – und bringen eine völlig neue Lebensweise mit. Die Einheimischen sehen sich also gleichzeitig mit drei ihnen bis dahin unbekannten Eigenschaften konfrontiert: einer unbekannten Sprache, einem faszinierenden äußeren Merkmal und einem neuen Modell zu leben.

Was das ausgelöst hat, darüber lässt sich nur spekulieren. Ob die Farbe Blau schon vor 10 000 Jahren die gleiche emotionale Wirkung hatte wie heute, ob die Menschen sie damals schon mit Begriffen wie Harmonie, Treue, Sehnsucht und Klarheit assoziierten? Wir wissen es nicht.

Blaue Augen müssen in der Evolution einen Vorteil gehabt haben, sonst hätten sie sich nicht durchgesetzt. Eine Mutation kann gut für ein Lebewesen sein oder schädlich oder es überhaupt nicht beeinflussen. So als würde man aus Versehen einen anderen Weg nehmen und dann merken, ob der nun besser oder schlechter ist als der gewohnte. Eine Mutation, die in Skandinavien oder in der Arktis von Vorteil ist, kann etwa am Äquator sinnlos sein.

Blaue Augen sind attraktiv, sagen Evolutionspsychologen, oder, wie die Gruppe Ideal einst sang: »Blaue Augen sind einfach phänomenal.« Der Forscher würde sagen: Menschen mit seltenen Merkmalen fallen mehr auf und gefallen auch häufiger. Möglicherweise wirkten Menschen mit blauen Augen als Sexualpartner anziehend und hatten einen Vorteil bei der Partnerwahl, weil ihre Augenfarbe sie aus der Masse heraushob.

Norwegische Psychologen ließen Männer mit braunen und mit blauen Augen Bilder von blau- und braunäugigen Frauen anschauen, wobei nur jeweils die Augenfarbe verändert war. Nur die blauäugigen Männer hatten in ihrer Wahl einen klaren Favoriten: Frauen mit blauen Augen. Ob das zum Beispiel beim blauäugigen Brad Pitt eine Rolle gespielt hat, als er um die ebenfalls blauäugige Angelina Jolie warb? Dann sollte sich Brad Pitt auch mal mit der Analyse der Forscher auseinandersetzen. Die meinen nämlich, die Wahl sei eine einfache Strategie, um bei seinem Nachwuchs per Augenschein zu erkennen, ob man betrogen wurde oder nicht. Nachdem es bis vor kurzem weder Augenfarbenrechner noch Schwangerschaftstests gab, hätten Männer so ein simples Instrument gehabt, um ein Kuckuckskind zu identifizieren. Alle nicht blauäugigen Kinder wären verdächtig gewesen.

Wir wissen inzwischen, dass diese Analyse zu simpel gedacht ist. Womöglich haben das blauäugige Frauen schon immer geahnt: Der norwegischen Studie nach sind ihnen nämlich umgekehrt die blauen Augen des Mannes egal, auch braunäugige Frauen reagieren nicht auf das leuchtende Blau.

Viele Forscher halten den Attraktivitätsaspekt für schlüssig, einige setzen dagegen auf eine andere Theorie, die mit unserem Vitamin-D-Haushalt zusammenhängt. Es fällt auf, dass die meisten Menschen mit blauen Augen in nördlichen Regionen leben, vor allem rund um die Ostsee. Estland ist mit einem Anteil von mehr als 90 Prozent das Land der blauen Augen, dann folgen die Finnen. Welchen Vorteil könnte eine blaue Augenfarbe gerade in dieser Region gehabt haben?

Menschen mit blauen Augen haben meist auch eine hellere Haut. Wie im Auge ist Melanin auch in der Haut für die braune Farbe zuständig. Je heller die Haut, umso mehr Sonnenlicht kann eindringen, und in der Folge mehr lebenswichtiges Vitamin D entstehen. Es ist wichtig für Knochen und Zähne. In Nordeuropa ist die UV-Einstrahlung aufgrund der höheren Breitengrade und des oftmals schlechteren Wetters geringer, deshalb sind die Menschen darauf angewiesen, leichter Vitamin D herstellen zu können.

In Europa leben nicht nur mehr Blauäugige als anderswo, hier variieren auch die Hauttöne und Haarfarben am stärksten: von blond über brünett zu rothaarig, von blässlicher, fast transparenter bis zu fast bronzefarbener Haut. Die Menschen haben sich an die kältere, dunklere Welt des Nordens angepasst. Im Norden und Osten Europas haben zwischen 50 und 80 Prozent der Menschen blaue Augen, im Süden Europas sinkt der Anteil auf unter 20 Prozent. In Zentralafrika oder auch in Asien leben fast ausschließlich Menschen mit nahezu schwarzen Haaren und braunen Augen. Im Lauf von Jahrtausenden ist eine große Vielfalt im Genpool entstanden. Vieles, was uns heute im Alltag selbstverständlich erscheint, ist erst seit ein paar tausend Jahren möglich – in evolutionären Dimensionen ist das wie ein Wimpernschlag.

Um vom Schwarzen Meer nach Norddeutschland zu kommen, haben die Migranten 4000 Jahre gebraucht. Im Schnitt breiteten sich die blauen Augen also pro Generation 25 Kilometer weiter Richtung Norden aus. Weil sie als Bauern kulturell den ortsansässigen Jägern und Sammlern überlegen sind, konnten sich die Einwanderer aus dem Süden schnell vermehren. Bauern hatten im Schnitt mehr Kinder als Jäger und Sammler. Je weiter also die Menschen mit der blauen Genvariante nach Norden kamen, umso phänomenaler waren ihre Vorteile – was für eine erfolgreiche Expansion in Blau!

Das erste Bier

Wenngleich die älteste noch produzierende Brauerei der Welt in Weihenstephan bei München steht, ist dort nicht der Ursprung des Bieres zu finden. Auch nicht an einem anderen Ort in Süddeutschland, sondern ausgerechnet in einer Gegend, die wir heute gar nicht mehr mit Alkohol in Verbindung bringen – in Mesopotamien.

Bier ist Rausch. Das ist eine einfache Formel. Leicht überprüfen lässt sie sich auf dem Münchner Oktoberfest in einem der großen Festzelte. Je schneller das Bier die Kehlen hinunterrinnt, desto mehr steigt die Stimmung. Die Kapelle spielt, die Menschen grölen und schunkeln, das Essen in den Bierzelten ist Nebensache. Wichtig ist, dass die Bierkrüge aneinanderknallen und der Rauschpegel nach oben geht. Selbst Touristen aus Australien oder lustig kichernde Japaner stimmen dann die bayerische Hymne auf das Bier an: »Ein Prosit, ein Prosit der Gemütlichkeit. Oans, zwoa, g'suffa.«

Warum soll das mit der Gemütlichkeit vor einigen Jahrtausenden anders gewesen sein, wenn sich die Menschen im Vorderen Orient zu einem kultischen Fest versammelten – und erstmals auch Bier tranken? Die profane und eingängige Bierhymne »Oans, zwoa, g'suffa« ist nicht die erste ihrer Art. Schon vor mehr als 5000 Jahren gab es eine Göttin des Bieres und des Alkohols und ein Loblied darauf, wie sumerischen Tontafeln zu entnehmen ist. Allerdings kam die Urhymne des Biers ungleich eleganter daher. Ninkasi, die Bier-Göttin, ist »aus dem sprudelnden Wasser geboren«: »Du bist es, die das Bierbrot im großen Ofen bäckt (...) Du bist es, die das Malz in einem Krug aufquellen lässt; die Wogen steigen, die Wogen fallen. (...) Ninkasi, du bist es, die das gefilterte Bier aus dem Auffanggefäß holt, es ist wie der Ansturm des Tigris und des Euphrat.« Der Text steht auf einer 3900 Jahre alten Keilschrifttafel, und man könnte ihn als eine erste Anleitung zum Bierbrauen lesen, welche Materialien man dafür braucht und welche Geräte und Arbeitsschritte notwendig sind dafür. Es ist die detaillierteste Beschreibung der Sumerer für Getreidebier. In manchen Jahren wird in Mesopotamien – dem Land, in dem gemäß der Bibel »Milch und Honig fließen« – fast die Hälfte der Getreideernte benutzt, um daraus Bier zu brauen.

Die dunkelgelbe Flüssigkeit im Glas leuchtet kräftig in der schräg einfallenden Sonne. Martin Zarnkow riecht daran und nimmt einen kleinen Schluck. Das Gebräu lässt durchaus eine gewisse Ähnlichkeit mit Bier zu. Der Mitarbeiter des Lehrstuhls für Brauerei- und Getränketechnologie in Weihenstephan bei München ist Jahrtausende später dem Rätsel des alten sumerischen Biers auf der Spur. Sein Eindruck: Der gewohnte Biergeruch fehlt, auch die bittere Note. Im Kleinen Sudhaus des Lehrstuhls hat er seine Versuchsanordnung aus Metallständern, Schläuchen und Glasbehältern aufgebaut.

Das erste Zwischenergebnis seiner Experimente sind vier seltsame Biermischungen, drei eher milchtrübe Gebräue und eben das dunkelgelbe. In dieser Art Urbier hängen in der Schaumdecke noch zahlreiche Getreidestücke. Es war vor mehr als 3000 Jahren im antiken Mesopotamien, der Wiege der Bierkultur, ein Alltagsgetränk – und nun forscht Martin Zarnkow in Weihenstephan an der Wiederauferstehung des Ururtyps.

Bier stellen die Braumeister seit Jahrtausenden nach dem gleichen Prinzip her: Aus dem unlöslichen Stärkemolekül im Getreide wird löslicher, fermentierbarer Zucker, eine süße Würze. Bier sei flüssiges Brot, heißt es. Ganz verkehrt ist das nicht, und gerade in Bayern kokettiert man während der Fastenzeit gern mit derlei markigen Sprüchen. Man kann das selbst ausprobieren, wenn man etwa Weizenkörner eine Weile in Wasser liegen lässt. Vorher sind sie hart und schmecken fad, nach einem Tag im Wasser jedoch weich, und sie haben einen süßlichen Geschmack. Beim Einweichen und der anschließend beginnenden Keimung werden nämlich Enzyme gebildet, die das Korn zum Leben erwecken, erklärt der Bauingenieur. Wenn das Korn keimt, verwandeln die Enzyme Stärke in Malzzucker. Das Keimen lässt sich stoppen, wenn man die gekeimte Gerste oder den Weizen in einem heißen Raum trocknet. In Mesopotamien haben die Menschen die keimenden Körner auf Matten auf den Dächern ihrer Häuser in der heißen Sonne ausgebreitet, um den Prozess zu unterbrechen. Sie haben das Malz dann in Steinmühlen geschrotet und wieder in ein großes Gefäß mit Wasser gegeben. Hefen, die natürlicherweise überall in der Luft vorhanden sind, wandeln den Zucker in Alkohol um. Nur eine richtig stabile Schaumkrone hatte das Bier damals nicht – denn noch enthielt es keinen Hopfen. Der kam erst im Mittelalter hinzu. Als Bestandteil von Bier erwähnte ihn erstmals Hildegard von Bingen im 12. Jahrhundert.

Das Dorf liegt auf einem kleinen Hügel, von dem aus sich die Felder gut überblicken lassen, auch zum Fluss mit seinen üppigen Auwäldern ist es nicht weit. Rund um den Hügel nehmen damals die Ackerflächen zu, denn immer mehr Menschen lassen sich an den abfallenden Rändern des Gebirges nieder.

Im Frühjahr, wenn die Saat keimt, feiern sie in ihrer Siedlung ein großes Fest. Dazu kommen auch Leute aus weiter entfernten Gegenden. Es ist dann Aufgabe der Frauen, ausreichend Bier zu liefern. Große Mengen kräftiges Bier brauen sie meist gemeinsam, allein wäre das nicht zu schaffen. Jetzt sitzen ein paar von ihnen auf Steinen unterhalb des Dorfs. In ihrer Mitte steht ein großer Krug, aus dem sie zufrieden mit einem langen Halm Bier saugen. So gelangen weniger von den groben Getreidebröckchen und den Spelzen in den Mund, die noch oben auf dem Bier schwimmen. Das Gebräu schmeckt frisch. Sie hatten schon an der Schaumdecke im großen Biergefäß gesehen, dass es gut wird. Richtig lebendig sah der Schaum aus, warf ständig neue Blasen, die bald wieder zerplatzten. Sie dürfen später nicht vergessen, das frische Gebräu in den offenen, fassförmigen Tongefäßen noch einmal umzurühren und mit dem Schaum gleich neues Bier anzusetzen.

Nur wenige Kilometer von der Siedlung entfernt liegt der Vulkan Karacadağ, an dessen flachen Hängen auf weiten Flächen das Einkorn wächst. Im Herbst lassen sich die großen Körner gut ernten. Die Dorfbewohner müssen nur aufpassen, dass die wilden Esel und vor allem die Gazellen nicht die Felder kahlfressen.

Aus dieser ersten Zeit vor rund 9000 Jahren gibt es keine unmittelbaren Nachweise. Viele Forscher gehen davon aus, dass das erste Bier direkt aus Getreide entstand, möglicherweise sogar aus mühsam gesammelten wilden Gräsersamen. Das früheste bekannte Dokument eines Brauverfahrens sind einige rund 6000 Jahre alte Tontäfelchen. Auf ihnen ist beschrieben, wie die Sumerer damals das Getreide enthülsen, wie sie die Körner säubern und anfeuchten, daraus später Fladen backen, diese dann in Wasser einweichen und so Bier brauen. Ein gewisser Herr Blau hat diese Täfelchen gefunden, die heute im Louvre in Paris aufbewahrt werden, weshalb die Tafeln auch »Monument bleu« heißen. Aus heutiger Sicht ist es natürlich schade, dass es keine älteren Keilschrifttafeln gibt. Die Sumerer hätten sonst wohl mit ihrer bürokratischen Ader auch die Anfänge der Bierherstellung beschrieben.

Als die ersten Tontafeln auftauchen, ist das Bier jedenfalls längst Allgemeingut. Es gibt in den Städten auch schon Kneipen, die Bier ausschenken. Und die ersten Brauereien, die den Kneipen das Bier liefern. Eines der ältesten Schriftzeichen ist das Zeichen für Bier: ein Krug mit trichterförmigem Hals, breiten, gerundeten Schultern und einem spitz zulaufenden Gefäßkörper, dessen Inhalt durch zahlreiche Striche angedeutet wird, ein Hinweis darauf, dass in der Flüssigkeit noch feste Substanzen schwimmen.

Die Frauen haben den Krug mittlerweile ausgetrunken, die restliche trübe Brühe mit den Spelzen des Getreides schütten sie weg. Die harten Getreidereste sind nicht nur unangenehm, sie schleifen auch die Zähne ab. Bei den Älteren sieht man schon deutliche Spuren am Gebiss, das bei manchen nur noch aus kurzen hässlichen Stumpen besteht.

Doch das ist schon der einzige Nachteil. Alle im Dorf trinken gern Bier, auch die Kinder bekommen es. Es schmeckt und obendrein ist es auch nahrhaft und gesünder als das oft verseuchte Flusswasser. Seit die Frauen angefangen haben, auch größere Körner auszusäen, hat sich der Ertrag verbessert und das Bierbrauen ist schon fast Routine geworden. Nur das Lagern der Körner nach der Ernte im Sommer oder Frühherbst macht ihnen Sorgen. Ist es zu feucht, bildet sich ein modriger Flaum, oder schwarze Pilze überziehen die Körbe. Sind die Körbe schlecht belüftet und nicht verschlossen, kommen Käfer, Motten und Mäuse heran. Und alles ist dann hin. Am besten ist es, wenn sie die Körner in einer Hütte auf Matten lagern, nicht zu dicht geschüttet und gut von unten belüftet.

Doch an einem Festtag wie heute will keiner grübeln, die Frauen gehen wieder zurück zur Feier, wo es gebratenen Auerochsen gibt – und ihr Festbier. Solch ein Gelage macht immer Spaß, weil alle Clans aus der Umgebung zusammenkommen und Waren tauschen. Und auch Frauen. So manche Beziehung im Dorf hat bei so einem Fest ihren Anfang genommen.

Heute ist Alkohol gesellschaftlich etabliert. Oder wann waren wir zuletzt auf einem Fest, auf dem es kein Bier oder keinen Wein gab? Da fallen einem höchstens Kindergeburtstage ein. Und das, obwohl wir wissen, wie schädlich Alkohol ist. »Die Leber wächst mit ihren Aufgaben«, ist die Kalauerform des medizinischen Wissens. Suchtkliniken, prominente Alkoholiker, selbst die Saufexzesse auf dem Münchner Oktoberfest, die mit Schlägereien enden und bei denen Hunderte Männer volltrunken den Hang hinter den großen Festzelten mit ihrem Urin tränken, verändern die gesellschaftliche Einstellung zum Alkohol nicht grundlegend. Warum aber beeindruckt die meisten Menschen dieses Wissen um die schädigende Wirkung so wenig? Spüren wir, dass die berauschende Wirkung des Bieres für den Zusammenhalt in einer Gemeinschaft eine Rolle spielt und Zusammenhalt für Gesellschaften wiederum hoch zu bewerten ist? Ob wir möglicherweise sogar bewusst – auch sozial gesehen – einen solchen Schaden in Kauf nehmen, weil uns diese Gemeinschaft stiftende Wirkung wichtiger ist? Auffallend ist jedenfalls, dass wir berauschende Mittel wie Alkohol am häufigsten in einer Gruppe zu uns nehmen, speziell bei Partys oder großen Festen.

Die ersten öffentlichen Treffpunkte bei den Sumerern waren neben religiösen Anlagen die Wirtshäuser mit Bierausschank. Die meisten wurden übrigens von Frauen geleitet, wie zahlreiche Schriftquellen vermerken. Und Bier war von Beginn an mit Geselligkeit und Kommunikation verbunden. Es gibt Theorien, wonach vielleicht sogar schon vor 10 000 Jahren der Ackerbau nur erfunden wurde, um den Wunsch nach Berauschung erfüllen zu können. Archäologen wie Klaus Schmidt glauben, dass bereits die Jäger und Sammler vom Göbekli Tepe Bier gebraut haben könnten, noch mit wildem Einkorn. Zusammen mit Martin Zarnkow sucht er derzeit nach den frühesten Spuren am Heiligtum, eine große Steinwanne könnte als Braubottich gedient haben. Noch gibt es hier keine wissenschaftlichen Ergebnisse.

Gleichzeitig rückt damit eine sozial-psychologische These in den Vordergrund, die erklären könnte, warum das Bier solch einen Siegeszug angetreten hat. Der Münchner Evolutionsbiologe Josef Reichholf hat sie provokant und griffig in seinem Buch *Warum die Menschen sesshaft wurden* formuliert: »Am Anfang war das Bier!« Aus dem Festplatz wird ein fester Platz, wo sich alle dem »wohldosierten Drogengenuss« hingeben.

Es geht eben bei den Treffen nicht um den Alkohol an sich, sondern um das die Gemeinschaft stärkende Gruppen-Trinken. Das verbindet heute wie damals, egal, ob unter den ersten Bierbrauern in einem Dorf an den Hängen des Taurus-Gebirges oder heute beim Straßenfest.

Dass Bier als Kulturgut gilt, zeigte sich auch darin, dass zwei Fässer Bier 1836 die erste Fracht waren, die in Deutschland – von Nürnberg nach Fürth – mit der Eisenbahn befördert wurde.

Dass man Bier aus Getreide machen kann, ist sicher einem Zufall zu verdanken. Nehmen wir einmal an, eine Frau sei die erste Brauerin gewesen. Das ist deshalb naheliegend, weil es Sache der Frauen war, sich um die Nahrung zu kümmern. Die Frau wohnt in einem Haus mit einem begehbaren

Lehmdach. An einem Morgen, es ist einer der heißesten Tage im Jahr, schüttet eines ihrer Kinder beim Herumtoben den Wasserkrug um, und der zerbricht ausgerechnet über einer Steinschale mit Gerste. Die Mutter ist natürlich wütend und lässt die Schale mit dem feuchten Getreide in ihrem Ärger erst einmal stehen – was soll man damit auch sonst noch anfangen! Am Nachmittag fällt ihr die Schale wieder ein. Vielleicht kann man die Körner wieder trocknen, denkt sie und trägt sie auf das Lehmdach ihres Hauses. Wenn nicht, können die Vögel sie haben.

Als die Frau am nächsten Tag nachschaut, sehen die Körner äußerlich wie sonst aus, nur größer, und sie fühlen sich weicher an. Erstaunt nimmt sie eins der Körner in den Mund und kaut darauf: Es schmeckt süßer als sonst. Und als sie die Körner danach in ihre Steinmühle steckt, stellt sie fest, dass man sie auch besser schroten kann. Tage später kommt sie auf die Idee, das geschrotete Korn in einen großen Tonkrug mit Wasser zu schütten, um es ein wenig zu versüßen. Und tatsächlich, nach Tagen wird ein sehr wohlschmeckendes Getränk daraus.

Natürlich ist so ein Detail nicht überliefert, es gibt keine Funde dazu, die einer Person zuzuordnen sind. Die Überlegungen beziehen sich eher auf brautechnische Notwendigkeiten. Doch alle Voraussetzungen sind gegeben: Getreide, Wasser, die Steinmühlen zum Schroten, die nötige Hitze auf den flachen Hausdächern.

Entscheidend ist, dass sich das Bewusstsein verändert hatte. Vor rund 10 000 Jahren begriffen die Menschen, dass es gut ist, Felder zu bewirtschaften und sich niederzulassen – auch wenn sie zunächst hart dafür arbeiten mussten, um gute Erträge zu bekommen. Sie halfen sich gegenseitig und merkten, dass es für alle von Vorteil ist, gemeinsam zu planen. Bier und Getreide als Grundnahrungsmittel spielten im Alltag schnell eine wichtige Rolle. Die ersten festen Behausungen waren Vorratshütten. Und Bier ist nährstoffreich und war damals auch weniger keimbelastet als Wasser. Damit setzte ein wichtiger Prozess ein. Die Menschen begannen, sich von der Natur unabhängiger zu machen. Sie warteten nicht länger darauf, dass ihnen die Natur Nahrung anbietet, sondern stellten sie nun selbst her. Dieses Gefühl dürfte unsere Vorfahren durchaus stolz gemacht haben. Nachdem die Menschen, überspitzt gesagt, Jahrzehntausende nur ihre Wurftechnik verbessert hatten, um Tiere zu jagen, wagten sie hier eine entscheidende Neuerung.

Das Taurus-Gebirge, die wasserreichen Südhänge des Libanon im Westen, die fruchtbaren Ebenen Mesopotamiens und das sie begrenzende Zagros-Gebirge im Osten waren hierfür ein ideales »Testgelände«. Je weiter die Menschen nämlich nach Süden kamen, umso schwerer wurde es, sich aus der Natur zu ernähren, umso weniger Trinkwasser gab es. Auch das war bei Temperaturen von oft mehr als 50 Grad Celsius entscheidend. Das Getränk und Nahrungsmittel Bier hatte eine immense Bedeutung für die Entwicklung der gesamten Region, die dadurch eine große wirtschaftliche und kulturelle Blüte erlebte.

Auch in Europa gab es Süßgräser, aber die nahm niemand wahr. Hafer zum Beispiel wurde erst in der römischen Zeit als Getreide kultiviert, vorher galt er als Unkraut. Nur im Vorderen Orient verstanden die Menschen, welche Möglichkeiten diese zunächst spärlichen Körner an den Ähren der Wildgetreide boten. In der Nähe von Göbekli Tepe in der heutigen Südosttürkei, wo vor 12 000 Jahren die ersten Tempelanlagen entstanden und offensichtlich auch große Feste gefeiert wurden, haben sie das Einkorn, einen Vorläufer des Weizens, domestiziert, das belegen genetische Analysen.

Wie aber haben die Menschen aus einem zufälligen Gärprozess ein technisches Verfahren entwickelt? Forscher wie Martin Zarnkow meinen, dass sie beim Brauen eine Art Kaltmaischverfahren anwendeten, bei dem schon bei circa 35 Grad Celsius fermentierbare Zucker entstehen. Diese vergären hier bei niedrigen Temperaturen und werden nicht, wie heute üblich, auf rund 70 Grad Celsius erhitzt. Bei den heißen Temperaturen, wie sie im Süden der Türkei und im Norden Syriens herrschen, dauerte es gar nicht lange, bis das Getreide keimte und dann später trocknete. Das sich bildende Malz ließ sich gut lagern, so wie auch später das Bier – ein riesiger Vorteil in heißen Gegenden.

Prinzipiell könnten die Menschen vor 10 000 Jahren Bier zuerst auch aus gebackenem Brot gemacht haben. Überlieferungen gibt es dafür nicht. Die ersten Beschreibungen eines Brotbieres tauchen auf mehr als 5000 Jahre alten Tafeln in der sumerischen Literatur auf. Legt man strohige Laibe in Wasser ein, entsteht ein trübes, alkoholisches Getränk. Altes, trockenes Brot hätten die Menschen dann nicht einfach weggeworfen, sondern wieder aufgeweicht, und die überall in der Umwelt vorhandenen Hefen und Milchsäurebakterien daraus dann ein haltbares, angenehmes Getränk gemacht. Kwas, ein Brottrunk aus dem heutigen Russland, ist eine immer noch gebräuchliche Art dieser Resteverwertung. Es schmeckt leicht säuerlich, gibt man aber Johannisbeeren, Rosinen oder Minze zu, wird es süßlich. Die Russen trinken jährlich rund 900 Millionen Liter des kohlesäurehaltigen Erfrischungsgetränks.

Gegen diese Idee spricht allerdings: Richtiges Brot zu backen ist ziemlich kompliziert, es entsteht nämlich ebenfalls mit Hilfe von Gärung. Sauerteigbakterien lassen den klebrigen Teig aufgehen, aber der Prozess stoppt, wenn das Brot im Ofen gebacken wird. Bier direkt zu brauen scheint im Vergleich dazu einfacher zu sein.

Eine typische Mahlzeit unserer Vorfahren bestand aus Gerstenbrot, einer Suppe oder Grütze – und aus Bier. Gemüse oder Obst gab es vor allem in südlicheren Regionen des Vorderen Orient nur selten. Bier lieferte Mineralstoffe wie Kalium oder Magnesium und viele notwendige Vitamine, vor allem aus der Vitamin-B-Gruppe. Für die Menschen war Bier damit überlebenswichtig. Es tat ihnen einfach gut, Skelettfunde aus der Gegend belegen das. Die Menschen hatten stabilere Knochen. Auch die Mangelerkrankung Skorbut ging zurück. Wenn man die Vorteile des sumerischen Biers aufzählt, kommt man sich schnell mal vor, als würde man einen kleinen Werbebeipackzettel für die Brauindustrie schreiben: So sind zum Beispiel Mineralien und Spurenelemente im Bier gut für die Nerven oder das Herz, sie aktivieren bestimmte Enzyme und Hormone. Im Bier kommen zudem keine Krankheitserreger vor.

Eine Erfolgsstory beginnt: Nachdem die Menschen im Zweistromland es aus der Wildform gezüchtet hatten, wurde Gerste in den Jahrtausenden danach das am häufigsten angebaute Getreide. Es war das erste in großem Stil kultivierte Korn, weshalb vor rund 6000 Jahren das sumerische Wort für Gerste auch das Wort für Getreide ist.

Doch wie genau haben die Braumeister ihre Rezepturen verfeinert? Wie in einem Indizienprozess lassen sich die Rezepte der Urbiere aus archäologischen Funden, Keilschrifttafeln und ständigen Experimenten im Sudkessel Stück für Stück herausfiltern. Und nach und nach kommen die Forscher auch den genauen Zutaten und Mengenverhältnissen des sumerischen Urtyps auf die Spur. Gerste oder Emmer, Wasser, Malz und natürliche Hefen waren die Bestandteile. Doch welche technischen Hilfsmittel brauchten die ersten Bierbrauer? Heute stehen riesige Sudkessel, Kühlanlagen, Gärkammern und Edelstahlbottiche zur Verfügung. Doch damals muss das irgendwie einfacher funktioniert haben, denn praktisch jeder Haushalt hat vermutlich Bier hergestellt.

Eine Ausgrabung in Syrien soll uns hier weiterhelfen, den Vorgang und die beteiligten Hilfsmittel genauer zu rekonstruieren.

In der Ausgrabungsstätte Tall Bazi im Nordosten Syriens haben Archäologen um Adelheid Otto in Wohnhäusern fassgroße Keramikgefäße gefunden. Die Anlage am Ostufer des seit 1999 gefluteten Tishreen-Stausees 60 Kilometer südlich der Grenze zur Türkei liegt auf einem Ausläufer des Euphrat-Randgebirges und überragt den See. Anfangs wusste niemand, was die Menschen damals mit den 200 Liter fassenden Tongefäßen gemacht haben, die fast in jedem Haus auftauchten. Oder mit den etwa halb so großen, die unten im Boden ein Loch hatten. Die größeren Töpfe, die eine weitere Öffnung hatten, waren zu drei Vierteln eingegraben und die mit Abstand größten Gefäße in den Häusern.

Die Innenseiten der 3500 Jahre alten Töpfe bedeckte oft noch ein weißlich schimmernder Belag – ein Hinweis darauf, dass sie einst Flüssigkeiten enthielten. Nur welche? Milch, Öl, Wein, Wasser oder Bier kämen in Frage, die Menschen damals verwendeten sie in größeren Mengen. Doch wer würde Wasser in so großen Gefäßen aufbewahren, wenn der Fluss nur einen Katzensprung entfernt liegt? Milch würde schnell verderben, Ölbehälter müsste man öfter reinigen – was schwierig war, weil die Töpfe eingemauert waren. Blieben also Wein oder Bier.

Dieses Geheimnis konnten nur die Töpfe selbst verraten. Vielleicht ließe sich ein Zusammenhang zwischen dem 200-Liter-Fass und dem kleineren 100-Liter-Behälter mit Loch im Boden herstellen. Irgendein Verfahren, das auch erklären könnte, warum die Krüge immer wieder an ähnlichen Stellen in den verschiedenen Häusern auftauchten, an gut belüfteten Orten. Auch die Untersuchung des weißlichen Innenbelags könnte Aufschluss darüber geben. Wein oder Traubensaft hinterlassen Tartrat, ein Salz. Doch die Weihenstephaner Forscher um Martin Zarnkow fanden in den 200-Liter-Gefäßen eine andere Substanz: Oxalat, und dieses Kristall entsteht, wenn zum Beispiel Getreide mit großen Mengen Wasser vermischt wird.

Alles deutet darauf hin, dass die fassgroßen Tonbottiche zum Brauen gedient haben. Denn dabei braucht man im Wesentlichen zwei Gefäße und irgendetwas zum Rühren. Genau die Sachen, die die Archäologen am Tall Bazi gefunden haben. Am wahrscheinlichsten nutzten die Menschen in Vorderasien also das Kaltmaischverfahren, für das sie die großen Bierbehälter verwendeten. Das Lochbodengefäß war dazu da, das Getreide keimen zu lassen. Bei den warmen Temperaturen im Vorderen Orient ging das in der Regel schnell. Das geschrotete Malz wurde dann in die großen 200-Liter-Biergefäße in Wasser geschüttet, den Rest erledigte die Hefe. Ließ man hefehaltigen Schaum von der letzten Gärung im Gefäß, kam der Gärprozess bei der nächsten Runde schneller in Gang. Denn es hängt auch von den vorhandenen Hefen ab, die den Zucker in Alkohol umwandeln, wie schnell das Bier fertig ist. Auf der Oberfläche von Trauben sitzen zum Beispiel extrem viele Hefen. Eine Stelle in der Ninkasi-Hymne weist darauf hin, dass es auch eine Art Bier-Wein-Gemisch gab. Dann würden die Trauben vor allem die nötigen Hefen liefern. Mit Datteln würde das auch gut funktionieren. Auf deren Oberfläche sammeln sich nämlich ebenfalls verstärkt Hefen an.

Wein- und Bierbereitung ähneln sich vom Prozess, der große Unterschied ist nur: Wein hat den Zucker schon im Saft der Trauben, bei Bier muss erst die Stärke im Korn zu Zucker abgebaut werden.

Ob die Menschen zuerst Bier brauten oder Wein ansetzten, lässt sich nicht leicht klären. Wahrscheinlicher ist das Bier, weil Getreide im Gegensatz zu Obst im Orient nach Beginn der Sesshaftwerdung und des Ackerbaus weitaus leichter verfügbar war. Zudem lebten die Menschen, wie gesagt, in sehr trockenen Regionen und konnten also diese nahrhafte Flüssigkeit gut gebrauchen. Dass sich der Alkoholgehalt des neuen Getränks steuern ließ, war ebenfalls optimal: leichtes Bier als Durstlöscher und Alltagsgetränk, gehaltvolleres für Feste und Kneipen.

Die Menschen haben also schon bald die Vorteile des neuen nahrhaften und auch noch haltbaren Getränks erkannt und offenbar auch den Prozess dahinter verstanden und gezielt verfeinert. Es war die Geburtsstunde der Braukunst. Hätten die Sumerer beim Bierbrauen nämlich allein auf den Zufall vertraut und das Bier nur spontan gären lassen, hätten sie meist sehr lange auf ihr alkoholhaltiges Gebräu warten müssen – bis zu zwei Jahre. In Belgien wird auch heute noch so ein Bier gebraut, das Lambic. Doch wer hat schon zwei Jahre Zeit?

Martin Zarnkow bestätigt, dass es keine Kleinigkeit sei, den Brauvorgang wirklich genau zu rekonstruieren. Der Alkoholgehalt der Biere etwa lässt sich noch nicht exakt feststellen, erklärt der Forscher beim Gespräch stilecht im Münchner Biergarten am Chinesischen Turm, während im Hintergrund die in bayerische Tracht gewandete Blaskapelle das unvermeidbare »Ein Prosit der Gemütlichkeit« spielt.

Noch ist der Sumerer Urtyp nichts für den Ausschank, das dunkelgelbe, transparente Gebräu schmeckt seltsam, eher sauer, wie gegorene Molke mit Fruchtaroma. Die drei trüben Biere hinterlassen im Rachen ein leichtes, aber unangenehmes Brennen, wie die Tester in Weihenstephan bestätigen. Auch der Geschmack lässt sich in diese Kategorie einordnen. Doch noch ist nicht genau zu klären, wie das Bier damals wirklich geschmeckt hat. Das Gebräu roch dabei nicht gerade angenehm, zudem entstand sehr viel Kohlendioxid. Das erklärt vielleicht, weshalb die großen Bierkrüge von Tall Bazi an dem am besten belüfteten Ort im Haus standen.

Zarnkow gelang unter den Temperaturbedingungen Syriens ein Kaltmaischverfahren, das in den Tontöpfen der Ausgrabungen funktionierte und selbst der Sommerhitze des Landes widerstand. In der Kleinmälzerei im Keller des Institutsgebäudes in Weihenstephan verfeinerte er dann das erworbene Wissen. Es ist ein Brauvorgang, bei dem obergäriges Bier entsteht, vergleichbar dem heutigen Kölsch.

Auch Früchte, wie die teilweise reichlich vorhandenen Datteln, wurden zu Bier vergoren – und offenbar war gerade dieses etwas süßere Bier bei Frauen sehr beliebt. Bier für Frauen wurde auch aus Emmer hergestellt, dieses Getreide ist mit dem noch heute bekannten Dinkel eng verwandt. Ins Emmerbier gaben die Brauer oft Gewürze wie Zimt oder Honig. Männer bevorzugten hingegen herberes Bier aus Gerste. Aber auch Mischbiere aus Emmer und Gerste waren bekannt – in vielen Stärkegraden, von tiefschwarzem Vollbier bis zu wässerigem Dünnbier. Es war wichtig, dass das Bier interessant schmeckte, wo doch das Essen meist monoton war. Jeder Sumerer hatte Anspruch auf sein tägliches Bier – zwei bis fünf Kannen, je nach Standeszugehörigkeit. »Wer das Bier nicht kennt, weiß nicht, was gut ist. Das Bier macht ein Haus angenehm«, war ein altes sumerisches Sprichwort.

Der phänomenale Siegeszug des Biers im Vorderen Orient schlug sich auch im Gilgamesch-Epos nieder, das zu den ersten großen Sagen der Weltliteratur gehört und in Mesopotamien während des dritten vorchristlichen Jahrtausends entstanden ist. In der Vorstellung der alten Völker wird darin Enkidu, ein zottiges, wildes Wesen, durch Bier zu einem ordentlichen, aufrechten Menschen. Als Enkidu noch in der Steppe lebt und mit den Gazellen Gras frisst, schickt ihm eines Tages der König und Halbgott Gilgamesch eine leichte Dame, um ihm Kultur beizubringen: »›Iss das Brot, Enkidu‹«, sprach sie zu Enkidu, »›das gehört zum Leben. Trinke das Bier, wie es im Leben Brauch ist!‹ Enkidu aß das Brot, bis er satt war. Er trank Bier, sieben Krüge voll. Da entspannte sich sein Inneres und er ward heiter. Sein Herz frohlockte und sein Angesicht strahlte. Er wusch sich den zottigen Leib mit Wasser, salbte sich mit Öl – und ward ein Mensch.«

Das Motiv hier ist klar: Die erste Begegnung mit den Menschen bringt dem wilden Wesen auch den Kontakt mit deren Kulturgütern: Brot, Bier und Öl. Und ganz offensichtlich hatte die größte Wirkung eindeutig das Bier.

Die ersten sportlichen Großereignisse

Fußballweltmeisterschaften finden nur alle vier Jahre statt, ebenso wie die Olympischen Spiele. Kritiker sagen, bei diesen Großereignissen sei der Sport nur noch eine Randerscheinung, in Wahrheit gehe es um kommerzielle Interessen. Die ersten olympischen Spiele fanden vor 2800 Jahren statt. War damals alles anders und vor allem besser?

Als der Läufer aus Elis seine Zehen in die steinerne Schwelle krallt, hört er für einen Moment das Tosen im Stadion nicht mehr. Er steht leicht nach vorne gebeugt, sein Körper ist maximal angespannt. Er weiß, dass es auf die ersten Meter ankommt, dass er beim Loslaufen nicht ins Stolpern kommen darf, dass er schnell seinen Rhythmus finden und die Arme locker und doch kraftvoll ausschwingen muss. Neben ihm drücken 19 andere Männer ihre Zehen ebenso wie er in die parallel laufenden Rillen. Aber hier kann nur einer gewinnen, alle anderen werden vergessen. Seine Haut glänzt im Sonnenlicht, die Muskeln sind deutlich zu sehen. Wie seine Gegner ist auch er nackt.

Auf diesen Moment haben die Athleten lange gewartet. Mehr als zehn Monate lang trainierten sie für diese ersten Olympischen Spiele, 30 Tage vor dem Start sind sich alle zum ersten Mal begegnet. Ein paar Konkurrenten kennt der Mann aus Elis schon von anderen Wettkämpfen wie dem in Delphi. Aber so viel Ruhm wie hier in Olympia lässt sich nirgendwo anders erringen. Olympia ist vor den Spielen in Delphi, Korinth und Nemea, die zu Ehren der Götter Apoll, Poseidon und Zeus ausgetragen werden, der wichtigste Veranstaltungsort. Sie finden im Abstand von zwei oder vier Jahren statt. Überall bekommt der Gewinner wie in Olympia auch einen geflochtenen Siegerkranz, nur ist er in Delphi aus Lorbeer, in Korinth aus Holunder und in Nemea aus Sellerieblättern. Auch der Mann aus Elis träumt davon, alle Wettbewerbe in einer Periode zu gewinnen. Dann dürfte er sich Periodonike nennen. Aber jetzt muss er erst einmal in Olympia siegen.

Einige Athleten sind mit dem Schiff angekommen, aus Ägypten oder von der Schwarzmeerküste. Während der Spiele müssen alle kriegerischen Kampfhandlungen ruhen, allein schon, damit die Sportler sicher nach Olympia kommen können. Wer sich nicht daran hält, bekommt eine saftige Geldstrafe und wird vom Wettbewerb ausgeschlossen.

Jeder der Athleten bewohnt ein eigenes Apartment auf dem Festgelände. Zweimal täglich trainieren sie gemeinsam, das ist ein festes Ritual, oft spielt ein Trainer dabei Flöte. Der Rhythmus der Musik ist für das Laufen wie ein Taktgeber. Wenn sie sich besonders fordern wollen, sprinten sie auch kurze Strecken in tiefem Sand. Danach können sie im Badehaus in einem der elf Sitzbecken mit erwärmtem Wasser die Muskulatur entspannen.

Olympia ist auch eine kleine technische Leistungsschau. Das hat sich verstärkt, seit hier nicht nur wie früher kleinere Sportwettkämpfe stattfinden. Die Veranstalter erzählen gern etwas über die neueste Technik im Badewesen, über Unterbodenheizungen und die moderne Frischwasseranlage, die Quellwasser aus dem östlich von Olympia gelegenen Hügeln auf das Gelände bringt. Auch das Olivenöl, das sie täglich neu zum Einreiben vor dem Training und auch später beim Wettkampf bekommen, ist von höchster Qualität. Grünlich-golden schimmert es und macht ihre gebräunte Haut noch dunkler. Für die Läufer ist es unangenehm, wenn Zuschauer ihnen manchmal schlüpfrige Kommentare zu ihren glänzenden Körpern zurufen. Nur bei den Wettkämpfen in Olympia ist es üblich, nackt zum Training und zum Wettkampf anzutreten. Das Öl ist vor allem aus hygienischen Gründen wichtig. Es bindet den Schmutz. Nach dem Training kratzen sich die Athleten mit einem Schaber aus Kupfer das mit Schweiß und Staub vermischte Öl vom Körper.

Schon damals haben viele Athleten ihren persönlichen Trainer dabei, das sind hochbezahlte Spezialisten, die ausgeklügelte Trainingspläne erarbeiten. Zum Beispiel eine Art Viertagerhythmus mit vorbereitenden Übungen, Krafttraining, Entspannung und mittlerer Belastung. Danach wiederholt man das Programm mit steigender Intensität. Von solchen Details erzählt die zahlreich vorhandene antike Literatur über Sporttraining, sonst wüssten wir auch heute relativ wenig über die Bedingungen der Athleten. Wobei der Einfluss der Trainer ziemlich groß ist. Hält sich ein Athlet nicht an die Regeln, setzt es schon mal Schläge mit dem Stock.

Nicht jeder Bürger durfte an den Olympischen Spielen teilnehmen, Sklaven zum Beispiel nicht, sondern nur freie Männer, die kein Verbrechen begangen hatten. Wer sich nicht daran hielt, konnte mit dem Tode bestraft werden. Für ärmere Sportler stellte die Teilnahme eine hohe Hürde dar. Sie mussten zehn Monate Verdienstausfall kompensieren können, die jüngeren und unbekannten sich die Gage für die Trainer meist durch Preisgelder bei kleineren Wettkämpfen erarbeiten. Die großen Helden wurden schon damals gesponsert, von ihren Heimatstädten, von reichen Mäzenen, teilweise auch vom Staat. Oft werden ehemalige Olympiasieger später berühmte Trainer. Der Sieg bedeutet Ruhm und Geld. Allein schon deshalb legen die Veranstalter großen Wert darauf, Betrug zu ahnden – sowohl bei den Sportlern wie bei den Kampfrichtern.

Die letzten Stunden vor dem Wettkampf sind wie im Flug vergangen. Es ist Ende Juli, ein sehr heißer Tag, kaum ein Wind ist zu spüren, der die Mittagshitze etwas erträglicher machen könnte. Das Stadion bietet keinerlei Schatten. Beim Einmarsch versucht der Athlet aus Elis, seine Gegner auszublenden. Auch das imposante Gelände um das Stadion herum nimmt er kaum wahr, den erhabenen Kronoshügel hinter den Zuschauerrängen, die prächtigen Anlagen der Stadt, die Tempel. Nur kurz blitzt der Gedanke an das eigene Standbild auf, das dort stehen könnte, wenn ihm heute das Glück zur Seite steht, denn der Sieger bekommt erstmals eine eigene Statue. Sein in Marmor gemeißelter Name wäre dann für alle Zeiten sichtbar: »Koroibos aus Elis«. Schnell verdrängt er das Bild, zuerst muss er gewinnen.

Jeder der Teilnehmer hat vor dem Start sein eigenes Ritual. Manche schlagen sich mit den Fäusten kräftig gegen die Brust, andere auf die Oberschenkel, manch einer deutet beim Aufwärmen auch mit einem kurzen Sprint seine Schnelligkeit an. Im Stakkato trommeln die nackten Sohlen auf die Erde, Knie und Oberschenkel reißen die Läufer dabei möglichst hoch, so dass sich ihre mächtigen Sprintermuskeln bei jedem Schritt seitlich abzeichnen.

Doch all das ist in diesem Moment vergessen. Es ist der einzige Wettkampf, der entscheidende. Seite an Seite stehen die Männer nun, die Zehen in der Schwelle, den Blick leicht gesenkt. Gleich kommt das Startsignal, und sie wissen, wer zu früh startet und sich einen Vorteil verschaffen will, kann von einem der Kampfrichter an der Seite mit Stockhieben bestraft werden. Welche Demütigung!

Weit ist der Weg nicht bis zum Aschealtar des Zeus, die Ziellinie ist nur rund 20 Sekunden entfernt. Das ist alles. 20 Sekunden für die Ewigkeit. Die Zuschauer auf den Rängen entlang der Strecke links und rechts der Laufbahn hält es nicht mehr auf ihren Plätzen. Sogar die Ehrengäste auf den Steinsitzen erheben sich.

Den Rest erlebt Koroibos aus Elis wie im Rausch. Den explosiven Start, die ersten Meter, als er eine Schulter breit zurückliegt, die weiteren Sekunden, in denen er seinen Rhythmus findet, das Glück, die eigene Stärke zu spüren und sich an allen Konkurrenten vorbeizuschieben, das großartige Gefühl, als er sich an den bis dahin führenden Sprinter heransaugt, die kurze Angst, dass er stolpern könnte – dann endlich die Gewissheit, dass ihm der Sieg nicht mehr zu nehmen ist, und die tiefe Freude, als er seinen nackten Oberkörper kurz vor der Ziellinie nach vorne wirft. Koroibos blickt noch ein letztes Mal zur Seite, um sich zu vergewissern, dass ihn auch wirklich niemand einholt. Dann hat er es geschafft. Nie wird er vergessen, wie der aufbrandende Lärm der Massen zu ihm durchdringt. In diesem Moment hat er ein Stück Ewigkeit gefühlt.

Koroibos von Elis ist der erste Sportler, der in einer Siegerliste von Olympia auftaucht. Er gewinnt im Jahr 776 vor Christus den prestigeträchtigen Laufwettbewerb beim ältesten sportlichen Großereignis der Menschheit, also vor 2800 Jahren. Sein Grab liegt heute 12 Kilometer von der Stätte seines größten Triumphs entfernt. Antike Quellen bezeichnen ihn als einfachen Menschen, der zuvor als Priester oder Koch gelebt hat. Doch die Datenlage ist nicht ganz einfach, meist müssen sich die Archäologen auf teilweise unsichere historische Quellen stützen.

Auch das Datum 776 vor Christus zweifeln manche Wissenschaftler an, aber es hat sich als das wahrscheinlichste etabliert. Es ist möglich, dass zuvor an diesem Ort weniger bedeutende Wettbewerbe stattgefunden haben, um die sich aber niemand gekümmert hat. Doch eine Sache bleibt: Im achten Jahrhundert vor Christus haben sich die Menschen fernab der großen Machtzentren in einem lieblichen Flusstal getroffen, um sich miteinander zu messen und in diesem friedlichen Rahmen auch ein paar gesellschaftliche Dinge zu verhandeln.

Es gibt in der Antike ältere Sportarten, vor allem das Ringen, das schon vor 4000 Jahren in Mesopotamien und Ägypten zum Alltag gehörte, oder das Boxen und das mit 4300 Jahren noch ältere Stockfechten. Ringen galt trotz der nötigen Kraft in erster Linie als Geschicklichkeitssport, man musste eine Reihe Griffe und Schwünge beherrschen. Doch weder in Ägypten noch im Nahen Osten gibt es irgendwelche Anzeichen dafür, dass die Menschen dort irgendein Interesse hatten, regelmäßig hochkarätige sportliche Großveranstaltungen zu organisieren. Die Ägypter wären sicher dazu in der Lage gewesen. Lediglich beim Stockfechten gab es Wettkämpfe vor Publikum, allerdings als Teil religiöser Veranstaltungen rund um den Gott Osiris.

Jedoch nur Olympia etabliert sich als Großveranstaltung. Alle vier Jahre kommen nun die besten Athleten der griechischen Welt zusammen. Der Sprint ist damals die erste und einzige Disziplin, das bleibt auch 13 Olympiaden lang so, dann folgen weitere Wettbewerbe wie Langlauf, Ringen, Boxen, Weitsprung, Pferderennen und der klassische Fünfkampf. Frauen sind zunächst gar nicht zugelassen, später lediglich als Besitzer von Pferden bei den Rennen akzeptiert.

Jeder Sieger erhält eine persönliche Statue mit seinem Namen im olympischen Hain und eine Krone, gefertigt aus den Blättern eines wilden Olivenbaums, der auf dem Olympia-Gelände wächst.

Viele Sieger sind auch von ihren Heimatstädten fürstlich belohnt worden, bekamen lebenslang kostenloses Essen, Dauerkarten für die besten Plätze im Theater oder bei anderen öffentlichen Festen, ein Haus oder ein privates Trainingszentrum für künftige Wettkämpfe. Das hört sich nach manchen Vergünstigungen an, die noch heute von Ländern wie China oder Russland an ihre Olympiasieger oder Weltmeister vergeben werden. Die Heimat will damit am Glanz der Sieger teilhaben.

Umso wichtiger ist das Prinzip, dass nicht betrogen wird, dass kein Kampfrichter oder Gegner bestochen werden darf. Die Ehre des Siegers ist ein hohes Gut. Und jeder Sportler soll die gleichen Chancen haben. Es gibt strenge Richtlinien für das Training und aufwendige Zeremonien. Um Betrug einzudämmen, erfinden die Griechen zum Beispiel Apparate, die einen Frühstart beim Laufen erkennen oder verhindern konnten. Man produziert die erste Sportlernahrung, eine Mischung aus Obst und Getreide, Kraftsportler bekommen hauptsächlich Fleisch, jeder sollte gleichwertig versorgt werden. Diese Art von Kontrolle inklusive der Anwesenheitspflicht vier Wochen vor den Wettkämpfen soll auch den fairen Wettbewerb sicherstellen.

Olympia liegt in einem Tal des Flusses Alpheios im Nordwesten der Peloponnes, an einer idyllischen Stelle 18 Kilometer vom Meer entfernt. Es ist eine wasserreiche und überaus fruchtbare, hügelige Gegend mit zahlreichen Olivenbäumen und Weizenfeldern, auch Wein wächst an den Hängen. Der mit Kiefern bewaldete Kronoshügel dominiert noch heute die Landschaft. Die Laufbahn liegt unterhalb des Hügels. Die ganze Szenerie wirkt grün und saftig.

Genau dieses friedliche Ambiente schätzen die heutigen Herren der Olympischen Spiele vom Internationalen Olympischen Komitee (IOC) und inszenieren dort alle vier

Jahre eine weihevolle Zeremonie. Eine griechische Schauspielerin mit streng hochgestecktem Haar, mit einfachen Ledersandalen und in ein wallendes, beigefarbenes Priestergewand gehüllt, entfacht vor den Überresten des Tempels der griechischen Göttin Hera das olympische Feuer. Kameras übertragen den Moment, in dem die Priesterin symbolisch in der Nähe eines uralten Olivenbaums mit einem Hohlspiegel die Sonnenstrahlen bündelt und das Feuer entzündet, live in alle Welt. Und man darf sich sicher sein, dass wenigstens ein kurzer Ausschnitt vom Heiligen Hain weltweit in den Abendnachrichten zu sehen sein wird.

Die beschriebene Zeremonie gibt es zwar erst seit den Olympischen Spielen von 1936 in Berlin, doch entgegen zahlreicher Schilderungen geht die Idee auf den jüdischen Archäologen Alfred Schiff zurück. Dieser hatte anhand zahlreicher antiker Darstellungen erkannt, dass bereits in der Antike kultische Fackelläufe stattfanden, etwa nach dem Sieg gegen die Perser bei Marathon im Jahr 490 vor Christus. Sie standen, wie der Archäologe Stefan Lehmann aus Halle sagt, meist mit Altären und religiösen Anlagen in Verbindung. Im antiken Athen gab es Fackelläufe von Altar zu Altar als sportliche Wettkämpfe.

Die Olympischen Spiele waren von Anfang an ein heiliges, tief in der griechischen Religion verwurzeltes Fest von hoher Bedeutung zu Ehren des Gottes Zeus und zugleich ein gigantisches Spektakel. Fast 40 000 Zuschauer fasste die Laufarena, mehr als manches Stadion der heutigen Fußballbundesliga. Eng gedrängt standen die Menschen, nahe bei den Athleten, so nahe, dass sie später etwa beim Diskuswerfen bisweilen schwere Verletzungen oder gar ihr Leben riskierten. Denn wer konnte sicher sein, dass einer der nackten Recken aufgrund seiner öligen Hände den fünf Kilogramm schweren, 30 Zentimeter großen Bronzediskus exakt in der vorgesehenen Bahn hielt? Und so ein Gerät konnte einen Menschen durchaus erschlagen.

Doch offenbar ließen sich die Zuschauer die Lust am Spektakel nicht nehmen, sie brüllten, tobten, beleidigten und feuerten die Wettkämpfer an. Wie groß die Begeisterung sein konnte, zeigt eine Schilderung des griechischen Schriftstellers Philostrat zu Beginn des dritten Jahrhunderts nach Christus. In einem Ringboxkampf, der nur über K.o., Aufgabe oder Tod des Gegners gewonnen werden konnte, war soeben der Sieger aufgrund der Kampfverletzungen ebenfalls verstorben. Die Zuschauer schien das nicht zu stören: »Jedenfalls sind sie von ihren Sitzen aufgesprungen und schreien; die einen werfen die Hände empor, andere ihr Gewand, diese springen in die Luft, jene ringen vor Begeisterung mit ihrem Nachbarn. Denn obwohl es sicher etwas Großes ist, dass er bereits zweimal in Olympia gewann, so ist doch dies jetzt größer, dass er den Sieg mit dem Leben erkaufte und in die Gefilde der Seligen eingeht, noch bedeckt mit dem Staub des Kampfes!«

Sport ist zentral für die Antike und Olympia trotz aller Begeisterung eine todernste Angelegenheit. Im Sportwettkampf werden die Werte und der Charakter der Gesellschaft verhandelt, hier zeigt sich, wie Bürger so etwas wie kollektiven Stolz ausdrücken. Sport bedeutet Identifikation – auch dieses Prinzip gilt im besten Fall noch heute. Man denke nur daran, welche Bedeutung Medaillenrankings in der Öffentlichkeit haben. Oder – um eine andere Sportart zu nennen – wie sehr der begeisternde Auftritt der Fußballnationalmannschaft 2006 das deutsche Selbstverständnis verändert hat. Das Sommermärchen hatte eine große Wirkung nach innen und nach außen.

Diese modernen Parallelen zeigen, wie belastbar der

olympische Gedanke im Kern ist – auch in manchen Ausprägungen, die wir heute als Kommerz brandmarken. Wer heute über das Spektakel Olympia klagt, sollte sehen, dass es bereits in der Antike ein riesiges Fest war.

Schon seit dem frühen Morgen strömen die Menschen aus den einfachen Zeltstädten in Richtung Stadion. Der Wettbewerb soll an diesem heißen Sommertag erst am frühen Abend stattfinden, wenn es wieder etwas kühler geworden ist. Also ist noch genügend Zeit, den großen Markt am Rand des Geländes zu besuchen. An der Feststraße von Olympia liegt ein großer Ladenkomplex, in dem es Kräuter oder Stoffe zu kaufen gibt. Dazwischen bieten zahlreiche Verkaufsstände und Imbissbuden Essen und Getränke an, Wasser und Wein vor allem, Gerstenbrot und Getreidebrei, den Köche auf einem heißen, flachen Stein zu Omelettes braten. Manche mögen ihn auch im Ofen gebacken, zusammen mit getrocknetem Obst oder Gemüse. Aber am meisten Leute stehen an den Feuerstellen. Dort können sie Fleisch von Opfertieren – das wird immer nach der großen Opferung am Zeusaltar an die ärmeren Menschen verteilt – selbst zubereiten. Der Geruch von gebratenem Fleisch zieht dann durch das gesamte Festgelände.

Die reichen Besucher wohnen meist in abgeschiedenen Bereichen, für sie gibt es eigene Unterkünfte. Sie lassen sich mit ihren Familien tagelang verwöhnen, gehen in die Badeanstalten, in die angenehm temperierten Becken. Die einfachen Leute können da höchstens im Fluss baden. Aber immerhin spenden die reichen Bürger das Öl für die Wettkämpfer. Es ist schon eine Zweiklassengesellschaft. Doch die einfacheren Gäste beklagen sich nicht, schließlich sind die meisten kulturellen Veranstaltungen umsonst. Es gibt Theateraufführungen, sogar berühmte Dichter kommen, um ihre neuesten Werke erstmals der Öffentlichkeit vorzutragen: Das ist immer ein Höhepunkt, die Berühmtheiten einmal hautnah zu erleben. Durch die Straßen ziehen Musiker, die Flöte spielen oder Lyra oder trommeln. Die Stimmung ist gut, manchmal gibt es sogar spontan einen Wettstreit zwischen den Musikern. Das ganze Unterhaltungsprogramm ist wichtig, denn zwischen den Wettkämpfen vergeht oft viel Zeit. Außerdem muss für die verheirateten Frauen und die Kinder auch etwas geboten werden, die im Gegensatz zu den Männern und den unverheirateten Frauen nicht ins Stadion dürfen. Und sich nur die Zeremonien und den kultischen Teil anzuschauen ist auf Dauer auch nicht ergiebig.

Offenbar ging es also bei den ersten Wettkämpfen der Menschheitsgeschichte von Anfang an um eine Kombination aus Spitzensport und gesellschaftlichem Ereignis. Der Sport hatte also auch eine politische Dimension. Der Athlet kämpfte nie allein für sich, sondern stellvertretend. Dass Politiker heute den Sport politisch-populistisch nutzen, ist also nicht überraschend. Erstaunlicher ist, dass von Anfang an sportliche und politische Rituale an einem Ort vereint waren. In Olympia sind nämlich durchaus politische Dinge verhandelt worden. Es ging darum, den weitverstreuten griechischen Kolonien eine Identität zu geben, ein Wir-Gefühl zu vermitteln. Dafür war natürlich die Strahlkraft von Olympia, dem heiligen Ort des Zeus, der obersten griechischen Gottheit, enorm wichtig und der Ort mit religiöser und politischer Bedeutung regelrecht aufgeladen. Dazu passen auch die Hinweise in der antiken Literatur auf ein olympisches Orakel, das auf militärische Entscheidungen spezialisiert war. So wollte zum Beispiel der spartanische König Agesilaos wissen, ob er das Waffenstillstandsgesuch der peloponnesischen Stadt Argos ablehnen und diese angreifen dürfe – was positiv entschieden wurde. Die militärische Ausrichtung erklärt die hohe Anzahl von vorwiegend erbeuteten Waffen und Rüstungen, die man an den heiligen Stätten gefunden hat.

Überhaupt zeigt die Bandbreite der Funde aus Olympia an, dass Menschen aus zahlreichen Städten des Mittelmeerraums zu den Festspielen kamen, aus Ägypten genauso wie aus Kleinasien oder Italien. Der Archäologe und Buchautor Ulrich Sinn sieht gerade in der Zeit der ersten Wettkämpfe Olympia als Schauplatz »regelmäßiger Heimattreffen der Auslandsgriechen«, die über den gesamten Mittelmeerraum verstreut lebten. Als Beleg sind unter anderem die elf tempelartigen Denkmäler zu werten, die in Stadionnähe direkt unterhalb des Kronoshügels stehen, acht von ihnen sind von Koloniestädten gestiftet worden. Die Besucher der Wettkämpfe reisten meist per Schiff aus den Kolonien an, brachten dabei heimische Artikel mit. Kunstwerke aus Etruskien finden sich in den Ausgrabungen genauso wie Handwerksgeräte aus Syrakus. Und auch das Rahmenprogramm wurde immer aufwendiger und Olympia so etwas wie ein zentraler kultureller Umschlagplatz. Künstler und Gelehrte wie Herodot kommen nach Olympia. Sie hatten keine Berührungsängste, im Gegenteil, ihre Auftritte machten sie in der gesamten griechischen Welt nur noch bekannter.

Allerdings ist von Anfang an auch die Kritik der geistig-moralischen Elite zu hören: Dichter wie Euripides reden von Athleten, die muskelbildende Kraftnahrung essen und viel zu sehr auf ihren Körper fixiert seien, von populistischen Politikern, die lieber kräftige Männer bejubeln lassen, als Sitte und Anstand zu fördern. Der Spitzensportler ist längst ein Vollprofi geworden, der auch jenseits von Olympia ausschließlich trainiert und Wettkämpfe bestreitet. Und die Bevölkerung liebt und verehrt ihre Helden. Das klingt alles ziemlich vertraut.

Als Königsdisziplin etabliert sich das Penthalon, der Fünfkampf mit Ringen, Diskuswerfen, Speerwurf, Standweitsprung und Laufen. Die antiken Fünfkämpfer sind so etwas wie Universalathleten. Doch die ultimative Krönung zum Olympiasieger findet erst im letzten Wettbewerb statt, im Laufen. Zugelassen werden nur die Besten der anderen Disziplinen. Es ist der Höhepunkt der Olympischen Spiele.

Wissenschaftler der Deutschen Sporthochschule in Köln haben die fünf Disziplinen analysiert, indem sie deutsche Spitzensportler, die auf Vasen oder Wandmalereien dargestellte Bewegungsabläufe exakt zu rekonstruieren versuchten, mit Bewegungssensoren am Körper ausstatteten. Das Ergebnis: Die Diskuswerfer waren wahre Kraftprotze, sonst hätten sie die fast sechs Kilogramm schweren Bronzescheiben nicht zum Fliegen gebracht. Der Boxkampf war eine brutale, blutige Angelegenheit, die Standweitspringer waren extreme Spezialisten. Den Rekord im Fünfsprung, wo die Sportler fünfmal in Folge mit beiden Beinen abspringen, können heutige Athleten nur knapp einstellen. »Besonders beeindruckend an den Ergebnissen unserer Experimente war, dass wir zum Teil recht große Mühe hatten, die Leistungen aus dem antiken Griechenland zu erreichen«, sagt Studienleiter Gert-Peter Brüggemann.

Bleibt die Frage, warum ausgerechnet das Laufen die erste olympische Disziplin ist. Es gibt eine mythologische Erklärung: Angeblich hat der König der Stadt Elis, in dessen Gebiet Olympia liegt, seine Nachfolge dadurch geregelt, indem er einen Wettlauf zwischen seinen Söhnen ausrichtete. Der Sieger wird König. Auch anthropologisch ist der Lauf gut einzuordnen: Schnelles Laufen erinnert an Fähigkeiten, die bei der Jagd und im Krieg gefordert sind, Fähigkeiten, die der Gemeinschaft zugutekommen. Ganz pragmatisch betrachtet, sind Kurzstreckenrennen packend und für den Zuschauer gut zu verfolgen. Es gibt aber auch Forscher, die auf die Ausstrahlung des Laufens selbst hinweisen. Ulrich Sinn meint, dass man damals geglaubt habe, die »besondere sakrale Aura« der olympischen Wettkämpfe dadurch überzeugend vermitteln zu können, dass man an ihren Anfang den einfachen Stadionlauf stellte.

Symbolisch sind die Läufer zu dem Ort unterwegs, an dem die wichtigste religiöse Handlung stattfindet. Der Sieger ist beim Überqueren der Ziellinie dem Aschealtar des Zeus am nächsten. Auf ihn laufen alle Athleten zu, dort werden am Tag nach dem Lauf feierlich die Stiere für die höchste griechische Gottheit geopfert. Später in der olympischen Geschichte wird im neuen Zeustempel auch die riesige, 12 Meter hohe Zeusstatue aus Gold und Elfenbein stehen, die zu den sieben Weltwundern der Antike zählt. Es ist ein unglaublich aufgeladener Ort fernab der großen Machtzentren, der alle vier Jahre zum Nabel der Welt wird.

Umso stärker wirkt an so einem Ort die Reinheit des Sports, vor allem beim Lauf. Es ist eine zutiefst menschliche Bewegung, ohne Hilfsmittel, mit extrem einfachen Regeln. In direktem Wettstreit untereinander können sich die Besten gleichzeitig messen. Auch der Sieger ist unstrittig zu bestimmen. Alle Zuschauer sehen im Stadion dieses grandiose Bild, wenn sich zwanzig Männer auf ein Ziel hinbewegen und sich die Aufmerksamkeit immer mehr nur auf den einen richtet, der als Erster die Ziellinie überquert. Die Bedingungen sind für alle exakt gleich. Transparenter und fokussierter zugleich kann ein Sport nicht sein.

Vielleicht muss man selbst Läufer sein, um eine Begeisterung für diese Bewegung zu empfinden. Wer den fast außerirdischen Usain Bolt bei seinen beiden Weltrekordläufen über 100 Meter im Jahr 2008 bei den Olympischen Spielen in Peking und 2009 bei den Weltmeisterschaften in Berlin gesehen hat – mit den beiden bislang schnellsten Zeiten von 9,69 und 9,58 Sekunden –, kann ob seiner spielerischen Eleganz einfach nur begeistert sein. Bei rund 60 Metern erreicht er seine Spitzengeschwindigkeit, in Berlin sind das 44,72 Kilometer pro Stunde. Noch heute ist der 100-Meter-Lauf das populärste Ereignis der Olympischen Spiele, keiner der insgesamt 302 Wettbewerbe aus 28 Sportarten lockt mehr Zuschauer.

Die ersten olympischen Sportwettkämpfe gingen über 192 Meter, was einer Stadiondistanz entsprach, und erinnern gleichzeitig an eine menschliche Kerneigenschaft. Der Mensch ist von seiner evolutionären Entwicklung her eigentlich ein überragender Läufer, ein guter Sprinter, ein noch besserer Ausdauerläufer. Die Marathondistanz von etwas mehr als 42 Kilometern entspricht ziemlich genau der Wegstrecke, die täglich ein Steinzeitmensch zurückgelegt hat. Noch heute sind die Buschläufer in der Kalahari-Wüste in der Lage, stundenlang in der sengenden Sonne zu laufen. Ausdauer war immer eine menschliche Stärke. Wir können wie nur wenige Säugetiere unsere Körpertemperatur selbst regulieren, Haut und Schweißdrüsen schaffen das relativ mühelos. Schimpansen können das nicht, sie sind lausige Läufer. Wie wichtig das Laufen für uns Menschen ist, zeigt ein Blick auf die Konsequenzen, wenn wir es nicht tun. Wenn wir uns nicht bewegen, was heute leider zunehmend der Fall ist, häufen sich die Probleme. Übergewicht, Diabetes, Bluthochdruck, Herz-Kreislauf-Erkrankungen, sogar seelische Probleme nehmen zu.

Vermutlich hat Koroibos, der Koch aus Elis, gespürt, wie aufgeladen dieses eine Rennen war und wie sehr er trotz des ganzen Spektakels in Olympia mit seinem Lauf den

Massen auch die Freude an der perfekten Bewegung vermittelte. So wie Usain Bolt in Peking, als er 20 Meter vor der Ziellinie jubelnd die Arme ausbreitete, was ihm viele als Arroganz ausgelegt haben. Norwegische Physiker haben berechnet, dass ihn das mindestens 0,05 Sekunden gekostet hat.

Der erste Computer

Technik ist Fortschritt, das ist die einfache Formel des Industriezeitalters. Sie begleitet uns seit dem 20. Jahrhundert, wir glauben an die Machbarkeit. Technik, so denken wir, entwickelt sich kontinuierlich. Eine Maschine wird perfektioniert, Autos werden immer intelligenter. Für den ersten Computer aber, den die Menschen erfunden haben, gab es noch kein Vorbild, so wie das Rad kein Vorbild in der Natur hat.

Als Elias Stadiatis mit seinem wundersamen Kupferhelm aufgeregt aus den Fluten taucht, hat er den allergrößten Schatz dort unten in 60 Metern Tiefe noch gar nicht entdeckt. Der Anblick von Statuen aus Bronze und Marmor, die in der Tiefe des Meeres im schwachen Restlicht schimmern, haben den Schwammtaucher offenbar so verwirrt, dass er an der Oberfläche nur noch etwas von einem Haufen von Pferden und verrotteten menschlichen Knochen stammeln kann. Dimitrios Kontos, sein Kapitän, überlegt kurz, ob sein Mann wohl zu wenig Sauerstoff in seinem Kupferhelm abbekommen hat, und beschließt, sich selbst die schwere Ausrüstung anzulegen. Kontos ist der Anführer von zwei Segelbooten, die mit insgesamt sechs Tauchern und 20 Ruderern gerade auf dem Heimweg von der tunesischen Küste Richtung Heimathafen Symi sind. Vor Tunesien haben sie monatelang die wertvollen, leuchtend gelben Schwämme vom Meeresgrund geholt.

Es ist das Jahr 1900, damals gibt es weder Außenbordmotoren noch Sauerstoffflaschen und Neoprentaucheranzüge. So wirkt der Gummianzug mit dem Kupferhelm und dem Schlauch zur Sauerstoffversorgung wie einem Roman von Jules Verne entnommen. Normalerweise überlässt Dimitrios Kontos die gefährlichen Tauchgänge seinen Männern. Doch ein Schatz in der Tiefe ist Chefsache, und so springt nun Kontos in das türkisblaue Wasser vor der griechischen Insel Antikythera und sinkt langsam in die Tiefe, bis seine schweren Stiefel im Schlamm des Meeresbodens neben den Überresten eines Schiffswracks zum Stehen kommen. Es ist ein römisches Schiff mit reicher Beute aus Kleinasien, das, wie sich später herausstellt, überladen in einem Sturm vor mehr als 2000 Jahren gesunken ist. Nach wenigen Minuten taucht der Kapitän wieder auf und schwenkt begeistert einen Bronzearm.

Weder ihm noch den zahlreichen Tauchern, die im Jahr darauf, im Sommer 1901, die Schätze eines gesunkenen Schiffs heben, ist zu verdenken, dass sie ob all der Schätze, der Statuen, der Münzen und Amphoren den kleinen hölzernen Kasten mit der griechischen Inschrift darauf nicht weiter beachten. Er ist auch nur so groß wie ein dickes Telefonbuch, 30 mal 20 mal zehn Zentimeter misst er. Selbst die Archäologen des Athener Nationalmuseums übersehen nach der Bergung, welchen Schatz sie da in Händen halten.

Zunächst landet er in einer Art Ramschkiste. Weil niemand im Museum darauf achtet, das durchweichte Holz sorgfältig zu konservieren, bekommt der Kasten, der unbeachtet in einem Innenhof des Museums liegt, nach wenigen Monaten Risse und zerfällt immer mehr. Zum Vorschein kommt das Innenleben, ein vom Salzwasser zerfressenes Gebilde, Überreste ineinander verschachtelter Zahnräder mit feinen, höchstens eineinhalb Millimeter langen Zähnen und ein paar bronzene Platten mit wissenschaftlichen Skalen und verblassten Inschriften in Altgriechisch.

Noch ahnt niemand, dass das Getriebe den Stand der Sonne und des Mondes am Himmel anzeigen kann, dass es sogar die Mondphasen mittels eines sich drehenden schwarzweißen Balls darstellt, dass sich damit die Bahnwendepunkte am Nachthimmel von den damals bekannten fünf

Planeten Merkur, Venus, Mars, Jupiter und Saturn berechnen lassen, sowie der Tag, an dem sie zuerst und zuletzt am Nachthimmel auftauchen. Die Himmelsmaschine ist sogar in der Lage, Sonnen- und Mondfinsternisse fast auf die Minute genau vorherzusagen.

Elias Stadiatis und sein Kapitän Dimitrios Kontos sind also an jenem sonnigen Tag im Herbst 1900 in den Tiefen der Ägäis, in die bis dahin nur Schwammtaucher vordringen konnten, auf ein Wunderwerk der Technik gestoßen: den ersten Computer der Welt.

Es ist wie ein Schock, als sich die komplexe Gedankenwelt des Sternenmechanismus allmählich erschließt. Das Gerät enthält offenbar eine geheimnisvolle Botschaft aus der Antike. Niemals zuvor ist auch nur ein einziges Zahnrad aus der Antike gefunden worden. Es gibt keinen annähernd vergleichbaren Fund – nur ein paar schriftliche Hinweise auf Räderwerke in Wassermühlen, welche die Kraft des Wassers um 90 Grad umlenkten. Aber eine derart komplexe Feinmechanik war nicht im Ansatz bekannt. Dutzende Zahnräder müssen in diesem Mechanismus einst zusammengewirkt, ein Getriebe Zeiger wie von Geisterhand bewegt haben.

Der erste Archäologe, der dieses antike Räderwerk untersucht, ist Valerios Stais, der damalige Leiter des Museums. Er sieht Zahnräder, das größte mit mehr als 200 dreieckigen Zähnchen, übereinander geschichtet. Er sieht Bronzebleche mit dicht geschriebenen, griechischen Großbuchstaben, einen beweglichen Zeiger. Und er vermutet, es handle sich um ein mechanisches Instrument. Nur was sich damit berechnen lässt, ist ihm völlig unklar. Gleichzeitig handelt er sich ein Problem mit seinen Kollegen ein: Denn die Idee eines so komplexen wissenschaftlichen Instruments widerspricht allem bekannten Wissen über die Antike, das konnte einfach nicht sein. Stais wird als Scharlatan beschimpft.

Zu Unrecht, wie wir heute wissen. In Wirklichkeit bildet Stais den Anfang einer Generation von Forschern, die sich vom »Antikythera-Mechanismus«, wie er inzwischen genannt wird, in ihren Bann ziehen ließen, die teilweise Jahrzehnte ihres Lebens dafür geopfert haben, um dem Gerät seine Geheimnisse zu entlocken. Dabei hatten sie zunächst noch nicht einmal die Technik zur Verfügung, mit Röntgenstrahlen ins Innere des korrodierten Klumpens zu schauen.

Heute, nach mehr als 100 Jahren intensivster Forschung, können wir beweisen, was Valerios Stais vermutete: Das mechanische Instrument ist keine Spielerei, es ist tatsächlich der älteste Computer der Welt, rund 2080 Jahre alt – und in seiner Zeit wohl einzigartig. Erst im Mittelalter wird wieder eine solche technische Genauigkeit erreicht. Manche Details, wie ein komplexes Differentialgetriebe, tauchen erst im 14. Jahrhundert wieder auf und werden im 18. Jahrhundert zum Patent angemeldet. Es ist, als sei das vorhandene Wissen der Menschheit mehr als 1500 Jahre lang verschwunden gewesen und musste erst wieder neu entdeckt werden. Auch der berühmte Leonardo da Vinci hat alte arabische Quellen gefunden und verwendet, als er seine mechanischen Uhren entwickelte.

Wir Menschen des 21. Jahrhunderts können kaum glauben, dass da jemand vor mehr als 2000 Jahren in der Lage gewesen sein soll, eine Maschine so zu bauen, wie wir es heute auch tun würden: nämlich alle bekannten Fakten über ein Thema – in diesem Fall die Himmelszyklen – in eine differenzierte Mechanik zu übersetzen. Die Menschen damals haben Probleme demnach exakt so gelöst, wie es auch heute noch üblich ist. Das Äußere wäre vermutlich anders. Anstelle von mechanischen Zeigern würden wir auf ein elektronisches Display schauen, doch das Denkmuster wäre nahezu identisch. Der Antikythera-Mechanismus ist im Kern eine überaus moderne Technologie. Wer die grünlich braunen Bruchstücke zum ersten Mal sieht, kann das spüren, sogar wenn man den Sinn zunächst nicht versteht.

So ist zum Beispiel Richard P. Feynman, Nobelpreisträger und einer der berühmtesten Physiker unserer Zeit, bei seinem Athenbesuch im Juni 1980 auf das Objekt mit der Nr. 15087 im Athener Nationalmuseum aufmerksam geworden. Zurück im Royal Olympic Hotel notiert er am 29. Juni nachmittags am Pool über den Antikythera-Mechanismus, das Objekt sei »so völlig anders und seltsam, dass es beinahe unmöglich ist«. Die antike Maschine mit Zahnrädern, die da um 1900 aus dem Meer geholt worden sei, würde dem Inneren eines modernen Aufziehweckers gleichen. Dann überlegt er noch, ob es sich vielleicht mit all den griechischen Inschriften um eine Art Fake handeln könne, so ungewöhnlich schätzt er das Stück ein. Er lässt sich alle Publikationen zeigen: Es sind nur drei, alle stammen von einer Person, dem Amerikaner Derek de Solla Price.

Dieser Physiker und Wissenschaftshistoriker ist der Erste, der sein halbes Leben damit zugebracht hat, den geheimnisvollen Mechanismus zu enträtseln. Seine Arbeit aus dem Juni 1959 im *Scientific American* trägt den Titel »An Ancient Greek Computer«. Obwohl Price damals noch nicht die Hightech-Geräte zur Verfügung hat, um das Innenleben des Analogrechners in höchster Auflösung zu durchleuchten, kommt er dem Wesen der Maschine schon sehr nah. Für ihn wird es sein Lebenswerk. Er baut Modelle, zählt Zahnräder, tüftelt an mathematischen Gleichungen, um das Ineinandergreifen der Räder zu erklären. Und staunt. Weil auch er, als Mensch des 20. Jahrhunderts, nicht versteht, was im Inneren dieses Wunderwerks wirklich passiert. Aber er ist der Erste, der beschreiben kann, wie fein das Wissen um die Bewegung des Mondes, der Sonne und der bekannten Planeten vor etwas mehr als 2000 Jahren bereits gewesen ist. Nur ein Beispiel: So konnte der Sternencomputer die leicht veränderliche Bahn des Mondes am Sternenhimmel beschreiben. Zu erkennen, dass die Veränderungen etwas mit der elliptischen Umlaufbahn des Erdtrabanten zu tun haben, ist allein schon eine große Leistung der antiken Forscher. Aber endgültig grandios ist es, derlei in Feinmechanik zu übersetzen. Dafür braucht es ein Differentialgetriebe, das die Zyklen von Sonne und Mond subtrahieren kann. »Ein vergleichbares Instrument ist nirgends erhalten«, schreibt Price, »und ist auch in keinem alten wissenschaftlichen oder literarischen Text erwähnt. Nach allem, was wir über Wissenschaft und Technologie im hellenistischen Zeitalter wissen, dürfte es eine solche Vorrichtung eigentlich nicht geben.«

Diese Faszination hat nach ihm noch weitere Forscher erfasst, eigentlich unglaublich für ein einzelnes Gerät. Nach Price' Tod im Jahr 1983 übernimmt Michael Wright vom Science Museum in London bis zu seinem Ruhestand für weitere 30 Jahre die Untersuchung des Antikythera-Mechanismus. In seiner Werkstatt im Stadtteil Hammersmith findet sich ein Abbild dieser Leidenschaft. Es sei, als würde man die Werkstatt betreten, in der H. G. Wells seine Zeitmaschine gebaut hat, schreibt die englische Autorin Jo Marchant, die ihn dort besucht hat. Jeder Zentimeter des Bodens, die Regale an den Wänden, die Werkbänke, alles sei bedeckt mit Modellen alter Geräte wie arabischen Sternenuhren oder Metallspielzeugen. Darunter ist auch sein elegantes Modell des Sternencomputers, ein Mechanismus aus insgesamt 30 Zahnrädern. Das Gehäuse aus Holz ist etwas kleiner als ein Schuhkarton, die sichtbaren Skalen sind aus Messing. Ein seitlich angebrachter hölzerner Drehknopf bringt die Maschine zum Laufen. Es ist der vorläufig letzte originalnahe Nachbau.

Das allerneueste Modell vom Dezember 2010 ahmt den uralten Zahnradmechanismus mit Hilfe von 1500 Legobausteinen nach, um Sonnen- oder Mondfinsternisse vorherzusagen. Andrew Carol, der Erbauer, war einst Softwareingenieur bei Apple. Auf Youtube kann man sich die Maschine anschauen.

Auch dies ist ein letztes Anzeichen, dass inzwischen eine ganz andere Generation die Erforschung des Antikythera-Mechanismus übernommen hat, offenbar ist auch hier die Faszination nicht kleiner geworden. Seit Herbst 2005 läuft das »Antikythera Mechanism Research Project«, an dem vorwiegend britische und griechische Forscher beteiligt sind. Sie rücken nun mit Hightech-Geräten an. Ein acht Tonnen schwerer Computertomograph mit der Bezeichnung »Blade-Runner-System« wurde eigens nach Athen verschifft, denn die Überreste des originalen Computers sind zu empfindlich, um sie zu transportieren. Die Polizei musste damals die Straßen der Innenstadt absperren, um das Gerät ins Museum zu bringen. Ein Zufall half den Forschern: Mary Zafeiropoulou, die Kuratorin der Bronzesammlung am Nationalmuseum in Athen, hatte kurz zuvor noch einige kleinere Fragmente des antiken Computers in unbeschrifteten Schachteln im Museumsarchiv entdeckt. So können die Forscher mit dem Computertomographen die nun insgesamt 82 Fragmente des Antikythera-Mechanismus dreidimensional durchleuchten, in einer Genauigkeit von einem Zehntelmillimeter. Auch die Oberfläche ist mit einer Technologie aus der Computerspielebranche abgetastet worden, um etwa Inschriften in der Oberfläche sichtbar zu machen. 2000 neue Buchstaben konnten die Forscher um den britischen Astrophysiker Mike Edmunds, den Mathematiker und Filmemacher Tony Freeth und einige griechische Experten mittlerweile entziffern.

Damit sind inzwischen 3000 der ehemals 15 000 Zeichen bekannt.

Das Team hat in den letzten Jahren eine wahre Publikationsflut ausgelöst, darunter Veröffentlichungen in renommierten Wissenschaftsmagazinen wie *Nature.* Sie weisen nach, dass der antike Computer auch praktische Spielereien enthielt. So zeigte er das Datum der Olympischen Spiele an und die Termine weiterer sportlicher Großereignisse in Korinth oder Nemea. Jede neue Veröffentlichung hat dabei bestätigt: Die Maschine kann noch mehr als gedacht.

Welches Gerät könnte heute noch eine solche Beachtung finden? Es sind vielleicht Supercomputer wie »Deep Fritz«, der 2005 unter großer medialer Beachtung den Schachweltmeister Wladimir Kramnik besiegt, oder 2011 der Superrechner »Watson«, der Menschen in einem Wissensspiel schlug. Es ist eine Generation lernfähiger Rechner, die mittels künstlicher Intelligenz ihr Wissen erweitern und eigene Strategien entwickeln sollen. Sie begeistern, weil sie offenbar etwas beherrschen, wozu gewöhnliche und sogar außerordentlich begabte Sterbliche nicht in der Lage sind – auch wenn es nur um bestimmte Lebensbereiche wie Schach und Faktenwissen geht. Gleichzeitig begleitet uns auch immer ein wenig Unbehagen, von einer Maschine besiegt zu werden. Der Sinn solcher Geräte aus dem 21. Jahrhundert ist, die Leistungsgrenzen auszutesten und vielleicht ein wenig Staunen hervorzurufen.

Vielleicht hat der Erbauer auch damals versucht, alles nur greifbare Wissen zu den Himmelskörpern in sein Gerät zu packen. Dieses Meisterwerk der Technik ließ seine Zeitgenossen sicher mehr als nur staunen, die Vorhersagen müssen wie Botschaften aus einer anderen Welt gewirkt haben. Heute hat fast jeder einen Computer zu Hause. Vor 2100 Jahren hingegen gab es, wenn überhaupt, nur sehr wenige dem Antikythera-Mechanismus vergleichbare Geräte, und der Besitz war sicher ein immenser Vorteil.

Wer aber könnte dazu in der Lage gewesen sein, so einen Analogrechner zu konstruieren? Und wie könnte er auf die Idee gekommen sein? Um auf den Erbauer zu kommen, haben die Forscher die letzte Reise des gesunkenen Schiffs nachvollzogen, das randvoll mit Statuen und anderen kostbaren Dingen wie Schmuck, Münzen und Behältern aus hochwertigem Glas angefüllt war. Allein das deutete schon auf ein Beuteschiff der Römer hin, die das wertvolle Hab und Gut der eroberten griechischen Provinzen für ihre Triumphzüge quer durch die Ägäis nach Hause brachten. Im Schiffsbauch lagerten die Vorräte: Wein, Oliven, Öl und sogar eingelegter Fisch, abgefüllt in großen Amphoren. Für Experten wie Gladys Weinberg und Virginia Grace sind sowohl Gläser wie auch die Machart der Amphoren zusammen mit historischen Fakten wie ein großer Kalender. So lässt sich der Zeitpunkt des Untergangs wie auch die Herkunft – zumindest der Waren – bestimmen. Das Schiff sei, so ermitteln Weinberg und Grace, zwischen 86 und 60 vor Christus in Pergamon und Ephesus mit Statuen beladen worden, habe dann im Hafen von Rhodos noch Nahrungsmittel für die Überfahrt nach Sizilien und Rom aufgenommen und sei dann im Sturm gesunken. Aus Athen oder dem restlichen griechischen Festland fanden sich keine Waren.

Historisch passt dies gut. Sulla, der erste römische Diktator der Weltgeschichte, eroberte im 1. Jahrhundert vor Christus brutal die kleinasiatischen Städte und zuvor auch Athen. Dies dämpfte die Entwicklung dieser Region enorm. Die entscheidende Schlacht der Römer gegen die Griechen fand um 84 vor Christus statt. Aus stolzen mächtigen Städten wie Athen, Piräus, Ephesos oder Pergamon wurden Untergebene, die nun Tribut an die Römer zahlen mussten. Der

Qualitätsabfall in den gefundenen Amphoren spiegelt diese Entwicklung wider. Die Behälter waren aus minderwertigerem Ton als vergleichbar frühere und weniger präzise gebaut. Warum sollte man sich für einen Besatzer noch Mühe machen?

Ein weiterer entscheidender Fortschritt auf der Suche nach dem Ursprungsort oder letzten Einsatzort des Antikythera-Mechanismus gelang schließlich dem berühmten Taucher und Filmemacher Jacques Cousteau, der einige Zeit lang mit seiner *Calypso* über dem Schiffswrack vor Antikythera ankerte. Die Beute war zwar nicht üppig, doch ein silberner Klumpen und ein paar Kupfermünzen brachten doch noch spektakuläre Einsichten. Die Silbermünzen, entstanden zwischen 85 und 76 vor Christus, stammten nämlich aus der Stadt Pergamon, eine ziert ein efeuumrankter Korb mit Schlangen. Die etwas jüngeren Bronzemünzen stammen aus Ephesos. Die Rückseite zeigt hier einen knienden Hirsch. Dies alles spricht eine klare Sprache. Der letzte Weg des Schiffs führte also tatsächlich von Pergamon in der heutigen Türkei über Ephesos, Rhodos durch die Ägäis, vermutlich auf dem Weg nach Rom.

Pergamon ist damals eine sehr wohlhabende Stadt, mit einem gewaltigen Burgberg, einer berühmten Bibliothek und dem im zweiten Jahrhundert vor Christus erst erbauten mächtigen Pergamonaltar. Der prächtige Altar war eine der wichtigsten Opferstätten Kleinasiens, eine ideale Kulisse für Zeremonien, in denen auch der erste Computer einen Sinn und Platz gehabt haben könnte.

Gewiss ist dies eine Spekulation, doch Forscher können sich den Mechanismus auch in einem religiösen Kontext vorstellen, schließlich gilt den Griechen der Himmel als Ort der Götter. Wie im Mittelalter sind auch in der Antike Priester wissenschaftlich gebildet. Eine wundersame Sternenmaschine, die quasi den Kontakt zu den himmlischen Göttern herstellen kann, wäre also überaus interessant. Je einzigartiger das Gerät ist, umso größer die damit verbundene und davon ausgehende Macht.

Der mittlerweile emeritierte Informatikprofessor Wolfram Lippe von der Universität Münster, übrigens der erste Student in Deutschland, der ein Diplom in Informatik erwarb, sagt: »So kann man vermuten, dass das Räderwerk von Antikythera ein Unikat ist, welches zu einem Heiligtum in Kleinasien oder der Ägäis gehörte. Hiermit konnten die Priester zukünftige Himmelsereignisse vorhersagen und damit ihren Ruf festigen, in die Zukunft blicken zu können.«

Auch Tony Freeth, einer der beteiligten Forscher, glaubt an eine Mischung aus Wissenschaft und einem spirituellen Element: »Die alten Griechen sahen die Himmelskörper als Gottheiten an. Ich glaube, dass der Mechanismus ein wissenschaftliches Instrument ist, aber er könnte auch entstanden sein, um die außergewöhnliche Erschaffung der Götter und die Fähigkeit der Menschen zu feiern, die astronomischen Zyklen zu verstehen, die diese Erschaffung steuern.« Der Antikythera-Mechanismus könnte also in demselben Geist entstanden sein wie die großen astronomischen Uhren des Mittelalters, die für die Kathedralen gedacht waren, um die von Gott geschaffene Welt zu feiern.

Möglicherweise war demnach der letzte Einsatzort der Planetenmaschine der Pergamonaltar – durchaus schon von der Mitte des 2. Jahrhunderts vor Christus an. Denn das Räderwerk ist nicht mehr ganz neu, als das Schiff um 70 vor Christus sank. Einige Zahnräder wurden schon einmal ausgetauscht oder ausgebessert. Was könnte damals in der kleinasiatischen Stadt passiert sein? Sogar eine totale Sonnenfinsternis in Kleinasien im April des Jahres 136 vor

Christus passte da ins Bild. Und warum sollten nicht einst die Priester mit dem Sternenrechner diese Sonnenfinsternis vorhergesagt haben?

Mächtig thront der Tafelberg über der Stadt, nach drei Seiten fallen die steilen Felswände ab, nur im Süden führt über drei Terrassen ein Weg hoch zu den Heiligtümern, zur Akropolis von Pergamon. Es ist der Frühling des Jahres 136 vor Christus. Auf dem Weg zu seinem Arbeitsplatz in der Bibliothek im nördlichen Teil des Athenatempels kommt der Gelehrte am neuen Altar vorbei, für den eigens eine Terrasse aufgeschüttet worden ist. Schon von unten ist der elegante Bau mit den Steinfriesen an den Seitenwänden grandios. Doch nahezu unbeschreiblich ist es, auf der obersten Stufe der breiten Freitreppe des Altars zu stehen und umgeben von mächtigen Säulen hinunter ins Tal auf die Stadt und weiter in die Ebene Richtung Meer zu schauen. Dann fühlt man sich, als stünde man auf einem gewaltigen Thron, als sei man der König der Welt.

Nur wenige Menschen dürfen das Heiligtum betreten: der König und die Mitglieder des Königshauses, die Priester und wichtige Gäste. Dass er dabei sein darf, hängt mit einem neuen wissenschaftlichen Gerät zusammen. Nur er weiß, wie man den Mechanismus einstellen muss. Es ist ein großartiges Instrument, das die Bewegungen von Sonne, Mond und Planeten um die Erde zeigt – und das nur er bedienen kann. Das Gerät selbst soll beim geplanten Opferritual im Verborgenen bleiben. Umso mehr würde die Verkündigung der Sonnenfinsternis wirken, die er mit Hilfe der Sphäre vorhergesagt hat. Er nennt sie so, weil auch Archimedes aus Syrakus in einer seiner Schriften ein einfacheres astronomisches Instrument so genannt hat, seine einzige praktische Abhandlung übrigens. Sonst hat dieser nur mathematische

Schriften verfasst. Er bewundert den Mathematiker, zudem war Archimedes' Vater Astronom wie er. Und auch er verehrt wie Archimedes das alte Wissen der Babylonier, während in Athen oder Korinth manche seiner Kollegen diese jahrhundertealten mathematischen und astronomischen Weisheiten ignorieren.

Das komplexe Gerät mit den Zahnrädern und den vielen Zeigern hält der Gelehrte seit Wochen vor den Augen der breiten Öffentlichkeit verborgen, nur wenige Kollegen und Priester aus dem Athenatempel durften es bisher sehen, sowie ein paar Wissenschaftler aus anderen griechischen Städten, die zu ihm in die Bibliothek kamen. Seit es die große Bibliothek gibt, die zweitgrößte nach Alexandria in Ägypten, besuchen mehr Gelehrte Pergamon und sind vom neuen Altar sehr beeindruckt. Wer von unten den Burgberg hochkommt, sieht zuerst die versammelten olympischen Götter, wie sie den Angriff der Giganten abwehren, die sie zu stürzen versuchen. Die Götter wehren sich, allen voran Zeus oder der Kriegsgott Ares, dessen Schlachtrösser sich machtvoll aufbäumen. Der Priester hat es sich inzwischen angewöhnt, Gästen immer eine kleine Führung durch den Tempel anzubieten, nur für die heiligen Räume hat der König Wissenschaftlern den Zutritt versagt.

Dort bereitet der Priester nun das Gerät vor, der König will sich das Ergebnis noch einmal demonstrieren lassen. Er stellt zuerst das aktuelle Datum ein und eicht es auf die bestehende Planetenkonstellation. Dann dreht er an der Kurbel seitlich am Gerät, so dass sich die beiden Zeiger auf der bronzefarben glänzenden Vorderseite zu bewegen beginnen. Der obere zeigt den Monat an, der untere Konstellationen, bei denen Sonne, Mond und Erde praktisch in einer Linie zueinander stehen. Eine geniale Technik, denn der Zeiger dreht sich auf einer spiralförmigen Skala, die wiederum mit den Epizyklen der Planentenbewegung korrespondiert, also den scheinbaren Bewegungen von Sonne, Mond und Planeten am Himmel. Das Bemerkenswerte ist, dass der ausziehbare Zeiger immer länger wird, wenn er die äußeren Spiralen der Skala erreicht. Steht der Monat der Sonnenfinsternis fest, muss er das Gerät nur noch drehen. Auf der Rückseite sind die beiden Zeiger für Sonne und Mond. Eine Sonnenfinsternis kann nur an Tagen passieren, an denen Neumond herrscht, eine Mondfinsternis nur bei Vollmond. Alle 223 Monate nach einer Sonnen- oder Mondfinsternis kann theoretisch erst wieder so ein Ereignis auftreten, genauso viele Zacken hat das große Zahnrad. Der Priester freut sich schon auf den kleinen astronomischen Exkurs, den er vorbereitet hat. Bei einer Sonnenfinsternis zeigen beide Zeiger exakt in die gleiche Richtung. Damit gekoppelt ist ein Datumsanzeiger. Der Astronom dreht an dem Knopf, bis er das genaue Datum der Sonnenfinsternis hat. Er liebt das leise Klackern der Zahnräder, das bei jeder Kurbelbewegung zu hören ist. Auch an diesem Tag berechnet die Maschine ein eindeutiges Ergebnis: In wenigen Monaten, im kommenden April, wird sich die Sonne in Kleinasien verfinstern. Er ahnt, welche Wirkung die Vorhersage eines solch furchteinflößenden Himmelsereignisses auf die Menschen haben wird. Es ist, als habe da jemand tatsächlich Kontakt zu den Göttern.

Der römische Politiker, Schriftsteller und berühmte Rhetoriker Cicero beschreibt ein überaus raffiniertes Instrument, das Archimedes gebaut hat, als er im dritten Jahrhundert vor Christus in der sizilianischen Stadt Syrakus, einer griechischen Kolonie, lebte. »Die Erfindung des Archimedes verdient unsere besondere Bewunderung, weil er durchkonstruiert hat, auf welche Weise er bei differierenden Bewegungsgeschwindigkeiten die ungleichen und unterschiedlichen Bahnen mit nur einer Umdrehung einhielte. Als Gallus dieses Planetarium in Bewegung setzte, geschah es tatsächlich, dass der Mond immer der Sonne um genau so viele Umdrehungen auf dem Bronzeapparat nachlief wie um Tage am wirklichen Himmel.«

Dieses Instrument ist offenbar damals hoch geschätzt worden, jedenfalls war es das einzige Beutegut, das der römische Feldherr Marcus Claudius Marcellus im Zweiten Punischen Krieg mit nach Rom nahm, nachdem seine Soldaten Syrakus erobert und Archimedes dabei getötet hatten. Cicero war voller Bewunderung. Archimedes müsse »mit größerem Genie gesegnet gewesen sein, als man es bei einem menschlichen Wesen hätte für möglich halten sollen«.

Die Autorin Jo Marchant, die ein schönes Buch über den Antikythera-Mechanismus geschrieben hat, und der Forscher und Filmemacher Tony Freeth schließen daraus, dass Archimedes eine Tradition im Bau von Instrumenten begründet und vielleicht sogar selbst eine Art Ur-Uhrwerk des Himmels gebaut haben könnte. Belege dafür gibt es keine, Archimedes hat aber wohl als Erster Zahnräder verwendet, um schwere Lasten zu heben.

Auch eine Inschrift weist auf ihn hin. Die Monatsnamen im Kalender sind korinthischen Ursprungs, einzelne Begriffe, die auf dem Antikythera-Mechanismus stehen, sind nur dort verwendet. Ausgerechnet Syrakus, Archimedes' Wohnort, ist eine korinthische Kolonie. Doch wahrscheinlich ist der Sternenrechner in einer Tradition entstanden, die ihren Ursprung in den Ideen des Archimedes gehabt haben könnte, sagt Tony Freeth, fügt aber hinzu, dass man unbedingt die Worte »wahrscheinlich« und »könnte« in der Aussage belassen müsse.

Die Frage nach dem Schöpfer des Geräts ist die härteste Nuss.

Die Forscher streiten immer noch darüber, woher das mathematische und astronomische Wissen stammt, das der Erbauer nutzte. Verkürzt gesagt geht es um die Frage: griechische oder babylonische Schule? Lange schienen die Griechen die Nase vorn zu haben. Einige der astronomischen Finessen werden ihnen zugerechnet. Doch kürzlich ist ein Detail aufgetaucht, das alle zum Nachdenken zwingt. Eine Hauptskala auf dem antiken Computer spiegelt den Lauf der Sonne wider. Ein Zeiger über dieser Skala zeigte einst ihre Position an. Lange ist den Forschern nicht aufgefallen, dass die Skala zwei Bereiche aufweist, einen mit minimal kleineren Einteilungen und einen zweiten mit größeren. Vorausgesetzt, der Zeiger wird mechanisch konstant angetrieben, wirkt es in der ersten Zone so, als würde er sich schneller bewegen, in der zweiten ist er langsamer. Übersetzt bedeutet dies: Die Sonne bewegt sich in einer Jahreshälfte scheinbar schneller – dies deckt sich mit einer Theorie zur Bewegung der Sonne, die die Babylonier entwickelt haben. Damit würde der erste Computer auf babylonischer Forschung beruhen. Natürlich könnte man noch einwenden, die ungleiche Einteilung in der Skala sei ein einfacher Handwerksfehler, aber irgendwie mag man daran angesichts der Perfektion des Apparats nicht glauben.

Aber warum ging die Entwicklung damals vor über 2000 Jahren nicht weiter? Warum folgte auf den Antikythera-Mechanismus nicht gleich ein Nachfolgemodell? Möglicherweise wussten nur wenige Menschen von dieser ungewöhnlichen Maschine, und gab es nur eine kleinere Zahl ausgewählter Astronomen, die den Mechanismus hätten bauen oder bedienen können. Oder gab es tatsächlich nur einen Einzigen, der das Wissen hatte und die Kraft, so etwas Außergewöhnliches zu bauen, und danach nie wieder dazu in der Lage war? So wie ein Künstler manchmal ein verlorengegangenes Werk nicht wiederholen kann. Vielleicht hatte aber auch der eine oder andere Herrscher, der solch eine Maschine besaß, ein Interesse daran, das Wissen nicht weiterzugeben, um auch die damit verbundene Macht nicht teilen zu müssen. Und er riskierte damit, dass es, zumindest in dieser Komplexität, wieder verschwindet – bis zu jenem besonderen Tag, an dem mehr als 2000 Jahre später Schwammtaucher in die Fluten der Ägäis hinabtauchten und ein weiteres Mosaiksteinchen des modernen Menschen zurück ans Licht brachten.

Zeittafel

13,7 Mrd. Jahre	Urknall.
4,6 Mrd. Jahre	Die Erde entsteht.
3,9 Mrd. Jahre	Gneis, das älteste Gestein der Erde, bildet sich im Nordwesten Kanadas.
3,6 Mrd. Jahre	Der erste Ozean breitet sich auf der Erdoberfläche aus.
3,5 Mrd. Jahre	Im Wasser entsteht das erste Leben, einzellige Bakterien und Algen.
251 Mio. Jahre	Beim größten Massensterben der Erdgeschichte verschwinden 85 Prozent aller Meeres- und 70 Prozent aller Landbewohner. Als Ursache wird extremer Vulkanismus über mehrere Hunderttausend Jahre im Bereich Sibirien angenommen oder ein Meteoriteneinschlag, beide hätten vermutlich einen dramatischen Klimawandel zur Folge gehabt.

250 Mio. Jahre	So alt ist das älteste, heute noch aktive Bakterium. Forscher haben es in einem Salzkristall entdeckt und wieder in einer Nährlösung aktiviert. Das *Bacillus permians* hat die letzten 250 Millionen Jahre bei äußerst reduziertem Stoffwechsel ausgeharrt.
65 Mio. Jahre	Ein riesiger Meteorit schlägt auf der Halbinsel Yucatán ein und hüllt die Erde monatelang in einen dunklen Schleier, das Klima kühlt daraufhin dramatisch ab. In der Folge sterben die Dinosaurier aus, die mehr als 180 Millionen Jahre die Erde dominiert hatten. Die Erfolgsgeschichte der Säugetiere beginnt, zu ihnen gehören die Primaten.
8 Mio. Jahre	Die Regenwälder Afrikas weichen zurück, erstmals gibt es **Jahreszeiten** und damit verbunden einen Wandel im Nahrungsangebot.
7 Mio. Jahre	Vormenschen **gehen erstmals aufrecht**, am Ufer des afrikanischen Tschad-Sees finden sich die ältesten Hinweise.
2,6 Mio. Jahre	Die ersten **Werkzeuge** tauchen in Afrika auf, sie sind aus Stein und haben abgeschlagene Kanten. Das menschliche Gehirn wird langsam größer, von 300 qcm bei Affen hat es sich nun auf 700 qcm mehr als verdoppelt.

1,9 Mio. Jahre	Die ersten **Migranten** verlassen die nördlichen Ufer des Turkana-Sees im heutigen Kenia und ziehen Richtung Norden bis nach Europa und Asien.
1,6 Mio. Jahre	Die Menschen **verlieren ihr Fell**, als sie zu Jägern werden. Die neue Lebensweise war nur nackt möglich, nur so konnte der Schweiß die Haut kühlen. Der Mensch hat als einziger Primat sein komplettes Fell verloren – abgesehen von ein paar letzten Haarinseln.
1,5 bis 2 Mio. Jahre	Die Menschen sprechen ihre ersten **Worte**. Eine der neuesten Theorien besagt, die Worte hätten sich aus der Ammensprache von Mutter und Kind entwickelt: aus »mamama« und »tsch, tsch, tsch«.
1,5 Mio. Jahre	In Kenia finden sich Spuren eines Feuers, vermutlich hat aber ein Naturereignis das Feuer entfacht, die Menschen haben es nur gezielt genutzt, um damit zu kochen. Die ersten, kunstvoll bearbeiteten, ovalen **Faustkeile** tauchen auf. In der Folge entsteht eine industrieähnliche Produktion der Steingeräte.
790 000 Jahre	Am Ufer eines ausgetrockneten Sees im Jordan-Tal im Norden des heutigen Israels lodern erstmals die Flammen eines **Lagerfeuers**. Verkohlte Samenkörner, Rinden-

stücke, Holzreste, Feuersteine und noch unbenutztes Holz sind der Beweis.

400 000 Jahre

Im heutigen Schöningen/Niedersachsen finden sich in einem Braunkohletagebau die **ältesten Waffen** der Menschheit, insgesamt acht Speere aus Fichtenholz. Die Waffen haben exzellente Flugeigenschaften.

77 000 Jahre

Im Feuer gehärteter Stein aus Südafrika, der raffiniert in mehreren Schritten zu messerscharfen Pfeilspitzen verarbeitet wird, stellt den **Beginn der technologischen Entwicklung** dar. Materialkenntnisse und technische Fähigkeiten verbinden sich zu einem mehrstufigen Prozess.

In der Blombos-Höhle im heutigen Südafrika wird **der älteste Schmuck** der Welt entdeckt.

40 000 Jahre

Auf der Schwäbischen Alb, einem kulturellen Innovationszentrum der damaligen Zeit, schnitzen Menschen aus dem Flügelknochen eines Schwans Flöten – **die ältesten Musikinstrumente**. Die Flöten sind exakt gestimmt.

In der Höhle Hohle Fels wird die **erste figürliche Darstellung eines Menschen** gefunden: die Venus von der Schwäbischen Alb.

32 000 Jahre Die **ersten frühen Meisterwerke der Kunst**, flächige Zeichnungen, entstehen auf den Wänden der Höhle von Chauvet.

28 000 Jahre Der Neandertaler ist ausgestorben. Die letzten Vertreter lebten auf der Südspitze der Iberischen Halbinsel. Warum sie ausstarben, ist nach wie vor ungeklärt.

27 000 Jahre In der Cosquer-Höhle an der französischen Mittelmeerküste bei Marseille **zeichnen Menschen erstmals einen Ermordeten**; dessen Brust ist von einem Pfeil durchbohrt.

22 000 Jahre In Afrika, am Rutanzige-See, findet man einen kleinen Knochen mit einer Kristallspitze, auf dem **Primzahlen** eingeritzt sind. Es sind die bisher ältesten Spuren eines komplexeren mathematischen Verständnisses.

17 000 Jahre Auf der Insel Flores im heutigen Indonesien sterben die letzten Menschen der Gattung *Homo floresiensis* aus: die kleinwüchsigen »Hobbits«, wie Forscher sie taufen.

12 000 Jahre In Göbekli Tepe, einem Hügel im Südosten der Türkei, bauen Jäger und Sammler mit Beilen aus Feuerstein gewaltige runde Steinanlagen mit bis zu 5,50 Meter hohen, T-förmigen Pfeilern. Es sind

	die ältesten Tempel der Menschheitsgeschichte.
12 000 Jahre	In einer Höhle in der Galiläa-Region im heutigen Israel **feiern Menschen erstmals gemeinsam ein Fest**. Rund 35 Mitglieder verschiedener Clans verspeisen zwei Rinder und 71 Schildkröten.
11 000 Jahre	Auf den Weiden der Siedler des Fruchtbaren Halbmonds stehen **die ersten domestizierten Tiere**, Ziegen und Schafe, rund fünfhundert bis tausend Jahre später folgen Schweine und Rinder.
10 000 Jahre	Aus wilden Gräsersamen, die die Menschen an den Hängen des Vulkans Karacadağ im Südosten der heutigen Türkei finden, brauen die Menschen ihr **erstes Bier**.
7300 Jahre	Im süddeutschen Ort Talheim findet **das älteste bekannte Massaker** statt, 34 Menschen werden innerhalb weniger Minuten erschlagen. Das Motiv: Frauenraub.
6000 Jahre	Im Norden des heutigen Syrien findet der **erste Angriffskrieg** der Menschheitsgeschichte statt. Mit hartgebrannten, zehn Zentimeter großen Lehmkugeln haben die Angreifer aus dem Süden die drei Meter dicke Stadtmauer von Hamoukar zerstört und einige wichtige Gebäude zum Einsturz gebracht.

5300 Jahre In der Stadt Uruk (heute Irak) werden **das älteste Lehmformular, Rechnungen und Warenlisten** aus Ton gefunden. Die Sumerer erfinden mit der Bürokratie auch die **Schrift**.

3800 Jahre **Das erste Alphabet** entsteht im nördlichen Teil des heutigen Syrien, vermutlich in der Gegend um die Stadt Ebla.

776 v. Chr. Koroibos von Elis ist der erste Sportler, der in einer Siegerliste von Olympia auftaucht. Er gewinnt den prestigeträchtigen Laufwettbewerb beim ältesten sportlichen Großereignis der Menschheit.

76 v. Chr. Die Menschen erfinden den **ersten Computer**, eine Maschine, die den Lauf der Planeten und Sonnen- und Mondfinsternisse berechnen kann.

Quellenverzeichnis

Der aufrechte Gang

Michel Brunet et al., »Geology and palaeontology of the Upper Miocene Toros-Menalla hominid locality, Chad«, in: *Nature*, Bd. 418, 2002, S. 152–155

Detlev Ganten, Thilo Spahl und Thomas Deichmann, Die Steinzeit steckt uns in den Knochen. Piper Verlag, München 2009

Ann Gibbons, »In search of the first Hominids«, in: *Science*, Bd. 295, 2002, S. 1214–1219

Ann Gibbons, »Millennium Ancestor Gets Its Walking Papers«, in: *Science*, Bd. 319, 2008, S. 1599–1600

Peter Gluckman und Mark Hanson, Aus dem Tritt geraten. Spektrum Akademischer Verlag, Heidelberg 2007

C. Owen Lovejoy, »Reexamining Human Origins in Light of *Ardipithecus ramidus*«, in: *Science*, Bd. 326, 2009, S. 74, DOI: 10.1126/science.1175834

Carsten Niemitz, Das Geheimnis des aufrechten Gangs. Verlag C.H. Beck, München 2004

Carsten Niemitz, »The evolution of the upright posture and gait – a review and a new synthesis«, in: *Naturwissenschaften*, Bd. 97, 2010, S.241–263

Carsten Niemitz, »Labil und langsam – Unsere fast unmögliche Evolutionsgeschichte zum aufrechten Gang«, in: *Naturwissenschaftliche Rundschau*, 60. Jg, Heft 2, 2007, S. 71–78

Martin Pickford, »Late Miocene sediments and fossils from the

northern Kenya Rift, Valley«, in: *Nature*, Bd. 256, 1975, S. 279–284
Martin Pickford und Brigitte Senut, »The geological and faunal context of Late Miocene hominid remains from Lukeino, Kenya«, in: *Comptes Rendus de l'Académie de Sciences*, Bd. 332, 2001, S. 145–152
Martin Pickford und Brigitte Senut, »Millennium Ancestor, a 6-million-year-old bipedal hominid from Kenya«, in: *South African Journal of Science*, January/February, 2001, S. 22
Brian G. Richmond und William L. Jungers, »*Orrorin tugenensis* Femoral Morphology and the Evolution of Hominin Bipedalism«, in: *Science*, Bd. 319, 2008, S. 1668
Yoshihiro Sawada et al., »The Age of *Orrorin tugenensis*, an Early Hominid from the Tugen Hills, Kenya«, in: *Comptes Rendus de l'Académie de Sciences*, Bd. 1, 2002, S. 293–303
Friedemann Schrenk, Ottmar Kullmer und Oliver Sandrock, »An Open Source Perspective of Earliest Hominid Origins«, in: *Collegium Anthropologicum*, Bd. 28, 2004, S. 113–120
Brigitte Senut, Martin Pickford et al., »First Hominid from the Miocene (Lukeino Formation, Kenya)«, in: *Comptes Rendus de l'Académie de Sciences*, Bd. 332, 2001, S. 137–144
Brigitte Senut, »Les grands singes fossiles et l'origine des hominidés: mythes et réalités«, in: *Primatologie*, Bd. 1, 1999, S. 93–134
Pierre Sepulchre, Michel Brunet et al., »Tectonic Uplift and Eastern Africa Aridification«, in: *Science*, Bd. 313, S. 1419–1423
Susann Thorpe, R. L. Holder und R. H. Crompton, »Origin of Human Bipedalism As an Adaptation for Locomotion on Flexible Branches«, in: *Science*, Bd. 316, 2007, S. 1328
Kate Wong, »Wer waren die ersten Hominiden?«, in: *Spektrum der Wissenschaft*, Dossier 1/2004, S. 22–31
Christoph Zollikofer, »Virtual Cranial Reconstruction of *Sahelanthropus tchadensis*«, in: *Nature*, Bd. 434, 2005, S. 755–759

Das erste Werkzeug
Brian Adams und Brooke Blades (Hg.), Lithic Materials and Paleolithic Societies. Wiley&Blackwell, Chichester 2009
David Braun, »Australopithecine butchers«, in: *Nature*, Bd. 466, 2010, S. 828
Frank Brown, Richard Leakey et al., »Early *Homo erectus* Skeleton from West Lake Turkana, Kenya«, in: *Nature*, Bd. 316, 1985, S. 788–792
Kyle S. Brown et al., »Fire As an Engineering Tool of Early Modern Humans«, in: *Science*, Bd. 325, 2009, S. 859–862
Frederick L. Coolidge, Thomas Wynn, The Rise of *Homo Sapiens*. Wiley&Blackwell, Chichester 2009
Thorwald Ewe, »Gejagte werden Jäger«, in: *Bild der Wissenschaft*, Heft 7/2009, S. 18–25 und: »Das hungrige Hirn«, ebd., S. 27–33
William R. Leonard et al., »Effect of Brain Evolution on Human Nutrition and Metabolism«, in: *Annual Review of Nutrition*, Bd. 27, 2007, S. 311–327
Vincent Mourre, Paola Villa und Christopher S. Henshilwood, »Early Use of Pressure Flaking on Lithic Artifacts at Blombos Cave, South Africa«, in: *Science*, Bd. 330, 2010, S. 659–663
April Nowell, Stone Tools and the Evolution of Human Cognition. University Press of Colorado, Boulder 2010
Kathy Schick, The Cutting Edge. Stone Age Institute Press, Gosport 2009
Friedemann Schrenk und Stefanie Müller, Die 101 wichtigsten Fragen: Urzeit. C. H. Beck Verlag, München 2006
John Webb et al., »Fire and Stone«, in: *Science*, Bd. 325, 2009, S. 820–821

Der erste Migrant
Christoph Antweiler, Heimat Mensch. Murmann Verlag, Hamburg 2009

Patricia Balaresque et al., »A Predominantly Neolithic Origin for European Paternal Lineages«, in: Public Library of Science Biology, Bd. 8, 2010, e1000285

Ralf Berhorst, »Der Erste, der Afrika verlässt«, in: Geo Kompakt, Nr. 24, 2011, S. 36–47

Adrian W. Briggs et al., »Targeted Retrieval and Analysis of Five Neandertal mtDNA Genomes«, in: Science, Bd. 325, 2009, S. 318–321

Luigi Cavalli-Sforza, Gene, Völker und Sprachen – Die biologischen Grundlagen unserer Zivilisation. Carl Hanser Verlag, München 1999

Luigi Cavalli-Sforza, Verschieden und doch gleich. Knaur Taschenbuch Verlag, München 1996

Wolfgang Haak, Kurt Alt et al., »Ancient DNA from European Early Neolithic Farmers Reveals Their Near Eastern Affinities«, in: *PLoS Biology*, Bd. 8, 2010, Heft 11, e1000536

Heng Li und Richard Durbin, »Inference of human population history from individual whole-genome sequences«, in: *Nature online*, 13. Juli 2011

Martin Paetsch, »Aufbruch zu neuen Kontinenten«, in: *Geo Kompakt*, Nr. 24, 2011, S.86–99

Martin H. Trauth, Mark A. Maslin, Alan Deino und Manfred R. Strecker, »Late Cenozoic Moisture History of East Africa«, in: *Science*, Bd. 309, 2005, S. 2051–2053

Vania Yotova, Damina Labuda et al., »An X-linked Haplotype of Neandertal Origin is present among all non-African Populations«, in: *Molecular Biology and Evolution online*, 25. Januar 2011, doi: 10.1093/molbev/msr024

Das erste Feuer

Alperson-Afil, N., »Continual Fire-making by Hominins at Gesher Benot Ya'aqov, Israel«, in: *Quaternary Science Reviews*, Bd. 27, 2008, S. 1733–1739

Naama Goren-Inbar, »Evidence of Hominin Control of Fire at Gesher Benot Ya'aqov, Israel«, in: *Science*, Bd. 304, 2004, S. 725–727

J. W. J. Gowlett, »Early Archaeological Sites, Human Remains and Traces of Fire from Chesowanja, Kenya«, in: *Nature*, Bd. 294, 1981, S. 125–129

Wil Roebroeks und Paola Villa, »On the Earliest Evidence for Habitual Use of Fire in Europe«, in: *PNAS*, 2011, www.pnas.org/cgi/doi/10.1073/pnas.1018116108

Richard Wrangham, Feuer fangen. Deutsche Verlagsanstalt, München 2009

Das erste Wort

Quentin D. Atkinson, »Phonemic Diversity Supports a Serial Founder Effect Model of Language Expansion from Africa«, in: *Science*, Bd. 332, 2011, S. 346–349

Quentin D. Atkinson, Mark Pagel et. al, »Languages Evolve in Punctuational Bursts«, in: *Science*, Bd. 319, 2008, S. 588

Ruth Berger, Warum der Mensch spricht. Eichborn Verlag, Frankfurt am Main 2008

Rudolf Botha und Chris Knight, The Prehistory of Language. Oxford University Press, Oxford 2009

Rudolf Botha und Chris Knight, The Cradle of Language. Oxford University Press, Oxford 2009

Guy Deutscher, Du Jane, ich Goethe – eine Geschichte der Sprache. Verlag C.H. Beck, München 2010

Ute Eberle, »Die Geburt der Sprache«, in: *Geo Kompakt*, Nr. 24, 2011, S. 48–50

Nick Enfield, »Social Motives for Syntax«, in: *Science*, Bd. 324, 2009, S. 39

Thorwald Ewe, »Die Schnalzersprache«, in: *Bild der Wissenschaft*, Heft 6/2004, S. 34–38

Dean Falk, Wie die Menschheit zur Sprache fand. Deutsche Verlagsanstalt, München 2010
Alec Knight und Joanna Mountain, »African Y Chromosome and mtDNA Divergence Provides Insight into the History of Click Languages«, in: *Current Biology*, Bd. 13, 2003, S. 464–473
Martin Kuckenberg, Wer sprach das erste Wort?. Theiss Verlag, Stuttgart 2004
Birgit Mampe, Angela Friederici et al., »Newborns' Cry Melody Is Shaped by Their Native Language«, in: *Current Biology*, Bd. 19, 2009, 10.1016/j.cub.2009.09.064
Elisabeth Pennizi, »The first language?«, in: *Science*, Bd. 303, 2004, S. 1319–1320
Michael Tomasello, Die Ursprünge der menschlichen Kommunikation. Suhrkamp Verlag, Frankfurt am Main 2009
Dieter E. Zimmer, So kommt der Mensch zur Sprache. Heyne Verlag, München 2007
Klicklaute unter: http://hctv.humnet.ucla.edu/departments/linguistics/VowelsandConsonants/index.html

Die ersten Mordwaffen

R. Alexander Bentley, Joachim Wahl et al., »Isotopic Signatures and Hereditary Traits: Snapshot of a Neolithic Community in Germany«, in: *Antiquity*, Bd. 82, 2008, S. 290–304
David M. Buss, Der Mörder in uns. Spektrum Akademischer Verlag, Heidelberg 2007
Jean Clottes, Grotte Cosquer bei Marseille. Jan Thorbecke Verlag, Ostfildern 1995
Jean Clottes, Cosquer redécouvert. Éditions du Seuil, Paris 2005
Martin Daly und Margo Wilson, »Evolutionary Social Psychology and Family Homicide«, in: *Science*, Bd. 242, 1988, S. 519–524
Angelika Fleckinger, Ötzi 2.0: Eine Mumie zwischen Wissenschaft, Kult und Mythos. Theiss Verlag, Stuttgart 2011

Thomas Hauschild, Ritual und Gewalt. Suhrkamp Verlag, Frankfurt am Main 2008
Dirk Husemann, Als der Mensch den Krieg erfand. Jan Thorbecke Verlag, Ostfildern 2005
Lutz Jäncke, »Gibt es eine (Neuro)-Psychologie des Massenmörders?«, in: *Zeitschrift für Neuropsychologie*, Bd. 19, 2008, S. 41–45
Hans J. Markowitsch, Werner Siefer, Tatort Gehirn. Campus Verlag, Frankfurt am Main 2007
Kai Michel, »Wunderwaffe der Steinzeit«, in: *Die Zeit*, 9. Juni 2004
Theo R. Payk, Das Böse in uns. Patmos Verlag, Düsseldorf 2008
T. Douglas Price, Joachim Wahl et al., »Isotopic Evidence for Mobility and Group Organization among Neolithic Farmers at Talheim, Germany, 5000 BC«, in: *European Journal of Archaeology*, Bd. 9, 2006, S. 259–284
Clemens Reichel, Hamoukar, http://www-news.uchicago.edu/releases/05/051216.hamoukar.shtml
Heinrich von Stietencron, Töten im Krieg. Verlag Karl Alber, Freiburg 1995
Hartmut Thieme (Hg.), Die Schöninger Speere, Mensch und Jagd vor 400 000 Jahren. Theiss Verlag, Stuttgart 2007
Anthony Walsh, Biology and criminology. Routledge, London 2009

Die ersten Künstler

Michael Balter, »Going Deeper Into the Grotte Chauvet«, in: *Science*, Bd. 321, 2008, S. 904–905
Jürgen Bischoff, »Die Kunst des Lebens«, in: *Geo Kompakt*, Nr. 4, 2005, S. 132–145
Nicolas J. Conard, Jürgen Wertheimer, Die Venus aus dem Eis. Knaus Verlag, München 2010
Nicholas J. Conard, »A Female Figurine from the Basal Aurigna-

cian of Hohle Fels Cave in Southwestern Germany«, in: *Nature*, Bd. 459, 2009, S. 248–252
Nicholas J. Conard und Maria Malina, »Die Ausgrabung 2007 im Hohle Fels bei Schelklingen, Alb-Donau-Kreis, und neue Einblicke in die Anfänge des Jungpaläolithikums«, in: *Archäologische Ausgrabungen in Baden-Württemberg*, 2007, S. 17–20
Nicholas J. Conard, »Paleolithic ivory sculptures from southwestern Germany and the origins of figurative art«, in: *Nature*, Bd. 406, 2003, S. 830–832
Francesco d'Errico et al., »*Nassarius kraussianus* Shell Beads from Blombos Cave: Evidence for Symbolic Behavior in the Middle Stone Age«, in: *Journal of Human Evolution*, Bd. 48, Nr. 1, 2005, S. 3–24
Thorwald Ewe, »Planet der Rothäute«, in: *Bild der Wissenschaft*, Heft 6/2004, S. 30–33
Carole Fritz et Gilles Tosello, »Grotte Chauvet-Pont-d'Arc: approche structurelle et comparative du Panneau des Chevaux«, in: M. Lejeune et A.-C. Welté, L'Art du Paléolithique supérieur. Eraul, 2004, S. 69–86
Carole Fritz et Gilles Tosello, »Les dessins noirs de la grotte Chauvet-Pont-d'Arc: essai sur leur originalité dans le site et leur place dans l'art aurignacien«, in: *Bulletin de la Société préhistorique Française*, Bd. 102, 2005, S. 159–171
Bruce L. Hardy et al., »Hammer or Crescent Wrench? Stone-tool Form and Function in the Aurignacian of Southwest Germany«, in: *Journal of Human Evolution*, Bd. 54, 2008, S. 648–662
Christopher S. Henshilwood, Francesco d'Errico et al., »Emergence of Modern Human Behavior: Middle Stone Age Engravings from South Africa«, in: *Science*, Bd. 295, 2002, S. 1278–1280
Christopher S. Henshilwood, Francesco d'Errico et al., »Middle Stone Age Shell Beads from South Africa«, in: *Science*, Bd. 304, 2004, S. 404
Paul Mellars, »Origins of the Female Image«, in: *Nature*, Bd. 459, 2009, S. 176–177

Paul Mellars, Rethinking the human revolution, McDonald Institute Monographs. University of Cambridge, Cambridge 2007
Judith Thurman, »First Impressions – Letter from Southern France. What does the world's oldest art say about us?«, in: *The New Yorker*, 23. Juni 2008
Hélène Valadas, Jean Clottes et al., »Palaeolithic paintings: Evolution of Prehistoric Cave Art«, in: *Nature*, Bd. 413, 2001, S. 479
Randall White, Prehistoric Art: The Symbolic Journey of Humankind. Harry N. Abrams, New York 2003
Kate Wong, »The Morning of the modern mind«, in: *Scientific American*, Juni 2005, S. 86–95

Die ersten Kleider

Daniel Adler, »Ahead of the Game. Middle and Upper Palaeolithic Hunting Behaviors in the Southern Caucasus«, in: *Current Anthropology*, Bd. 47, Nr. 1, February 2006, S. 89–118
Guy Bar-Oz, »Taphonomy and Zooarchaeology of the Upper Palaeolithic Cave of Dzudzuana, Republic of Georgia«, in: *International Journal of Osteoarchaeology*, Bd. 18, 2008, S. 131–151
Roland Barthes, Die Sprache der Mode. Suhrkamp Verlag, Frankfurt am Main 1985
Daniella Bar-Yosef Mayer et al., »Earliest Green Stone Beads and their Symbolism«, in: *PNAS*, 2008, S. 8548–8551
Erwin Brunner (Hg.), Das Fenster zur Welt. Malik Verlag, München 2011
Hans Peter Dürr, Der Mythos vom Zivilisationsprozeß. Band 1–5, Suhrkamp Verlag, Frankfurt am Main 1988–2002
Norbert Elias, Über den Prozess der Zivilisation. Taschenbuch Wissenschaft, Band 158/159, Frankfurt am Main 1976
Angelika Fleckinger, Ötzi 2.0: Eine Mumie zwischen Wissenschaft, Kult und Mythos. Theiss Verlag, Stuttgart 2011
Ewen F. Kirkness, »Genome Sequences of the Human Body Louse

and its Primary Endosymbiont provide Insights into the Permanent Parasitic Lifestyle«, in: *PNAS*, Bd. 107, 2010, S. 12168–73
Eliso Kvavadze et al., »30 000-Year-Old Wild Flax Fibers«, in: *Science*, Bd. 328, 2009, S. 1359
Ron Pinhasi et al., »First Direct Evidence of Chalcolithic Footwear from the Near Eastern Highlands«, in: *PLoS ONE*, Bd. 5, 2010, e10984
David L Reed et al., »Pair of Lice Lost or Parasites Regained: the Evolutionary History of Anthropoid Primate Lice«, in: *BMC Biology*, 2007, 5:7 doi:10.1186/1741-7007-5-7
Melissa A. Toups, David Reed et al., »Origin of Clothing Lice Indicates Early Clothing Use by Anatomically Modern Humans in Africa«, in: *Molecular Biology and Evolution*, Bd. 28, 2011, S. 29–32
Christian Weber, »Der Oben-ohne-Kodex«, in: *Süddeutsche Zeitung*, 10. Juli 2010

Die erste Musik

Nicholas J. Conard, Maria Malina und Susanne Münzel, »New flutes document the earliest musical tradition in southwestern Germany«, in: *Nature*, 2009, Bd. 460, S. 737–740
Nicolas J. Conard, »Eine Mammut-Elfenbeinflöte aus dem Aurignacien des Geißenklösterle«, in: *Archäologisches Korrespondenzblatt*, Heft 4, 2004, S. 447–462
Bettina Gartner, Die Venus aus der Höhle, in: *National Geographic Deutschland*, Juni 2009, S. 32–57
Patrick Juslin und John Sloboda, (Hg.), Handbook of Music and Emotion. Oxford University Press, Oxford 2010
Patrick Juslin und John Sloboda, (Hg.), Music and Emotion. Oxford University Press, Oxford 2001
Stefan Koelsch, »Towards a Neural Basis of Processing Musical Semantics«, in: *Physics of Life Reviews*, Juni 2011, Bd. 8, S. 89–105

Daniel J. Levitin, Der Musik-Instinkt. Spektrum Akademischer Verlag, Heidelberg 2009
Stephen Mithen, The Singing Neanderthals. Harvard University Press, Cambridge 2006
Ulf von Rauchhaupt, »Die Erfindung der Musik«, in: *Frankfurter Allgemeine Zeitung*, 16. Dezember 2004
Nils L. Wallin, Bjorn Merker and Steven Brown, The Origins of Music. MIT Press, Cambridge 2000
Norman M. Weinberger, »Wie Musik im Gehirn spielt«, in: *Spektrum der Wissenschaft*, Heft 6/2005, S. 30–37
Philip Wolff, »Die Essenz des Menschseins«, in: *Süddeutsche Zeitung Wissen*, Heft 7/2006, S. 44–59

Das erste Haustier

Michael Balter, »Burying Man's Best Friend, With Honor«, in: *Science*, Bd. 329, 2010, S. 1464–1465
Norbert Benecke, Der Mensch und seine Haustiere. Theiss Verlag, Stuttgart 2000
Mietje Germonpré et al., »Fossil Dogs and Wolves from Palaeolithic Sites in Belgium, the Ukraine and Russia: Osteometry, Ancient DNA and Stable Isotopes«, in: *Journal of Archaeological Science*, Bd. 36, 2009, S. 473–490
Bohuslav Klíma, Dolní Věstonice II – ein Mammutjägerplatz und seine Bestattungen. Université de Liège 1995
Jun-Feng Pang, Peter Savolainen et al., »mtDNA Data Indicate a Single Origin for Dogs South of Yangtze River, Less Than 16,300 Years Ago, from Numerous Wolves«, in: *Molecular Biology and Evolution*, 2009, S. 2849–2864
Elisabeth Pennizi, »A Shaggy Dog History«, in: *Science*, Bd. 298, 2002, S. 1540–1542
Peter Savolainen et al., »Genetic Evidence for an East Asian Origin of Domestic Dogs«, in: *Science*, Bd. 298, 2002, S. 1610–1613

Alwin Schönberger, Die einzigartige Intelligenz der Hunde. Piper Verlag, München 2007
Erik Trinkaus, Early modern human evolution in Central Europe – the people of Dolní Věstonice and Pavlov. Oxford University Press, Oxford 2006
Erik Zimen, Der Hund. Goldmann, München 2010
Erik Zimen, Der Wolf. Kosmos, Stuttgart 2003

Die ersten Mathematiker

Stanislas Dehaene, Der Zahlensinn. Birkhäuser, Basel 1999
Keith Devlin, Das Mathe-Gen. dtv, München 2000
Jean de Heinzelin, »Ishango«, in: *Scientific American*, 206, 1962, S. 105–116
Dirk Huylebrouk, »Afrika, die Wiege der Mathematik«, in: *Spektrum der Wissenschaft Spezial Ethnomathematik*, Heft 2/2006, S. 10–15
Dirk Huylebrouck, »Mathematics in (central) Africa before Colonization«, in: *Anthropologica et Præhistorica,* 117, 2006, S. 135–162
Georges Ifrah, Universalgeschichte der Zahlen. Campus Verlag, Frankfurt am Main 1986
Alexander Marshack, The Roots of Civilisation – The Cognitive Beginnings of Man's First Art, Symbol and Notation. McGraw-Hill Book Company, 1972
Vladimir Pletser und Dirk Huylebrouck, »The Ishango Artefact: the Missing Base 12 Link«, in: *Forma*, 14, 1999, S. 339–346
Alexandra Rigos, »Evolution des Gehirns«, in: *Geo Kompakt*, Nr. 15, 2008
Günter M. Ziegler, Darf ich Zahlen? Geschichten aus der Mathematik. Piper Verlag, München 2010
Günter M. Ziegler, »Was die Welt zusammenhält«, in: *Rheinischer Merkur*, 4. Dezember 2008

Die ersten Tempel

Walter Burkert, Homo Necans. De Gruyter, Berlin 1997

Nicolas J. Conard, »Unearthing religion«, in: *Nature*, Bd. 439, 2006, S. 271

Michael Dietler and Brian Hayden, Feasts, Archaeological and Ethnographical Perspectives on Food Policies and Power. Smithsonian Institution Press, 2001

Brian M. Fagan (Hg.), Entdeckungen!. Zweitausendeins, S. 180–183, Frankfurt am Main 2007

Brian Hayden, »Funerals as Feasts – Why are they so important?«, in: *Cambridge Archaeological Journal*, Bd. 19:1, 2009, S. 29–52

Martin Meister, »Am Anfang waren die Tempel«, in: *Geo*, Heft 1/2008, S. 146

Hermann Müller-Karpe, Religionsarchäologie. Verlag Otto Lembeck, Frankfurt am Main 2009

Klaus Schmidt, Sie bauten die ersten Tempel – Das rätselhafte Heiligtum der Steinzeitjäger. Verlag C.H. Beck, München 2006

Klaus Schmidt, »Göbekli Tepe – eine apokalyptische Bilderwelt aus der Steinzeit«, in: *Antike Welt*, Heft 4/2009 , S. 45–52

Siegrid Vierzig, Mythen der Steinzeit. BIS-Verlag, Oldenburg 2009

Ludwig D. Morenz und Klaus Schmidt, »Große Reliefpfeiler und kleine Zeichentäfelchen. Ein frühneolithisches Zeichensystem in Obermesopotamien«, in: *Non-textual marking systems, writing and pseudo-script from prehistory to modern times, Lingua Aegyptia, Studia monographica*, Bd. 8, 2009, S. 13–31

Rüdiger Vaas, Michael Blume, Gott, Gene und Gehirn. Hirzel Verlag, Stuttgart 2009

Die ersten Siedler

Marion Benz, »Wie Bauern die Welt eroberten«, in: *Bild der Wissenschaft*, Heft 9/2009, S. 62–67

Christina Berndt, »Im Wohlfühl-Ort«, in: *Süddeutsche Zeitung*, 30. Dezember 2010

Peter Blickle, Heimat – A Critical Theory of the German Idea of Homeland. Boydell&Brewer, Rochester 2002

Samuel Bowles, »Cultivation of cereals by the first farmers was not more productive than foraging«, in: *PNAS*, 2011, www.pnas.org/cgi/doi/10.1073/pnas.1010733108

Wolfgang Korn, Mesopotamien – Wiege der Zivilisation. Theiss Verlag, Stuttgart 2004

Ian Kuijt, Bill Finlayson, »Evidence for Food Storage and Predomestication Granaries 11,000 years ago in the Jordan Valley«, in: *PNAS*, 2009, 10.1073/pnas.0812764106

Stephen Mithen, After the ice. Weidenfeld & Nicolson, London 2003

Dani Nadel, Ehud Weiss et al., »Stone Age hut in Israel yields World's Oldest Evidence of Bedding«, in: *PNAS*, Bd. 101, Nr. 17, 2004, S. 6821–6826

Dolores Piperno et al., »Processing of wild cereal grains in the Upper Palaeolithic revealed by starch grain analysis«, in: *Nature*, Bd. 430, 2004, S. 670–673

Josef H. Reichholf, Warum die Menschen sesshaft wurden. S. Fischer Verlag, Frankfurt am Main 2008

Bertram Weiß, »Vom Jäger zum Bauern«, in: *Geo Kompakt*, Nr. 24, 2011, S. 130–139

Ehud Weiss, »Autonomous Cultivation before Domestication«, in: *Science*, Bd. 312, 2006, S. 1608–1610

Ehud Weiss, »Plant-food Preparation Area on an Upper Paleolithic Brush Hut Floor at Ohalo II, Israel«, in: *Journal of Archaeological Science*, Bd. 35, 2008, S. 2400–2414

Melinda A. Zeder, »Domestication and Early Agriculture in the Mediterranean Basin: Origins, Diffusion, and Impact«, in: *PNAS*, Bd. 105, 2008, Nr. 33, S.11597–11604

Die ersten Beamten

Charles Bazerman, Handbook of research on writing. Taylor & Francis, London 2007

John Brockman (Hg.), Welche Idee wird alles verändern?. S. Fischer Verlag, Frankfurt am Main 2010

Stanislas Dehaene, Lesen. Knaus Verlag, München 2010

Sebastian Herrmann, »Die Geburt der Schrift aus dem Formular«, in: *Süddeutsche Zeitung Wissen*, Heft 12/2008, S. 82–87

Barry B. Powell, Writing. Wiley&Blackwell, Chichester 2009

Denise Schmandt-Besserat, Before Writing: From Counting to Cuniform. University of Texas Press, Austin 1992

Denise Schmandt-Besserat, How writing came about. University of Texas Press, Austin 1996

Wayne M. Senner, The Origins of Writing. University of Nebraska Press, Lincoln 1989

Die ersten blauen Augen

Luigi Cavalli-Sforza, Gene, Völker und Sprachen – Die biologischen Grundlagen unserer Zivilisation. Carl Hanser Verlag, München 1999

Hans Eiberg et al., »Blue Eye Color in Humans may be caused by a perfectly associated Founder Mutation in a Regulatory Element Located within the HERC2 Gene Inhibiting OCA2 Expression«, in: *Human Genetics*, Bd. 123, 2008, S. 177–187

Nina Jablonski und George Chaplin, »Die Evolution der Hautfarben«, in: *Spektrum der Wissenschaft*, Dossier 1/2004, S. 76–82

Bruno Laeng et al., »Why do Blue-eyed Men Prefer Women with the Same Eye Color?«, in: *Behavioral Ecology and Sociobiology*, Bd. 61, 2007, S. 371–384

Fan Liu, Manfred Kayser et al., »Eye color and the Prediction of Complex Phenotypes from Genotypes«, in: *Current Biology*, Bd. 19, Nr. 5, 2009, S. 192–193

Das erste Bier
Miguel Civil, »A Hymn to the Beer Goddess and a Drinking Song«, in: *Studies Presented to A. Leo Oppenheim*, 1964, S. 67–89
Sebastian Herrmann, »Urbräu aus dem Zweistromland«, in: *Süddeutsche Zeitung*, 23. Juli 2009
Josef H. Reichholf, Warum die Menschen sesshaft wurden. S. Fischer Verlag, Frankfurt am Main 2008
Walter Röllig, Das Bier im Alten Mesopotamien. Institut für Gärungsgewerbe und Biotechnologie, Berlin 1970
Martin Zarnkow et al., Interdisziplinäre Untersuchungen zum altorientalischen Bierbrauen in der Siedlung von Tall Bazi/Nordsyrien vor rund 3200 Jahren«, in: *Technikgeschichte*, Bd. 73, 2006, S. 3–25

Die ersten sportlichen Großereignisse
Horst-Dieter Blume, Die Olympischen Spiele in Griechenland zwischen Kult, Sport und Politik. Lienau 2005
Lockender Lorbeer, Sport und Spiel in der Antike. München, Staatliche Antikensammlungen und Glyptothek, München 2004
Alberto E. Minetti, Luca P. Ardig, »Halteres used in ancient Olympic long jump«, in: *Nature*, Bd. 420, 2002, S. 141–142
Michael Poliakoff, Kampfsport in der Antike. Patmos Verlag, Düsseldorf 2004
Michael Scott, Delphi and Olympia. Cambridge University Press, Cambridge 2010
Ulrich Sinn, Das antike Olympia. Verlag C.H. Beck, München 2004
Ulrich Sinn, Olympia. Kult, Sport und Fest in der Antike. C. H. Beck, München 2002
Jan Tremel, Die Steinzeile in der Laufbahn des Stadions von Olympia. Weidmannsche Buchhandlung, Hildesheim 2009
Christian Wacker, Olympia – Ideal und Wirklichkeit. Festschrift. LIT-Verlag, Münster 2008

Der erste Computer
James Evans et al., »Solar anomaly and planetary displays in the Antikythera Mechanism«, in: *Journal for the History of Astronomy*, Bd. 41, Ausgabe 1, 2010, S. 1–40
Michelle Feynman (Hg.), Perfectly Reasonable Deviations from the Beaten Track: The Letters of Richard P. Feynman. Basic Books, New York 2005
Tony Freeth, Mike Edmunds et al., »Decoding the Antikythera Mechanism: Investigation of an Ancient Astronomical Calculator«, in: *Nature*, Bd. 444, 2006, S. 587–591
Tony Freeth et al., »Calendars with Olympiad display and eclipse prediction on the Antikythera Mechanism«, in: *Nature*, Bd. 454, 2008, S. 414–417
Tony Freeth, »Decoding an ancient computer«, in: *Scientific American*, Heft 12/2009, S. 76–83
Wolfram M. Lippe, »Das Räderwerk von Antikythera«, in: *Geschichte der Rechenmaschinen.* Münster 2011
Jo Marchant, In Search of Lost Time, in: *Nature*, Bd. 444, 2006, S. 534–538
Jo Marchant, Die Entschlüsselung des Himmels. Rowohlt Verlag, Hamburg 2011
Jo Marchant, »Mechanical Inspiration«, in: *Nature*, Bd. 468, 2010, S. 496–498
Derek de Solla Price, »An ancient greek computer«, in: *Scientific American*, Juni 1959, S. 60–67
Derek de Solla Price, Gears from the Greeks – The Antikythera mechanism – a calendar computer from ca. 80 B.C.. American Philosophical Society, Philadelphia1974
Gladys Weinberg, »The Antikythera shipwreck reconsidered«, in: *Transactions of the American Philosophical Society*, Bd. 55, 1965, S. 3–48
Michael Wright, »The Antikythera Mechanism reconsidered«, in: *Interdisciplinary Science Review*, Bd. 32, 2007, S. 27–43

Danksagung

Ich danke folgenden Wissenschaftlern für anregende und spannende Gespräche und erhellende Erklärungen: Norbert Benecke, Nicolas Conard, Mike Edmunds, Hans Eiberg, Tony Freeth, Christopher Henshilwood, Dirk Huylebrouk, Dean Falk, Dorit Feddersen-Petersen, Wulf Hein, Manfred Kayser, Stephan Lehmann, Reinhold Leinfelder, Carsten Niemitz, Svante Pääbo, Walter Sallaberger, Brigitte Senut, Joachim Wahl, Tim D. White, Martin Zarnkow.

Besonders hervorheben möchte ich Friedemann Schrenk und Klaus Schmidt. Friedemann Schrenk ist für mich seit Jahren ein wichtiger Gesprächspartner in allen Fragen der Anthropologie, der Austausch mit ihm und auch seine lebendige Art zu erzählen haben meinen Horizont erweitert.

Klaus Schmidt danke ich für die besondere Gastfreundschaft in Sanliurfa, in seinem Haus in der Altstadt haben wir bei diversen Abendessen die neuen Ergebnisse dieser phantastischen Ausgrabungen der ältesten Tempel der Menschheit diskutiert.

Hannes Wiedmann und Stefanie Kölbl vom Urgeschichtlichen Museum in Blaubeuren fühle ich mich für die freundliche Unterstützung verpflichtet. Ihnen verdanke ich auch die Möglichkeit, selbst eine Steinzeitflöte nach archäologischem Vorbild zu schnitzen. Der Flötistin Anna Friederike Potengowski bin ich sehr verbunden, weil sie meiner selbstgebauten Schwanenknochen-Flöte den ersten »schönen« Ton entlockt hat. Rainer Blumentritt vom Museumsverein Schelklingen danke ich dafür, dass ich ein Konzert in »seiner« Höhle Hohle Fels miterleben durfte.

Meine ehemalige Kollegin Katrin Blawat von der *Süddeutschen Zeitung* hat jedes einzelne Kapitel dieses Buchs intensiv gelesen und mir unermüdlich wertvolle Kritik und überaus hilfreiche Vorschläge mit auf den Weg gegeben. Ranga Yogeshwar danke ich für Diskussionen darüber, wie wichtig es ist, auch Fehler zu machen und Irrwege zu gehen.

Michaela Röll hat als Agentin von der Agentur Petra Eggers mein Projekt von Anfang an begleitet und durch originelle und kluge Hinweise sehr bereichert. Bettina Eltner steht für die überaus schöne Zusammenarbeit mit meinem Verlag. Ihre Anregungen haben mir sehr geholfen, auch die von Tanja Ruzicska. Besonders dankbar bin ich Bettina Eltner dafür, dass sie mich mehr als ein Jahr lang so ruhig und fundiert begleitet hat, dem Verlag für das Vertrauen und vor allem Manuela Runge für spannende Diskussionen und ein überaus anregendes, präzises und gleichzeitig behutsames Lektorat.

Zum Schluss möchte ich noch meiner Frau Denise danken. Nicht nur dafür, dass sie mir in den langen Schreibphasen den Rücken freigehalten hat, sondern auch, dass sie das fertige Manuskript gelesen und mit ihrer klaren Kritik bereichert hat. Ihr und meinen drei Kindern Fabian, Nicolai und Laura widme ich dieses Buch.

Sebastian Schlösser

Lieber Matz, Dein Papa hat 'ne Meise

Ein Vater schreibt Briefe über seine Zeit in der Psychiatrie
240 Seiten. Gebunden mit Schutzumschlag
ISBN 978-3-550-08870-4

»Wie ein Raumschiff bin ich durchs Leben geflogen, so schnell, dass ich vieles gar nicht mehr sehen konnte.«

Mit der Diagnose »manisch-depressiv« landet Sebastian Schlösser in der Psychiatrie.
In seinem Buch erzählt er seinem achtjährigen Sohn, was die Krankheit mit ihm gemacht hat – mutig, anrührend und liebevoll.

ullstein

Terry Eagleton
Das Böse

Aus dem Englischen von Hainer Kober
224 Seiten. Gebunden mit Schutzumschlag
ISBN 978-3-550-08830-8
www.ullstein-verlag.de

Was ist das Böse und wozu ist es gut?

Das Böse – warum fasziniert es uns und stößt uns zugleich ab? Gibt es das absolute Böse? Sind Terroristen unmenschliche Monster? Gibt es so etwas wie Sünde? Werden wir böse geboren, oder macht uns erst die Gesellschaft zu Übeltätern? Terry Eagleton, überzeugter Marxist und bekennender Katholik, geht dem Phänomen des Bösen auf den Grund. Dabei zieht er Augustinus und die Bibel ebenso heran wie Sigmund Freud, Hannah Arendt, Thomas Mann, William Shakespeare und die Daily Mail.

Brillant, scharfsinnig und originell legt Eagleton dar, dass das Böse nihilistisch und selbstzerstörerisch ist und dass abstrakte Ideengebäude zwar das Gute wollen, aber meist das Schlechte erschaffen. Eagleton liefert keine vorgefertigte Definition des Bösen. Vielmehr lädt er die Leser zum Mitdenken ein.